科协发展纵横谈

中国科协创新战略研究院
重庆市科学技术协会　编

中国科学技术出版社
·北　京·

图书在版编目（CIP）数据

科协发展纵横谈 / 中国科协创新战略研究院，重庆
市科学技术协会编 . —北京：中国科学技术出版社，
2020.10

ISBN 978-7-5046-8695-4

I. ①科… II. ①中… ②重… III. ①科学技术协会—
工作—重庆—文集 IV. ① G322.771.9-53

中国版本图书馆 CIP 数据核字（2020）第 102876 号

策划编辑	符晓静	
责任编辑	白　珺	
正文设计	中文天地	
封面设计	孙雪骊	
责任校对	焦　宁	
责任印制	徐　飞	

出　　版	中国科学技术出版社
发　　行	中国科学技术出版社有限公司发行部
地　　址	北京市海淀区中关村南大街16号
邮　　编	100081
发行电话	010-62173865
传　　真	010-62173081
网　　址	http://www.cspbooks.com.cn

开　　本	720mm×1000mm　1/16
字　　数	360千字
印　　张	24.5
版　　次	2020年10月第1版
印　　次	2020年10月第1次印刷
印　　刷	北京长宁印刷有限公司
书　　号	ISBN 978-7-5046-8695-4 / G·862
定　　价	68.00元

编 委 会

前　　言

　　习近平总书记在中共十九大报告中指出:"发展必须是科学发展,必须坚定不移贯彻创新、协调、绿色、开放、共享的发展理念。"坚定不移贯彻新发展理念,是关系我国发展全局的一场深刻变革。对于科协组织来说,就是要求我们把思想和行动统一到新发展理念上来,崇尚创新、注重协调、倡导绿色、厚植开放、推动共享,以新发展理念引领科协事业高质量发展。

　　思想是行动的先导,理论是实践的指南。2019 年 9—12 月,中国科协创新战略研究院和重庆市科学技术协会举办以"新时代科协事业高质量发展"为主题的第四次科协改革研讨会论文征集活动,就是为了汇聚广大科技工作者和科协工作研究者的思想和智慧,为在更高起点、更高层次、更高水平上推动科协事业高质量发展提供思路和启示。

　　呈现在大家面前的《科协发展纵横谈》,根植于习近平新时代中国特色社会主义思想,立足于新时代科协事业发展实际,寄托着以习近平同志为核心的党中央对科技工作、科协工作的真切关怀和殷切希望,也印证和折射着各级科协组织坚守初心使命,全力强"三性"、去"四化"、提升"四服务"能力水平的不竭追求。书中收录的《创新,在复兴的征程上——以习近平同志为核心的党中央关心科技创新工作纪实》,记录了以习近平同志为核心的党中央着眼全局、面向未来,推进世界科技强国建设的铿锵足迹;收录的中共中央办公厅、国务院办公厅《关于进一步弘扬科学家精神 加强作风和学风建设的意见》,为进一步引领广大科技工作者听党话、跟党走，激励他们献身科学事业、建设科技强国提供了基本遵循和行动指南；收录的理论学习成果，集中体现了重庆市科协党组一年来对科协发展的调研和思考；收录的第四届科协改革研讨活动获奖论文，视野开阔、角度新颖、研究深入、信息量大，具有较高的理论和实践价值。

发展无穷期，改革无止境。衷心希望《科协发展纵横谈》能够对各级科协组织推动科协事业高质量发展和广大专家学者开展科协工作研究有所裨益。诚挚欢迎各界人士继续关注支持科协改革研讨活动，为新形势下加强和改进党的群团工作贡献智慧与力量。

《科协发展纵横谈》编委会

2020 年 4 月

目录

科技创新相关精神

理论学习成果

提升政治引领政治吸纳能力

提升创新文化引领能力

提升创新人才凝聚能力

科技创新相关精神

创新，在复兴的征程上

——以习近平同志为核心的党中央关心科技创新工作纪实

浩瀚的历史长河中，创新决定着文明的进步。

当古老的东方民族跨越百年沧桑，科学技术越来越成为现代生产力中最活跃的因素。如何让创新成为一个国家兴旺发达的不竭动力，是必须回答的时代课题。

党的十八大以来，以习近平同志为核心的党中央着眼全局、面向未来，作出"必须把创新作为引领发展的第一动力"的重大战略抉择，实施创新驱动发展战略，加快建设创新型国家，吹响建设世界科技强国的号角。

这是一颗巨变的"种子"，正以惊人的速度不断"生长"。

从"嫦娥"探月到"长五"飞天，从"蛟龙"入海到航母入列……中国以一系列创新成就实现了历史性飞跃，创新高原之上耸立起尖端科技高峰。

"乘风好去，长空万里，直下看山河。"一个充满生机和希望的中国，自信宣示：让中华民族伟大复兴在我们的奋斗中梦想成真！

察势者明，趋势者智——以习近平同志为核心的党中央观察大势、谋划全局，作出创新驱动发展的时代之选

当 2020 年的第一缕阳光播洒在伶仃洋上，全长 55 千米的港珠澳大桥宛如一道跨海长虹，蔚为壮观。

这片海，见证着新时代中国科技的创新传奇，亦铭记着百余年前中华民族永不磨灭的耻辱记忆——自清代被"日不落"帝国的坚船利炮轰开大门，中国一次次被经济总量、人口规模、领土幅员远不如自己的国家打败。

"历史告诉我们一个真理：一个国家是否强大不能单就经济总量大小而定，一个民族是否强盛也不能单凭人口规模、领土幅员多寡而定。近代史上，我国落后挨打的根子之一就是科技落后。"

回望中华民族这段苦难深重的历程，习近平总书记一语揭示出历史演进中蕴含的深刻逻辑。

抓住科技创新，便抓住了发展全局的牛鼻子。

2013 年 9 月，十八届中央政治局集体学习的课堂第一次走出中南海，搬到了中关村，"实施创新驱动发展战略"成为学习主题。

不创新不行，创新慢了也不行。

几十年来高速行进的中国，此时到了一个攸关未来的路口——经济总量已经跃居世界第二，但传统发展动力不断减弱，粗放型增长方式难以为继；世界多极化、经济全球化深入发展，诸多全球性难题接踵而至，对人类生存和发展构成严峻挑战。

2015 年 3 月，习近平总书记提出："创新是引领发展的第一动力。"

"这是对马克思关于生产力理论的创造性发展，强调的是创新的战略地位，对社会经济发展的'撬动作用'。"在中国科学院院长白春礼眼中，正是这个"第一"的重大判断，释放了创新活力。

新思想的光芒，照亮崭新的时代。

科研院所、高校、高新技术企业、高新技术产业开发区……习近平总书记的脚步一次次踏入创新要素最活跃的地方。

在全国两会上，总书记强调"围绕产业链部署创新链，消除科技创新中的'孤岛现象'，使创新成果更快转化为现实生产力"；

走进张江科学城的展示厅，总书记希冀科技工作者"要增强科技创新的紧迫感和使命感，把科技创新摆到更加重要位置，踢好'临门一脚'"；

在江西考察，总书记强调"技术创新是企业的命根子。拥有自主知识产权和核心技术，才能生产具有核心竞争力的产品，才能在激烈的竞争中立于不败之地"。

"紧紧扭住技术创新这个战略基点""掌握更多关键核心技术"……从国内考察到出席中央会议，从主持中央政治局集体学习到作出重要指示，习近平总书记反复强调的，正是中国创新发展的路径方向。

抓创新就是抓发展，谋创新就是谋未来。

以习近平同志为核心的党中央提出一系列奠基之举、长远之策，对我国科技创新事业进行战略性、全局性谋划——

实施创新驱动发展战略，成为立足全局、面向全球、聚焦关键、带动整体的国家发展战略；

要求推进以科技创新为核心的全面创新，成为对"科学技术是第一生产力"的创造性发展；

发布《国家创新驱动发展战略纲要》，提出科技创新"三步走"的战略目标，成为面向未来30年推动创新的纲领性文件……

正是在实践—认识—再实践—再认识的基础上，以习近平同志为核心的党中央不断探索规律、深化认识，构建了从创新的理念到战略到行动的完整体系，带领全体人民推动创新驱动发展战略深入实施。

历史的巧合，有时意味深长。

北京，八达岭长城脚下，新旧两条京张铁路穿越百年时空，在这里交汇：

从立志摆脱"东亚病夫"屈辱修建的"争气路"，到引领智能高铁的"先行路"，从时速35千米到350千米，京张线见证着一个国家的创新飞跃。

坚定不移走中国特色自主创新之路，既不盲目自信，也不妄自菲薄，神州大地回荡着"第一动力"的时代交响。

高铁、海洋工程装备、核电装备、卫星成体系走出国门……一个个奇迹般的工程，编织起新时代的创新版图；

科技创新"三跑并存"中并跑、领跑的比重越来越大，世界知识产权组织发布的《2019年全球创新指数》报告显示，中国排名提升至第14位，居中等收入经济体首位；

近14亿人口的超大规模市场、国内生产总值接近百万亿元的世界第二大经济体、全球第一大货物贸易国……中国赶超世界的强国梦正在实现历史性跨越。

谋篇布局，引领方向——以习近平同志为核心的党中央为我国科技事业把舵定向、指明路径，指引中华民族迸发创新活力

2019年12月27日，中国南海之滨。

伴随着震耳欲聋的轰鸣，借力于底部喷涌而出的金色巨焰，长征五号似离弦之箭向天而去。

同一天，上海浦东机场第四跑道。

C919大型客机106架机在此一飞冲天，顺利完成首次飞行任务。至此，C919大型客机6架试飞飞机全部投入试飞工作。

"我们的事业刚刚起步，前面的路还很长，但时间紧迫，容不得半点懈怠，要一以贯之、锲而不舍抓下去，用前进的目标激励自己，用比较的差距鞭策自己，力争早日让我们自主研制的大型客机在蓝天上自由翱翔。"2014年5月，习近平总书记在中国商用飞机有限责任公司设计研发中心考察时语重心长地说。

一个国家的创新发展，道阻且长，但紧要处往往就是那几步。

从圆梦国产大飞机，到长征五号走出发射"至暗时刻"……这些习近平总书记在新年贺词中"点赞"的重大成就，折射出在以习近平同志为核心的党中央坚强领导下科技事业日新月异的面貌，见证着中国创新爬坡过坎的顽强拼搏。

"如果把科技创新比作我国发展的新引擎，那么改革就是点燃这个新引擎必不可少的点火系。"

党的十八大以来，以习近平同志为核心的党中央加快改革步伐、健全激励机制、完善政策环境，为我国科技创新把舵定向，指明具体路径。

这是让科技创新、制度创新协同发挥作用的大刀阔斧——

2018年两院院士大会上，习近平总书记的一席话赢得全场热烈掌声："不能让繁文缛节把科学家的手脚捆死了，不能让无穷的报表和审批把科学家的精力耽误了。"

科技体制改革涉深水，向多年束缚创新的藩篱动真格；中央财政科技计划管理改革对分散在40多个部门的近百项科技计划进行优化整合；科技资源配置分散、封闭、重复、低效的痼疾得到明显改善。

《深化科技体制改革实施方案》提出143项改革措施，为科技体制改革画出"施工图"，《促进科技成果转移转化行动方案》《关于深化科技奖励制度改革的方案》等一系列重磅文件的出台，为科技创新工作保驾护航……

这是"把关键核心技术掌握在自己手中"的清醒论断——

2020年1月2日，国际权威学术期刊《科学》刊文展望新一年里科技界可能发生的10件大事，"中国建造全球第一台E级超算"荣登榜单。

E级超算即百亿亿次超级计算机，是名副其实的"国之重器"。2019年年初，习近平总书记来到天津滨海—中关村科技园，在协同创新展示中心，他仔细观看"天河"系列超级计算机等产品展示，对核心技术的关切溢于言表。

回忆当时的场景，国家超算天津中心主任刘光明至今心潮澎湃："总书记的话，给了我们很大鼓励，让有梦想的人更有信心和激情投入到创新事业中！"

这是"集中力量办大事"促成的巨大优势——"我国社会主义制度能够集中力量办大事是我们成就事业的重要法宝。我国很多重大科技成果都是依靠这个法宝搞出来的，千万不能丢了！"习近平总书记的话掷地有声。

嫦娥四号首次月背着陆，第52、53颗北斗导航卫星进入预定轨道……2019年一年间，一些领域集中力量、合理配置资源，相继取得重大突破，中国科技创新捷报频传。

"健全国家实验室体系""构建社会主义市场经济条件下关键核心技术攻关新型举国体制""健全鼓励支持基础研究、原始创新的体制机制"……党的十九届四中全会对科技创新领域的长远未来进一步作出系统谋划。

积跬步以致千里，汇涓滴而成江海。

从对科技创新领域进行长远谋划，到搭建科技创新制度的四梁八柱，再到激发科技创新潜力的一系列实招，我国科技创新活力不断迸发。

自力更生，自主创新——以习近平同志为核心的党中央带领中国向着建设世界科技强国的宏伟目标奋勇前进

科技兴则民族兴，科技强则国家强——重温历史，几多感慨，几多壮志。

如今，站在新的起点，我们比历史上任何时期都更接近实现中华民族伟大复兴的目标。

2019年5月，一辆蓝色和银色相间的子弹头列车在青岛帅气登场，未来感十足的外观让这辆高速磁浮试验样车甫一下线，便立刻成为"网红"，收获"粉丝"无数。

时速600千米、经过近三年技术攻关、成功突破高速磁浮系列关键核心技术……高速磁浮列车不仅颜值高，科技含量更高，且具有我国自主知识产权。

"自力更生是中华民族自立于世界民族之林的奋斗基点，自主创新是我们攀登世界科技高峰的必由之路。"

2019 年金秋的北京，天高云淡。

庄严的人民大会堂里，《向祖国致敬》的旋律雄壮激昂。习近平总书记为国家勋章和国家荣誉称号获得者颁授勋章奖章，并同他们亲切握手表示祝贺。

广大科技工作者倍感振奋：在获得这份国家最高荣誉的名单中，孙家栋、袁隆平、屠呦呦……这些都是科技创新领域的开拓者和引领者。

一枚枚勋章奖章，铭记着不可磨灭的功勋，鼓舞着新时代创新者前行的步伐。

在实现中国梦的"关键一程"上，全社会研究与试验发展经费支出达19677.93 亿元；2018 年科技进步贡献率达到 58.5%。

从过去引进吸收再创新，到如今推动原始创新、集成创新……这一历史性变革，彰显着中国的发展动力正向创新引擎上切换，以实现体制创新、科技创新、工程创新的"多轮驱动"。

中国桥、中国路、中国车，一个个中国制造令人瞩目。中国工程院院长李晓红说："把创新主动权、发展主动权牢牢掌握在自己手中，坚持党对科技事业的领导，这是强起来的关键支撑。"

在传承中创新，在创新中发展。以习近平同志为核心的党中央把发展作为解决中国问题的金钥匙，把创新作为引领发展的第一动力。

现在，我们迎来了世界新一轮科技革命和产业变革同我国转变发展方式的历史性交汇期，既面临着千载难逢的历史机遇，又面临着差距拉大的严峻挑战。

形势逼人，挑战逼人，使命逼人。

习近平总书记指出："当前，我国科技领域仍然存在一些亟待解决的突出问题，特别是同党的十九大提出的新任务新要求相比，我国科技在视野格局、创新能力、资源配置、体制政策等方面存在诸多不适应的地方。"

解决这些问题，最终要靠自己。

"推动实施国家大数据战略""推动我国新一代人工智能健康发展""把区块链作为核心技术自主创新的重要突破口"……从大数据到人工智能再到区块链，人们发现，中南海的课堂总是站在世界信息技术的最前沿。

高温超导、中微子物理、量子反常霍尔效应、纳米科技、干细胞研究、人类基因组测序……人们看到，习近平总书记常常对科学创新的最前沿如数家珍。

在前沿领域乘势而上，坚持走中国特色自主创新道路；牢牢把握产业革命大趋势，引领产业向中高端迈进；坚持创新驱动实质是人才驱动，让更多千里马竞相奔腾……

勇立潮头、踏浪而行，中国的自主创新，不断开创崭新局面。

从首张月背照片到首张黑洞照片，当人类逐步打开观测宇宙的新窗口，中国科学家在这个探索宇宙奥秘的征程中，不断贡献着自己的智慧与力量。

从"中国天眼"（FAST）到"世界巨眼"（SKA），从人类基因组测序到泛第三极环境研究，中国参与国际合作的广度和深度今非昔比。

人民的需要和呼唤，是科技进步和创新的时代声音。

在国民经济主战场中，广大科技工作者提供了解决现实问题的"妙招"，也把惠民、利民、富民作为科技创新的重要方向。

一切伟大成就都是接续奋斗的结果，一切伟大事业都需要在继往开来中推进。

功以才成，业由才广。

当一个个有作为、有贡献的科技工作者"名利双收"，当一代代创新的主力军不再被"束手束脚",当科学家成为无数中国孩子的梦想,一个东方大国的科技天地必将群英荟萃,未来中国科学的浩瀚星空必将群星闪耀!

创新的种子已经播撒,创新的激情正在升腾,创新的中国风华正茂。

到 2035 年跻身创新型国家前列,到新中国成立 100 年时成为世界科技强国……人们清晰地看到,一个朝气蓬勃的创新中国在逐梦征程上将要跨越的重要坐标。

"中华民族积蓄的能量太久了,要爆发出来去实现伟大的中国梦。"

只争朝夕,不负韶华。在以习近平同志为核心的党中央坚强领导下,亿万中华儿女正向着世界科技强国不断前进,向着中华民族伟大复兴不断前进,向着人类更加美好的未来不断前进!

（新华社记者陈芳、董瑞丰、施雨岑、胡喆,原载于《人民日报》2020 年 1 月 10 日 01 版）

中共中央办公厅 国务院办公厅印发《关于进一步弘扬科学家精神 加强作风和学风建设的意见》的通知

中办发〔2019〕35 号

各省、自治区、直辖市党委和人民政府，中央和国家机关各部委，解放军各大单位、中央军委机关各部门，各人民团体：

《关于进一步弘扬科学家精神 加强作风和学风建设的意见》已经中央领导同志同意，现印发给你们，请结合实际认真贯彻落实。

中共中央办公厅

国务院办公厅

2019 年 5 月 28 日

（此件公开发布）

关于进一步弘扬科学家精神 加强作风和学风建设的意见

为激励和引导广大科技工作者追求真理、勇攀高峰，树立科技界广泛认可、共同遵循的价值理念，加快培育促进科技事业健康发展的强大精神动力，在全社会营造尊重科学、尊重人才的良好氛围，现提出如下意见。

一、总体要求

（一）**指导思想**。以习近平新时代中国特色社会主义思想为指导，全面贯彻党的十九大和十九届二中、三中全会精神，以塑形铸魂科学家精神为抓手，切实加强作风和学风建设，积极营造良好科研生态和舆论氛围，引导广大科技工作者紧密团结在以习近平同志为核心的党中央周围，增强"四个意识"，坚定"四个自信"，做到"两个维护"，在践行社会主义核心价值观中走在前列，争做重大科研成果的创造者、建设科技强国的奉献者、崇高思想品格的践行者、良好社会风尚的引领者，为实现"两个一百年"奋斗目标、实现中华民族伟大复兴的中国梦作出更大贡献。

（二）**基本原则**。坚持党的领导，提高政治站位，强化政治引领，把党的领导贯穿到科技工作全过程，筑牢科技界共同思想基础。坚持价值引领，把握主基调，唱响主旋律，弘扬家国情怀、担当作风、奉献精神，发挥示范带动作用。坚持改革创新，大胆突破不符合科技创新规律和人才成长规律的制度藩篱，营造良好学术生态，激发全社会创新创造活力。坚持久久为功，汇聚党政部门、群团组织、高校院所、企业和媒体等各方力量，推动作风和学风建设常态化、制度化，为科技工作者潜心科研、拼搏创新提供良好政策保障和舆论环境。

（三）**主要目标**。力争1年内转变作风改进学风的各项治理措施得到全面实施，3年内取得作风学风实质性改观，科技创新生态不断优化，学术道德建设得到显著加强，新时代科学家精神得到大力弘扬，在全社会形成尊重知识、崇尚创新、尊重人才、热爱科学、献身科学的浓厚氛围，为建设世界科技强国汇聚磅礴力量。

二、自觉践行、大力弘扬新时代科学家精神

（四）**大力弘扬胸怀祖国、服务人民的爱国精神**。继承和发扬老一代科学家艰苦奋斗、科学报国的优秀品质，弘扬"两弹一星"精神，坚持国家利益和人民利益至上，以支撑服务社会主义现代化强国建设为己任，着力攻克事关国家安全、经济发展、生态保护、民生改善的基础前沿难题和核心关键技术。

（五）**大力弘扬勇攀高峰、敢为人先的创新精神**。坚定敢为天下先的自信和勇气，面向世界科技前沿，面向国民经济主战场，面向国家重大战略需求，抢占科技竞争和未来发展制高点。敢于提出新理论、开辟新领域、探寻新路径，不畏挫折、敢于试错，在独创独有上下功夫，在解决受制于人的重大瓶颈问题上强化担当作为。

（六）**大力弘扬追求真理、严谨治学的求实精神**。把热爱科学、探求真理作为毕生追求，始终保持对科学的好奇心。坚持解放思想、独立思辨、理性质疑，大胆假设、认真求证，不迷信学术权威。坚持立德为先、诚信为本，在践行社会主义核心价值观、引领社会良好风尚中率先垂范。

（七）**大力弘扬淡泊名利、潜心研究的奉献精神**。静心笃志、心无旁骛、力戒浮躁，甘坐"冷板凳"，肯下"数十年磨一剑"的苦功夫。反对盲目追逐热点，不随意变换研究方向，坚决摒弃拜金主义。从事基础研究，要瞄准世界一流，敢于在世界舞台上与同行对话；从事应用研究，要突出解决实际问题，力争实现关键核心技术自主可控。

（八）**大力弘扬集智攻关、团结协作的协同精神**。强化跨界融合思维，倡导团队精神，建立协同攻关、跨界协作机制。坚持全球视野，加强国际合作，秉持互利共赢理念，为推动科技进步、构建人类命运共同体贡献中国智慧。

（九）**大力弘扬甘为人梯、奖掖后学的育人精神**。坚决破除论资排辈的陈旧观念，打破各种利益纽带和裙带关系，善于发现培养青年科技人才，敢于放手、支持其在重大科研任务中"挑大梁"，甘做致力提携后学的"铺路石"和领路人。

三、加强作风和学风建设，营造风清气正的科研环境

（十）**崇尚学术民主**。鼓励不同学术观点交流碰撞，倡导严肃认真的学术讨论和评论，排除地位影响和利益干扰。开展学术批评要开诚布公，多提建设性意见，反对人身攻击。尊重他人学术话语权，反对门户偏见和"学阀"作风，不得利用行政职务或学术地位压制不同学术观点。鼓励年轻人大胆提出自己的学术观点，积极与学术权威交流对话。

（十一）**坚守诚信底线**。科研诚信是科技工作者的生命。高等学校、科研机构和企业等要把教育引导和制度约束结合起来，主动发现、严肃查处违背科研诚信要求的行为，并视情节追回责任人所获利益，按程序记入科研诚信严重失信行为数据库，实行"零容忍"，在晋升使用、表彰奖励、参与项目等方面"一票否决"。科研项目承担者要树立"红线"意识，严格履行科研合同义务，严禁违规将科研任务转包、分包他人，严禁随意降低目标任务和约定要求，严禁以项目实施周期外或不相关成果充抵交差。严守科研伦理规范，守住学术道德底线，按照对科研成果的创造性贡献大小据实署名和排序，反对无实质学术贡献者"挂名"，导师、科研项目负责人不得在成果署名、知识产权归属等方面侵占学生、团队成员的合法权益。对已发布的研究成果中确实存在错误和失误的，责任方要以适当方式予以公开和承认。不参加自己不熟悉领域的咨询评审活动，不在情况不掌握、内容不了解的意见建议上署名签字。压紧压实监督管理责任，有关主管部门和高等学校、科研机构、企业等单位要建立健全科研诚信审核、科

研伦理审查等有关制度和信息公开、举报投诉、通报曝光等工作机制。对违反项目申报实施、经费使用、评审评价等规定，违背科研诚信、科研伦理要求的，要敢于揭短亮丑，不迁就、不包庇，严肃查处、公开曝光。

（十二）反对浮夸浮躁、投机取巧。深入科研一线，掌握一手资料，不人为夸大研究基础和学术价值，未经科学验证的现象和观点，不得向公众传播。论文等科研成果发表后1个月内，要将所涉及的实验记录、实验数据等原始数据资料交所在单位统一管理、留存备查。参与国家科技计划（专项、基金等）项目的科研人员要保证有足够时间投入研究工作，承担国家关键领域核心技术攻关任务的团队负责人要全时全职投入攻关任务。科研人员同期主持和主要参与的国家科技计划（专项、基金等）项目（课题）数原则上不得超过2项，高等学校、科研机构领导人员和企业负责人作为项目（课题）负责人同期主持的不得超过1项。每名未退休院士受聘的院士工作站不超过1个、退休院士不超过3个，院士在每个工作站全职工作时间每年不少于3个月。国家人才计划入选者、重大科研项目负责人在聘期内或项目执行期内擅自变更工作单位，造成重大损失、恶劣影响的要按规定承担相应责任。兼职要与本人研究专业相关，杜绝无实质性工作内容的各种兼职和挂名。高等学校、科研机构和企业要加强对本单位科研人员的学术管理，对短期内发表多篇论文、取得多项专利等成果的，要开展实证核验，加强核实核查。科研人员公布突破性科技成果和重大科研进展应当经所在单位同意，推广转化科技成果不得故意夸大技术价值和经济社会效益，不得隐瞒技术风险，要经得起同行评、用户用、市场认。

（十三）反对科研领域"圈子"文化。要以"功成不必在我"的胸襟，打破相互封锁、彼此封闭的门户倾向，防止和反对科研领域的"圈子"文化，破除各种利益纽带和人身依附关系。抵制各种人情评审，在科技项目、奖励、人才计划和院士增选等各种评审活动中不得"打招呼""走关系"，不得投感情票、单位票、利益票，一经发现这类行为，立即取消参评、评审等资格。院士等高层次专家要带头打破壁垒，树立跨界融合思维，在科研实践中多做传帮带，善于发现、培养青年科研人员，在引领社会风气上发挥表率作用。要身体力行、言传身教，积极履行社会责任，主动走近大中小学生，传播爱国奉献的价值理念，开展科普活动，引领更多青少年投身科技事业。

四、加快转变政府职能，构建良好科研生态

（十四）**深化科技管理体制机制改革**。政府部门要抓战略、抓规划、抓政策、抓服务，树立宏观思维，倡导专业精神，减少对科研活动的微观管理和直接干预，切实把工作重点转到制定政策、创造环境、为科研人员和企业提供优质高效服务上。坚持刀刃向内，深化科研领域政府职能转变和"放管服"改革，建立信任为前提、诚信为底线的科研管理机制，赋予科技领军人才更大的技术路线决策权、经费支配权、资源调动权。优化项目形成和资源配置方式，根据不同科学研究活动的特点建立稳定支持、竞争申报、定向委托等资源配置方式，合理控制项目数量和规模，避免"打包""拼盘"、任务发散等问题。建立健全重大科研项目科学决策、民主决策机制，确定重大创新方向要围绕国家战略和重大需求，广泛征求科技界、产业界等意见。对涉及国家安全、重大公共利益或社会公众切身利益的，应充分开展前期论证评估。建立完善分层分级责任担当机制，政府部门要敢于为科研人员的探索失败担当责任。

（十五）**正确发挥评价引导作用**。改革科技项目申请制度，优化科研项目评审管理机制，让最合适的单位和人员承担科研任务。实行科研机构中长期绩效评价制度，加大对优秀科技工作者和创新团队稳定支持力度，反对盲目追求机构和学科排名。大幅减少评比、评审、评奖，破除唯论文、唯职称、唯学历、唯奖项倾向，不得简单以头衔高低、项目多少、奖励层次等作为前置条件和评价依据，不得以单位名义包装申报项目、奖

励、人才"帽子"等。优化整合人才计划，避免相同层次的人才计划对同一人员的重复支持，防止"帽子"满天飞。支持中西部地区稳定人才队伍，发达地区不得片面通过高薪酬高待遇竞价抢挖人才，特别是从中西部地区、东北地区挖人才。

（十六）**大力减轻科研人员负担**。加快国家科技管理信息系统建设，实现在线申报、信息共享。大力解决表格多、报销繁、牌子乱、"帽子"重复、检查频繁等突出问题。原则上1个年度内对1个项目的现场检查不超过1次。项目管理专业机构要强化合同管理，按照材料只报1次的要求，严格控制报送材料数量、种类、频次，对照合同从实从严开展项目成果考核验收。专业机构和项目专员严禁向评审专家施加倾向性影响，坚决抵制各种形式的"围猎"。高等学校、科研机构和企业等创新主体要切实履行法人主体责任，改进内部科研管理，减少繁文缛节，不层层加码。高等学校、科研机构领导人员和企业负责人在履行勤勉尽责义务、没有牟取非法利益前提下，免除追究其技术创新决策失误责任，对已履行勤勉尽责义务但因技术路线选择失误等导致难以完成预定目标的项目单位和科研人员予以减责或免责。

五、加强宣传，营造尊重人才、尊崇创新的舆论氛围

（十七）**大力宣传科学家精神**。高度重视"人民科学家"等功勋荣誉表彰奖励获得者的精神宣传，大力表彰科技界的民族英雄和国家脊梁。推动科学家精神进校园、进课堂、进头脑。系统采集、妥善保存科学家学术成长资料，深入挖掘所蕴含的学术思想、人生积累和精神财富。建设科学家博物馆，探索在国家和地方博物馆中增加反映科技进步的相关展项，依托科技馆、国家重点实验室、重大科技工程纪念馆（遗迹）等设施建设一批科学家精神教育基地。

（十八）**创新宣传方式**。建立科技界与文艺界定期座谈交流、调研采风

机制，引导支持文艺工作者运用影视剧、微视频、小说、诗歌、戏剧、漫画等多种艺术形式，讲好科技工作者科学报国故事。以"时代楷模""最美科技工作者""大国工匠"等宣传项目为抓手，积极选树、广泛宣传基层一线科技工作者和创新团队典型。支持有条件的高等学校和中学编排创作演出反映科学家精神的文艺作品，创新青少年思想政治教育手段。

（十九）**加强宣传阵地建设。**主流媒体要在黄金时段和版面设立专栏专题，打造科技精品栏目。加强科技宣传队伍建设，开展系统培训，切实提高相关从业人员的科学素养和业务能力。加强网络和新媒体宣传平台建设，创新宣传方式和手段，增强宣传效果、扩大传播范围。

六、保障措施

（二十）**强化组织保障。**各级党委和政府要切实加强对科技工作的领导，对科技工作者政治上关怀、工作上支持、生活上关心，把弘扬科学家精神、加强作风和学风建设作为践行社会主义核心价值观的重要工作摆上议事日程。各有关部门要转变职能，创新工作模式和方法，加强沟通、密切配合、齐抓共管，细化政策措施，推动落实落地，切实落实好党中央关于为基层减负的部署。科技类社会团体要制定完善本领域科研活动自律公约和职业道德准则，经常性开展职业道德和学风教育，发挥自律自净作用。各类新闻媒体要提高科学素养，宣传报道科研进展和科技成就要向相关机构和人员进行核实，听取专家意见，杜绝盲目夸大或者恶意贬低，反对"标题党"。对宣传报道不实、造成恶劣影响的，相关媒体、涉事单位及责任人员应及时澄清，有关部门应依规依法处理。

中央宣传部、科技部、中国科协、教育部、中国科学院、中国工程院等要会同有关方面分解工作任务，对落实情况加强跟踪督办和总结评估，确保各项举措落到实处。军队可根据本意见，结合实际建立健全相应工作机制。

中国科协　中宣部　教育部　科技部
关于深化改革 培育世界一流科技期刊的意见

科协发学字〔2019〕38号

中国科协所属各全国学会、协会、研究会，各省、自治区、直辖市党委宣传部、教育部直属各高等学校、有关直属单位，各省、自治区、直辖市科技厅（局），新疆生产建设兵团新闻出版局，中央军委政治工作部宣传局，各中央报刊主管单位：

国家创新能力根植于知识创造、汇聚与传播及其生态环境。科技期刊传承人类文明，荟萃科学发现，引领科技发展，直接体现国家科技竞争力和文化软实力。我国已成为期刊大国，但缺乏有影响力的世界一流科技期刊，在全球科技竞争中存在明显劣势，必须进一步深化改革，优化发展环境。为加快建设世界一流科技期刊，夯实进军世界科技强国的科技与文化基础，特提出如下意见。

一、总体要求

1.指导思想

以习近平新时代中国特色社会主义思想为指导，全面贯彻党的十九大和十九届二中、三中全会精神，全面把握创新发展规律、科技管理规律和人才成长规律，立足国情、面向世界，提升质量、超越一流，走出一条中国特色科技期刊发展道路，为实现"两个一百年"奋斗目标，实现中华民族伟大复兴的中国梦作出更大贡献。

2. 基本原则

——优化布局、分类施策。系统研判科技期刊发展现状，着眼基础前沿、工程技术、科学普及等不同类型期刊的功能定位，加强顶层设计，突出发展重点，有效整合资源，分类推进改革，完善发展体系，提高科技期刊围绕中心、服务大局能力。

——卓越发展、强基固本。对标世界一流，突出关键重点，围绕国家重大需求和科技发展战略必争领域，做强优势学科，填空白补短板，夯实发展基础，构建期刊持续发展的体制机制和生态保障。

——引领发展、创新突破。抢抓新兴交叉学科发展和数字化转型的战略机遇，充分发挥工程技术集成创新优势，争突破筑长板，引领发展方向，推动科技期刊高质量发展，实现在重大发展拐点的创新跨越。

——协同发展、开放竞争。以全球视野谋划开放合作，促进产学协同发展，聚合优质资源，创新传播机制，提升科技期刊规模化、集约化办刊水平，推进科技期刊集团化建设，搭建新型传播平台，有效提升我国科技期刊的国际传播力影响力。

3. 建设目标

未来五年，跻身世界一流阵营的科技期刊数量明显增加，科技期刊的学术组织力、人才凝聚力、创新引领力、国际影响力明显提高。前瞻布局一批新兴交叉和战略前沿领域新刊，做精做强一批基础和传统优势领域期刊，优化提升中文科技期刊，繁荣发展科普期刊。实现科技期刊数字化转型，推进集群化并加快向集团化转变，全面提升专业化、国际化能力，形成有效支撑现代化经济体系建设、与创新型国家相适应的科技期刊发展体系。

到 2035 年，我国科技期刊综合实力跃居世界第一方阵，建成一批具有国际竞争力的品牌期刊和若干出版集团，有效引领新兴交叉领域科技发展，科技评价的影响力和话语权明显提升，成为世界学术交流和科学文化传播的重要枢纽，为科技强国建设作出实质性贡献。

二、重点任务

实施"中国科技期刊卓越行动计划"，以建设世界一流科技期刊为目标，围绕变革前沿强化前瞻布局，科学编制重点建设期刊目录，全力推进数字化、专业化、集团化、国际化进程，实现科技期刊管理、运营与评价等机制的深刻调整，构建开放创新、协同融合、世界一流的中国科技期刊体系。

（一）优化科技期刊与出版结构布局

4.强化基础支撑做强优势学科领域。在数学、物理、化学、地学、生命、材料、医学等基础和优势学科领域，遴选一批优秀期刊并推动其做精做强，深化办刊体制机制改革创新，增强对高水平论文的吸引力，提升基础学科的国际竞争力。

5.突出前瞻引领布局新兴交叉与战略前沿领域。在信息、制造、能源环境、空间、海洋及生物医学等领域优先布局，打造科技出版竞争优势，围绕国家重大科技工程和产业关键技术领域创办新刊，服务国家创新发展的战略需求。

6.突出专业化导向优化提升中文科技期刊。做精做强专业类、综合类学术期刊，带动学科和行业发展。明确工程技术类期刊办刊定位，推动差异化特色发展。加强中文高端学术期刊及论文国际推广，不断提升全球影响力。通过专业化建设，全面提升中文科技期刊对经济社会发展的服务能力。

7.推动融合创新繁荣科普期刊。促进科学、文化、金融协同创新，以数字化重构科普生态，推动全媒体融合发展，打造具有市场竞争力的科普类期刊集群，为中国特色社会主义先进文化建设和全民科学素质提升提供坚实支撑。

（二）着力提升科技期刊专业管理能力

8. 分类施策增强科技期刊发展活力。支持基础优势学科精品期刊建设，明确原创和科学突破的评价导向。推动产业界、学术界深度联合，建设新兴交叉领域的优势期刊，做强重大工程技术领域专业期刊，明确创新性和实效性评价导向。

9. 建立优胜劣汰的动态管理机制。根据学科发展规律与需求，加强新刊创办引导。突出以质量与价值为核心的绩效导向，建立健全创办到退出全生命周期的科学管理机制，实现期刊布局的动态调整和能力提升。加强和完善期刊三审三校、匿名审稿等内容生产把关机制，建立论文作者及期刊从业人员诚信体系，完善学术不端行为预警查处机制，筑牢学术诚信和出版伦理底线。

10. 建设科技期刊论文大数据中心。抓住数字化、智能化促进期刊出版变革的重大机遇，建设世界科技论文引文库、专家学者库、科技期刊应用数据公共服务平台，基于大数据分析形成科学合理的评价标准，发布全球创新指数，增强中国在世界科技舞台的话语权，有效支撑科技创新前沿研判，丰富和发展中国科技思想库、技术库、人才库，为国家科技创新战略制定提供数据支撑。

（三）着力提升科技期刊出版市场运营能力

11. 建立竞争引领、开放协作新机制。面向科技革命与产业变革前沿，按照国家准入政策和出版管理制度，鼓励引入企业力量协同办刊，推动产学研深度合作。发挥科技类企业技术、资本和人才的平台优势，在大数据、人工智能、工业互联网、智能制造、新材料、新能源、生物技术等新兴领域，探索"学会＋企业""高校＋企业""科研机构＋企业"等多种协同办刊形式，催生科技期刊发展新业态，创新中国特色科技期刊发展模式。

12. 推动科技期刊出版集团化发展。深化体制机制改革，坚持和完善主管主办管理体制，推动与出资人管理体制有机衔接，增强存量期刊发展活力。利用中央和地方文化产业发展专项资金，支持若干科技期刊出版企业跨部门、跨地区重组整合期刊资源，打通产业链、重构价值链、形成创新链，加快集聚一批国际高水平期刊，打造国际化、数字化期刊出版旗舰。

13. 强化学会办刊力度。强化学会主体责任，把培育一流期刊作为一流学会建设的核心指标，引导学会学术和会员资源服务期刊发展，接入全球创新网络，建设一批具有国际影响力的专业品牌期刊。支持学会办刊，鼓励集群化发展，全面提高社会化、国际化水平。

14. 建设数字化知识服务出版平台。强化政府、产业有效互动，依托出版集团和学会、高校等期刊集群，建设数字化知识服务平台，集论文采集、编辑加工、出版传播于一体，探索论文网络首发、增强数字出版、数据出版、全媒体一体化出版等新型出版模式，提供高效精准知识服务，推动科技期刊数字化转型升级。

（四）着力提升科技期刊国际竞争能力

15. 全面提升科技期刊对全球创新思想和一流人才的汇聚能力。变革办刊理念，创新运行机制，敏锐把握科技前沿和发展规律，拓展选题策划的国际视野，发布学科发展报告，提高学术引领力和对高水平作者的吸引力。采取多种形式加强编辑队伍建设，创造条件吸纳高水平国际编委和经营人才，提升出版传播的核心竞争力。

16. 拓展科技期刊开放合作渠道。支持科技期刊出版单位积极参与全球学术治理，深化与国际同行合作，提高市场开拓与竞争能力。加大对举办一流国际学术会议支持力度，扩大作者群和读者群，形成高水平学术思想的策源地。

17. 推动中外科技期刊同质等效。发挥全国学会同行评议功能和相关研究机构作用，分领域发布科技期刊分级目录，形成全面客观反映期刊水平的评价标准。强化政策引导，发挥学术评价指挥棒作用，吸引高水平论文在中国科技期刊首发，服务国家创新驱动发展战略要求。

三、保障措施

18. 加强党对科技期刊工作的全面领导。以习近平新时代中国特色社会主义思想为指导，增强"四个意识"，坚定"四个自信"，做到"两个维护"，自觉在思想上、政治上、行动上同以习近平同志为核心的党中央保持高度一致，确保正确办刊方向。认真贯彻总体国家安全观，有效防范和化解各类风险。

19. 推动政府引导与社会资本有机结合。促进基础前沿和新兴交叉领域精品期刊发展，推进科技期刊出版国际传播能力提升，加强大数据中心及数字化知识服务出版平台建设，在开放竞争中不断赋予期刊发展新动力。

20. 加强改革进展监测和期刊绩效评估。强化科技期刊建设顶层设计，推动改革政策和举措的有效落地，试点先行，逐步推开。加强改革进展监测，定期开展期刊绩效评估，及时研判并形成可复制可推广的经验做法。

中国科协　中宣部

教育部　科技部

2019 年 7 月 24 日

理论学习成果

共产党人要把不忘初心、牢记使命作为终身课题

重庆市科协党组理论学习中心组

通过学习内化，促进共产党人自我净化、自我完善、自我革新、自我提高，常怀忧党之心、为党之责、强党之志，为"守初心、担使命，找差距、抓落实"提供强大的思想基础。

共产党人千万不能在一片喝彩声、赞扬声中丧失革命精神和斗志，而是要牢记船到中流浪更急、人到半山路更陡，以坚忍不拔的意志和无私无畏的勇气战胜前进道路上的一切艰难险阻。

习近平总书记在"不忘初心、牢记使命"主题教育工作会议上指出，为中国人民谋幸福，为中华民族谋复兴，是中国共产党人的初心和使命，是激励一代代中国共产党人前赴后继、英勇奋斗的根本动力。共产党人的初心和使命是党的性质宗旨、理想信念、奋斗目标的集中体现，也是共产党人知、情、意、行的有机统一体。思想引导行为，行为变成习惯，习惯塑造性格，性格决定命运。因此，坚持认知内化、情感深化、意志强化、行为优化，是共产党人把不忘初心、牢记使命作为终身课题的实现途径。

加强学习，促进认知内化。共产党人把不忘初心、牢记使命作为终身课题，首要的是系统接受和掌握不忘初心、牢记使命的一系列知识体系，并在头脑中建立起相应的认知结构，内化为自身的价值体系，达到"行之于心，应之于手"的境界。一要深入学习贯彻习近平新时代中国特色社会主义思想，坚持学思用贯通、知信行统一，深刻认识到我们党是用马克思主义理论武装起来的政党，始终把为中国人民谋幸福、为中华民族谋复

兴作为自己的初心和使命，并一以贯之地体现到党的全部奋斗之中。二要认真贯彻落实党中央的决策部署，认真学习党章党规，认真学习党史、国史，筑牢信仰之基、补足精神之钙、把稳思想之舵，增强不忘初心、牢记使命的自觉性和坚定性。三要准确把握开展主题教育的目标任务，锤炼忠诚干净担当的政治品格，团结带领全国各族人民为实现伟大梦想共同奋斗，聚焦聚力"理论学习有收获、思想政治受洗礼、干事创业敢担当、为民服务解难题、清正廉洁作表率"这个具体目标，深刻领会这一目标任务体现了党对新时代共产党人思想、政治、作风、能力、廉政方面的基本要求。通过学习内化，促进共产党人自我净化、自我完善、自我革新、自我提高，常怀忧党之心、为党之责、强党之志，为"守初心、担使命，找差距、抓落实"提供强大的思想基础。

选树典型，促进情感深化。我们要对照先进典型、身边榜样，找一找在增强"四个意识"、坚定"四个自信"、做到"两个维护"方面存在哪些差距，找一找在知敬畏、存戒惧、守底线方面存在哪些差距，找一找在群众观点、群众立场、群众感情、服务群众方面存在哪些差距，找一找在思想觉悟、能力素质、道德修养、作风形象方面存在哪些差距，有的放矢进行整改。各级党组织要善于发现、选树和运用先进典型，让广大党员见贤思齐，学有榜样，赶有目标。一要树立可亲的典型。先进典型的事迹要亲切感人。先进人物也是社会普普通通的一员，对他们的宣传要有人情味、亲切感。二要树立可敬的典型。抓住最有说服力的先进典型进行宣传，使广大党员内心受到震撼，激发学先进、比先进、赶先进的内动力。三要树立可信的典型。先进典型的事迹要实在服人，经得起检验，让广大党员信得过。四要树立可学的典型。不同的共产党员具有不同的基础、不同的需要，树立先进典型要坚持广泛性与多样性的统一，既有全党、全国统一树立的先进典型，也有各级党组织、各条战线、各个行业树立的先进典型。

　　注重磨炼，促进意志强化。我们要深刻认识到，"开展这次主题教育，就是要认真贯彻新时代党的建设总要求，奔着问题去，以刮骨疗伤的勇气、坚忍不拔的韧劲坚决予以整治，同一切影响党的先进性、弱化党的纯洁性的问题作坚决斗争，努力把我们党建设得更加坚强有力"。做到不忘初心、牢记使命，并不是一件容易的事情。各级党组织要采取多种方式，增强共产党人强烈的自我革命精神和持之以恒的意志力。一要树立正确的事业观。中国特色社会主义伟大事业是一代代中国共产党人同中国人民接续奋斗的结果。虽然现在我们比历史上任何时期都更接近、更有信心和能力实现中华民族伟大复兴，但是共产党人千万不能在一片喝彩声、赞扬声中丧失革命精神和斗志，而是要牢记船到中流浪更急、人到半山路更陡，以坚忍不拔的意志和无私无畏的勇气战胜前进道路上的一切艰难险阻。二要加强挫折教育。共产党人要增强正视问题的自觉和刀刃向内的勇气，认真汲取干事创业的经验教训，加强党性锻炼和政治历练，把生活和工作中的挫折当作进步的阶石、成功的起点，发扬"钉钉子"精神，不断提升政治境界、思想境界、道德境界。三要注重经常激励。因人因时因事制宜采用政治、经济、文化各有侧重的激励方式，激励同志们再接再厉、迎难而上，自觉把个人的命运与党的前途紧紧连在一起，把初心和使命体现在工作岗位上，时时处处表现出"不一般"的恒心、韧劲和毅力，勤学上进争第一，吃苦耐劳争第一，利益谦让争第一，终身追求做生活中的先进分子、工作中的时代先锋。

　　健全机制，促进行为优化。中共十九大报告指出，要坚持严管和厚爱结合、激励和约束并重，完善干部考核评价机制，建立激励机制和容错纠错机制。贯彻落实这一重要指示，是促进共产党人不忘初心、牢记使命的制度保障。一是建立好制度。深入研究新时代党的建设的新特点，认真总结开展主题教育的好经验，把学习教育、调查研究、检视问题、整改落实方面的好做法固化为制度。二是执行好制度。各级党组织要强化制度执行意识，引导广大党员知敬畏、存戒惧、守底线，做到令行禁止、违者必究，确保党的各项制度落到实处，使广大党员的思想和行动永葆先进性和纯洁性、永葆青春活力。三是发挥好领导干部的带头作用。共产党人不忘初心、牢记使命，关键在党的各级领导干部要以上率下，带头深入学习习近平新时代中国特色社会主义思想，带头增强"四个意识"、坚定"四个自信"、做到"两个维护"，带头运用批评和自我批评武器，带头坚持真理、修正错误，进而带动广大共产党员发扬革命战争年代那种敢于战斗、不怕困难的奋斗精神，勇于战胜各种艰难险阻、风险挑战，奋力夺取新时代中国特色社会主义新胜利。

不忘初心、牢记使命 "三望"强"三感"

重庆市科协党组书记、常务副主席 王合清

中国共产党人的初心和使命是什么？这个问题看似简单，实则深邃。习近平总书记在中共十九大报告中指出："中国共产党人的初心和使命，就是为中国人民谋幸福，为中华民族谋复兴。这个初心和使命是激励中国共产党人不断前进的根本动力。"总书记在"不忘初心、牢记使命"主题教育工作会议上强调："守初心，就是要牢记全心全意为人民服务的根本宗旨""担使命，就是要牢记我们党肩负的实现中华民族伟大复兴的历史使命"。对中国共产党人的初心和使命，我们不仅要知其然，还要知其所以然。

2018年1月5日，习近平总书记在学习贯彻中共十九大精神研讨班开班式上发表重要讲话时指出："只有回看走过的路、比较别人的路、远眺前行的路，弄清楚我们从哪儿来、往哪里去，很多问题才看得深、把得准。"只有回望，我们才能够牢记初心使命；只有侧望，我们才能够读懂初心使命；只有眺望，我们才能够担起初心使命。

回望：不忘初心、牢记使命能够增强成就感

中国共产党诞生之初，就把为中国人民谋幸福、为中华民族谋复兴作为自己的初心和使命，并贯穿于98年的奋斗历程之中。可以说，中国共产党是一个坚守初心和使命的先进政党，中国共产党的历史就是一部践行初心和使命的奋斗史。

在新民主主义革命时期，为推翻压在中国人民头上的帝国主义、封建主义、官僚资本主义"三座大山"，实现民族独立、人民解放、国家统一、社会稳定，我们党团结带领人民找到了一条农村包围城市、武装夺取政权的正确革命道路，进行了 28 年浴血奋战，完成了新民主主义革命，建立了中华人民共和国，劳动人民成为国家的主人。中华人民共和国成立后，我们党团结带领人民完成社会主义革命，确定社会主义基本制度，推进社会主义建设，完成了中华民族有史以来最为广泛而深刻的社会变革，为当代中国的发展进步奠定了根本政治前提和制度基础，中华民族的命运得到根本扭转，并持续走向繁荣富强。改革开放以来，我们党团结带领人民进行改革开放型的伟大革命，破除阻碍国家和民族发展的一切思想和体制机制障碍，开辟了中国特色社会主义道路，使中国大踏步赶上时代。特别是中共十八大以来，以习近平同志为核心的党中央迎难而上、开拓进取，团结带领中国人民进行伟大斗争、建设伟大工程、推进伟大事业、实现伟大梦想，提出一系列新理念、新思想、新战略，出台一系列重大方针政策，推出一系列重大举措，推进一系列重大工作，解决了许多长期想解决而没有解决的难题，办成了许多过去想办而没有办成的大事，推动党和国家事业取得全方位、开创性历史成就，发生深层次、根本性历史变革。

随着我们党即将成为百年大党，在全国执政 70 年，在党的坚强领导下，我国日益走近世界舞台中央，对世界的影响力、感召力日益增强。2018 年，我国国内生产总值超过 90 万亿元，位居全球第二，占世界经济的比重达到 15% 以上。多年来，我国对世界经济增长的贡献率超过 30%，是美国、欧元区和日本之和。我国的对外贸易、对外投资、外汇储备稳居世界前列，创新型国家建设取得丰硕成果，"天宫""蛟龙""天眼""悟空""墨子"、高铁、大飞机等重大科技成果相继问世。中华民族迎来了从富起来到强起来的伟大飞跃，迎来了实现中华民族伟大复兴中国梦的光明前景。

在一篇来自中国台湾学界的文章《看了国民党这个怂样，我才理解为什么只有共产党才能救中国》爆红网络。该文指出，中国共产党之所以能救中国，主要是做到了几件事：一是避免了中国的碎片化，二是实现了中国的全面工业化，三是给了中国人自信。其实这背后还有更深层次的原因，那就是我们党不管是最初仅有 50 多人的小党，还是如今发展成为有着 9000 多万名党员的世界第一大党，不管是干革命、搞建设还是抓改革，都能始终初心不改、矢志不渝，坚持奋斗目标，坚定人民立场，牢记历史任务。这就是我们党永远立于不败之地的根本。

侧望：不忘初心、牢记使命能够增强自豪感

如果回头看，让我们有强烈的成就感，那么把我国与世界其他国家作一个横向对比，我们会更加深刻地理解什么叫中国道路，什么叫中国力量，什么叫中国方案，就会因为是一名中国共产党人而感到由衷的自豪。

先看看发展中国家。消除贫困是人类的共同使命，发展中国家最大的挑战就是如何解决贫困问题。改革开放 40 年来，在现行联合国标准下，中国 7 亿多贫困人口成功脱贫，占同期全球减贫人口总数的 70% 以上，这比美俄日德四国人口总和还多，成为最早实现联合国千年发展目标中减贫目标的发展中国家。在有着 13 多亿人口的大国解决贫困问题很了不起，在基础薄弱的发展中大国解决贫困问题很了不起，在区域发展不平衡的大国解决贫困问题很了不起。当今世界，中国的"精准扶贫模式"无疑是最有说服力、最具吸引力、最值得学习借鉴的。

再看看经济转型国家。20 世纪 90 年代初，苏联和东欧的社会主义国家的政治经济制度发生根本性改变，从计划经济快速转向市场经济。在苏联解体的时候，俄罗斯的经济规模比中国还要大，但现在大致相当于广东省的规模。改革开放初期，我国的外汇储备不到 2 亿美元，现在已经是 3 万多亿美元，超过了俄罗斯和整个东欧的总和。这充分说明，我们党开创

和坚持的中国特色社会主义道路十分成功！

最后与西方发达国家做个对比。在经济发展方面，改革开放以来我国国内生产总值（GDP）增长了80多倍，同期美国仅增长了7.23倍，日本仅增长了3.82倍；我国中等收入群体的人数已达到4亿多，超过美国人口总和。在教育方面，我国每年有280万名理工类和工程类研究生毕业，数量是美国的5倍。在科技创新方面，我国在轨道交通装备、通信技术、电网等方面已经超过美国，特别是5G技术，用任正非的话来说，"别人两三年肯定追不上"。

纵观中华民族从站起来、富起来到强起来的伟大进程，正是因为我们党不忘初心、牢记使命，紧紧依靠人民、带领人民，才能够跨过一道又一道沟坎，取得一个又一个胜利，把一个过去贫困落后的国家发展得像现在这样欣欣向荣、充满生机，让全世界感受到中国共产党的强大凝聚力和中国特色社会主义制度的强大生命力。在世界社会主义运动陷入低潮的背景下，中国特色社会主义"一枝独秀"，不仅避免了重蹈东欧剧变覆辙，而且使社会主义焕发勃勃生机，为人类文明发展走出了一条新路，赢得了国际社会的普遍赞誉。

眺望：不忘初心、牢记使命能够增强紧迫感

我们党的最高纲领和最终目标是实现共产主义，现阶段纲领和现阶段奋斗目标是建设中国特色社会主义，建设社会主义现代化国家，实现中华民族伟大复兴的中国梦。从中共十九大到中共二十大，是"两个一百年"奋斗目标的历史交汇期。我们既要全面建成小康社会，实现第一个一百年奋斗目标，又要乘势而上开启全面建设社会主义现代化国家的新征程，向第二个一百年奋斗目标进军。站在新的历史起点上，我们党如何永葆先进性和纯洁性、永葆青春活力，如何永远得到人民的拥护和支持，如何实现长期执政，是我们必须回答好、解决好的一个根本问题。

　　进入新时代，我国社会主要矛盾已经转化为人民日益增长的美好生活需要和不平衡不充分的发展之间的矛盾。人民的需要是多方面、多领域、多层次、立体化、全方位的，而且不同的群体有不同的需要。除了物质的、文化的需要，还有政治方面的需要，比如公平、正义、法治的需要；生态方面的需要，比如对改善空气质量、土壤污染、水资源污染、食品安全状况的需要等。我们面临着各种严峻风险的挑战，这些风险挑战有政治、意识形态、经济领域的，也有科技、社会、外部环境和党的建设等领域的。特别是在长期执政的条件下，各种弱化党的先进性、损害党的纯洁性的因素无时不在，各种违背初心和使命、动摇党的根基的危险无处不在，如果不严加防范、及时整治，小问题就会变成大问题，"小管涌"就会变成"大塌方"。

　　《庄子》中有两句话："其作始也简，其将毕也必巨。"苏联曾经是与美国并驾齐驱的超级大国，苏联共产党拥有近 2000 万名党员。苏联解体前，苏联社会科学院做过一次问卷调查，被调查者认为苏共仍能代表工人的占 4%，仍能代表全体人民的仅占 7%，认为代表官僚、干部和机关工作人员的却占 85%。由此可见，苏共亡党、苏联解体的一个重要原因就是他们背弃了初心、背弃了使命、背弃了人民。习近平总书记一再提醒我们："越是长期执政，越不能忘记党的初心使命，越不能丧失自我革命精神。"我们要牢记船到中流浪更急、人到半山路更陡，把不忘初心、牢记使命作为加强党的建设的永恒课题，作为全体党员、干部的终身课题。

在第四届科协改革研讨会上的讲话

重庆市科协党组书记、常务副主席　王合清

（2019 年 12 月 25 日）

同志们：

我们在岁末年尾召开第四届科协改革研讨会，目的是进一步深学笃用习近平新时代中国特色社会主义思想，认真贯彻落实中央和全市经济工作会议精神，深化落实习近平总书记对群团工作的重要论述和对重庆工作的重要指示，坚定不移地贯彻新发展理念，在更高起点、更高层次、更高水平上推动科协事业高质量发展。

这次研讨会筹办历时 4 个多月，得到了中国科协调宣部、中国科协创新战略研究院、重庆市委宣传部等单位的大力支持。特别是中国科协创新战略研究院院长任福君亲临会议指导，做了《关于科协第三方评估的一些思考》的精彩报告。首先，我代表重庆市科协对福君院长表示衷心的感谢！这次研讨会经过专家组公开、公平、公正的评审，评出特等奖论文 4篇、一等奖论文 10 篇、二等奖论文 15 篇、三等奖论文 27 篇、优秀奖论文 40 篇，优秀组织单位 17 家。刚才，为获奖论文和优秀组织单位颁了奖，获奖代表交流了研究成果。在此，我代表重庆市科协对各位获奖者表示热烈的祝贺！

本次研讨会征集到的论文量多质高，具有十分重要的理论价值和实践价值，进一步提高了大家对科协事业发展规律的理性认识。总体上讲，有这样几个特点。

组织有力，稿源具有丰富性。这次研讨活动共征集到论文 236 篇，比 2018 年第三届研讨会多 61 篇，同比增长 34.9%。从推荐单位来看，中国科协创新战略研究院 14 篇，重庆市科协系统 211 篇，其他省市科协 11 篇。其中，重庆市科协系统稿件数量显著增加，市科协机关和直属单位 16 篇，区县科协 184 篇，其他方面 22 篇，其中 13 个区县科协推荐论文超过 6 篇，组织相当有力。

主题鲜明，选题具有时代性。参评论文紧紧围绕"科协发展"这个主题，从不同角度选题开展研究，有的总结了科协发展的宝贵经验，有的提出了科协发展的决策建议。例如,《加快构建新时代中国特色技术交易服务体系的建议》，站在新一轮科技革命和产业变革加速重构全球创新版图、大国战略博弈全面加剧、全球治理体系和国际秩序深度调整的时代背景下，研讨科协组织促进技术交易发展、推动科技为民服务的路径方法，具有重要的战略价值;《国家创新治理体系中科技群团改革的差距和任务》，站在国家治理现代化背景下，提出未来科技群团在政治引领、发展规律、内外部治理、服务机制、开放合作等方面的改革方向，做到了思想性与实践性的高度统一。

研究深入，成果具有指导性。参评论文综合运用了实地调查、问卷调查、座谈访谈、文献研究、系统分析等研究方法，问题表述准确，数据案例可靠，对策建议可行，具有较高的学术价值和资政价值，反映出科协系统干部职工和广大科技工作者务实的工作作风和严谨的治学态度。例如，合川区首次科技工作者状况调查历时 1 年，不但进行了实地调研、大数据挖掘，还对 600 多个单位、1700 余位高层次人才进行了问卷调查，把全区的科技工作者现状搞清了、问题找准了，具有很强的示范作用;《从站点信息看科技工作者服务路径》一文在梳理分析近几年"全国科技工作者状况调查平台"数百篇站点信息的基础上，总结出 9 项提升服务科技工作者质量的有效路径，对各级科协履行为科技工作者服务职能具有重要的参考价值。

影响扩大，品牌具有辐射力。这次研讨会除了中国科协创新战略研究院和重庆市科协系统有关单位积极投稿，还收到了来自山西省科协、北方工业大学和湖北省襄阳市科协的稿件，其中湖北省襄阳市科协推荐 7 篇论文，被评为优秀组织奖。从第一届研讨会征集到论文 100 篇、第二届研讨会征集到论文 134 篇、第三届研讨会征集到论文 175 篇，到 2019 年征集到论文 236 篇，增幅始终保持在 30% 以上。前三届研讨会公开出版的《科协改革纵横谈》《科协服务纵横谈》《科协创新纵横谈》，受到广泛好评。同样，我们将把这次研讨会的获奖论文汇编成《科协发展纵横谈》一书公开出版，与前三届的三本书"串珠成链"，作为大家参与科协改革、推进科协发展的智慧结晶。

新时代讲发展，必须讲新发展理念，推动高质量发展。大家知道，2015 年 10 月 29 日，习近平总书记在中共十八届五中全会上首次提出了创新、协调、绿色、开放、共享的新发展理念。新发展理念不是凭空得来的，是在深刻总结国内外发展经验教训、深刻分析国内外发展大势的基础上形成的，是针对我国发展中的突出矛盾和问题提出来的。坚持新发展理念，是关系我国发展全局的一场深刻变革。总书记在中共十九大报告中指出："发展必须是科学发展，必须坚定不移贯彻创新、协调、绿色、开放、共享的发展理念。"总书记在 2019 年中央经济工作会议上强调，要把坚持贯彻新发展理念作为检验各级领导干部的一个重要尺度。总书记对重庆的系列重要指示中要求我们把思想和行动统一到新的发展理念上来，崇尚创新、注重协调、倡导绿色、厚植开放、推进共享，努力提高统筹贯彻新的发展理念的能力和水平。

发展是解决我国一切问题的基础和关键。发展理念是发展行动的先导，是发展思路、发展方向、发展着力点的集中体现。发展理念是否对头，从根本上决定着发展成效乃至成败。新发展理念具有很强的战略性、纲领性、引领性。必须把新发展理念作为指挥棒、红绿灯，对不适应、不适合甚至违背新发展理念的认识要立即调整，行为要坚决纠正，做法要彻底摒弃。陈敏尔书记在全市经济工作会上强调："能否坚持贯彻新发展理念是检验各级领导干部是否增强'四个意识'、坚定'四个自信'、做到'两个维护'的重要标尺。各级领导干部特别是主要领导干部必须想明白、弄清楚、做到位。"对科协组织来说，坚定不移地贯彻新发展理念，是由群团组织保持和增强政治性、先进性、群众性这个总要求决定的。

科协保持和增强政治性，就必须坚定不移地贯彻新发展理念。习近平总书记指出："政治性是群团组织的灵魂，是第一位的。群团组织要始终把自己置于党的领导之下。"增强"四个意识"、坚定"四个自信"、做到"两个维护"，不是一句空洞的口号，关键看实际行动。我们一定要以党的旗帜为旗帜、以党的方向为方向、以党的意志为意志。科协作为党的科协，把政治性落到实处，其中最重要的就是要坚决贯彻党的意志和主张。新发展理念是党的基本方略之一，中央有部署，科协就要有行动，就要形成贯彻新发展理念的高度政治自觉、思想自觉、行动自觉，自觉用新发展理念武装头脑、指导实践、推动工作，始终做到与党同心，听党话、跟党走。

科协保持和增强先进性，就必须坚定不移地贯彻新发展理念。习近平总书记强调："群团组织承担着组织动员广大人民群众为完成党的中心任务而共同奋斗的重大责任"，时代主题是"为实现中华民族伟大复兴中国梦而奋斗"，具体要求是"紧紧围绕党和国家工作大局，组织动员广大人民群众走在时代前列，在改革发展稳定第一线建功立业"。当前，经济建设主战场，就是贯彻新发展理念的主战场。只有坚定不移地贯彻落实新发展理念，才能让科技工作者建功新时代更加对路、更加有效，科协的发展才能与时俱进，走在时代前列。

科协保持和增强群众性，就必须坚定不移地贯彻新发展理念。新发

第四，积极为党和政府科学决策抓好智库建设工作。习近平总书记在中央经济工作会议上强调："树立全面、整体的观念，遵循经济社会发展规律，重大政策出台和调整要进行综合影响评估。"这给我们做好智库工作提出了新的更高要求。近年来，我们以市政府和中国科协共建"一带一路"与长江经济带协同创新研究中心为契机，每年都围绕全国和重庆的大局大事确定智库发力重点，发布一批重点课题，得到重庆市委、市政府的高度重视。今后还要围绕贯彻新发展理念，设置重大课题、开展调查研究，将科协的智力优势转化为高质量的智库成果，为党和政府科学决策提供专业化服务。

关于做好"强化自身发展"这篇大文章。打铁必须自身硬。科协要坚定不移地走中国特色社会主义群团发展道路，深入把握党的群团工作规律，用新发展理念指导提高科协工作的科学化水平，推动科协事业高质量发展。

第一，要坚持创新发展理念，激发科协组织的生机活力。推动科协组织发展壮大，创新是动力源泉，必须持续创新、全面创新。要推动思想观念创新，深学笃用习近平新时代中国特色社会主义思想，深入学习贯彻习近平总书记关于科技创新、科协工作的重要论述，用创新理论指导科协工作、凝聚科技工作者，筑牢听党话、跟党走的思想根基。要推动体制机制创新，坚持党建带科建，不断强化为科技工作者建家、靠科技工作者建家的意识，健全完善联系广泛、服务科技工作者的科协工作体系。要推动方式方法创新，坚持贴近大局、贴近时代、贴近科技工作者，紧扣中心找准科协工作切入点、结合点、着力点，不断提高科协工作的科学化水平，努力做到既接"天线"又接"地线"，既有"声音"又有"足印"，既能"开花"又能"结果"。

第二，要坚持协调发展理念，提升科协事业的整体水平。协调既是发展手段又是发展目标，同时还是评价发展的标准和尺度。做好新时代科协工作，必须处理好局部和全局、短板和优势、内部与外部之间的关系，在协调发展中行稳致远。要强化补短意识，着力查找和解决科协组织覆盖、工作覆盖的不足，抓重点、补短板、强弱项，切实把提升科协组织力作为重点来抓，一手抓好科技社团和企事业科协建设，一手抓好各级科协建设，使科协"一体两翼"的组织架构更加科学完备。要强化协调意识，坚持上下联动、内外结合，切实加强科技馆等科普阵地建设，创建更多的院士专家工作站、海智工作站，开展丰富多彩的学术交流和科学普及活动，着力打造一批工作品牌，不断增强科协的吸引力、影响力、战斗力。

第三，要坚持绿色发展理念，打造科协工作良好生态。习近平总书记指出，"生态环境一旦出现问题，再想修复就要付出很大的代价。"生态对于一个单位、一个系统来说，是持续发展的重要基础，必须是"绿色环保"的。科协要优化政治生态，严格落实全面从严治党政治责任，坚持以党的政治建设为统领，推动管党治党严起来、实起来、活起来，引导科协干部和科技工作者做政治上的明白人、老实人。要优化工作生态，在同级机关要争创一流，在全国科协系统要争当先进，坚持问题导向、目标导向、结果导向，大力发扬"担担子、扣扣子、钉钉子"精神，保持"排头兵"状态，展现"先行者"形象。

第四，要坚持开放发展理念，聚集科协系统优势资源。做好科协工作单打独斗不行，孤芳自赏不行，必须以开放发展理念去挖掘内外潜力。要共建共享，依靠党委政府聚势，依靠行业部门聚力，依靠科协系统聚人，努力破解科协事业的发展之困。要上下贯通，积极争取上级科协的支持，努力调动各级科协组织的积极性，使科协的组织优势得到充分发挥。要树立全球视野，面向世界，坚持"请进来"和"走出去"相结合，加强转化吸收和借鉴交流，用好用活世界科技资源，为科协发展注入新动力、拓展新空间、开辟新境界。

第五，要坚持共享发展理念，落实科协干部的主体地位。"发展为了人民、发展依靠人民、发展成果由人民共享"，这句话落到科协组织，就是落到两个主体上：一是科技工作者，二是科协干部。我到科协工作快4年了，经常被科协干部特别能吃苦、特别能战斗的精神所感动。我们把科协组织这个"家"建好，必须首先让科协干部感受到"家"的温暖。要关爱科协机关干部，推动建立能进能出的流动机制，引导科协干部把科协岗位作为有价值很崇高的职业，始终保持一股勇气、一股志气、一股朝气。要关怀科协代表、委员，进一步完善管理服务制度，积极搭建各种平台，为他们履职创造良好条件。要关心基层"三长"兼职副主席，把"三长制"改革引向深入，把更多热爱科协事业，具有一定专业知识、组织活动能力、群众工作经验的同志充实到科协队伍中来。

同志们，改革无止境，发展无穷期。站在新的历史起点上，我们必须弘扬敢闯敢试、敢为人先的改革精神，营造更加浓厚、更有活力的发展氛围，把科协系统改革不断推向深入。我们一定要坚持以习近平新时代中国特色社会主义思想为指导，坚持稳中求进的工作总基调，坚持新发展理念，坚持深化科协系统改革，坚持"四服务"职责定位，谋划推动好"十四五"科协事业高质量发展，不断开创新时代科协工作的新局面！

重庆市科协机关及直属单位党的建设研究

重庆市科协党组成员、副主席　陈昌明

习近平总书记在中央和国家机关党的建设工作会议上强调："要树立大抓基层的鲜明导向，以提升组织力为重点，锻造坚强有力的机关基层党组织。"在重庆市科协系统党的建设工作中，机关党建具有重要的风向标作用，直属单位党建具有重要的奠基石作用，机关和直属单位党组织是否坚强有力，直接关系着重庆市科协系统党的建设工作质量的好坏、水平的高低。在"不忘初心、牢记使命"主题教育中，按照重庆市科协党组统一部署，"科协机关及直属单位党的建设"调研组实地走访重庆科技馆党委、重庆课堂内外杂志社出版有限公司党委（以下简称"课堂内外公司党委"）、重庆中科普传媒发展股份有限公司党委（以下简称"中科普公司党委"），并通过发放调查问卷、听取汇报、召开座谈会等方式深入开展专题调研，对重庆市科协机关及直属单位党的建设摸清了底数、找到了问题、理清了思路，在此基础上形成了该调研报告。

一、重庆市科协机关及直属单位党建工作概况

重庆市科协机关党委直接管理 8 个机关党支部、3 个直属单位党委、1 个直属单位党总支，共有党支部 25 个，党员 324 名，预备党员 8 名，入党积极分子 24 名。其中，8 个机关党支部共有党员 97 名（离退休党员 40 名，在职党员 57 名），预备党员 1 名，入党积极分子 4 名；直属单位党委

（总支）有党支部17个，党员227名，预备党员7名，入党积极分子20名。近年来，在重庆市科协党组的坚强领导下，重庆市科协机关及直属单位党组织按照精准不差的意识和标尺，坚持"围绕中心、建设队伍、服务群众"，把全面从严治党政治责任牢牢放在心上、抓在手上、扛在肩上，抓党建强党建的意识越来越坚定、行动越来越自觉、氛围越来越浓厚、工作越来越深入、效果越来越明显。近两年来，重庆市科协机关党建工作在市级党政机关党建目标考核中均实现了"零扣分"，重庆市科协机关喜获市级机关目标管理绩效考核奖金调增等次。

一是领导机制日趋完善。重庆市科协党组及时调整党建工作领导小组，完善党组牵头抓总、机关党委与科技社团党委分线作战的党建工作架构，明确机关党委负责市科协机关及各直属单位党建工作。机关党委配备书记1名并由党组成员兼任，专职副书记1名，委员9名。机关党委下设机关纪委，配备书记1名，委员3名。机关党委下设机关党委办公室负责日常工作，由专职副书记兼任办公室主任，配备2名专职工作人员，配备1名挂职工作人员，确保机关党建工作有人抓、有人管。完善并落实党建工作述职评议考核、请示报告等制度，建立党委委员基层党建联系点制度，每年召开专题会部署党建工作，定期召开机关党委会，层层压实党建责任。

二是理论武装不断加强。牵头抓好中心组学习，机关党委和直属单位党委（总支）坚持每月至少开展一次集中学习，每次学习均有计划、有考勤、有记录、有中心议题，参学率90%以上。扎实推进"两学一做"学习教育常态化、制度化，深入开展"不忘初心、牢记使命"主题教育，用好"三会一课"、主题党日、"科技·人文"大讲坛等载体，采用专题报告、知识竞赛、演讲比赛、红色主题教育等形式，提高学习教育的针对性和实效性。购买《中国共产党章程》《习近平关于"不忘初心、牢记使命"重要论述选编》《习近平新时代中国特色社会主义思想学习纲要》

等书籍 1200 余本发放给党员干部，保障充足的党建工作经费，为基层党组织发展创造良好条件。

三是基层组织持续夯实。树立大抓基层的鲜明导向，按照"工作关系相近、党员数量均衡"的原则，将机关 10 个支部整合为 7 个支部，将科技报社支部调整到机关党委直接管理。把"支部建在部室"，机关各部室党员主要负责人兼任支部书记。理顺直属单位基层党组织架构，指导重庆科技馆党委、中科普公司党委、课堂内外公司党委、重庆市科协科技服务中心党总支按期换届，对任期将满的基层党组织，一般提前半年以书面发函通知等形式，提醒做好换届准备工作。开展党建信息纪实系统数据统计和党费收缴工作，近两年来上报纪实数据 552 条，完成党费收缴 446148 元，确保基层党组织规范运行、高效运行。

四是党员队伍提质增效。狠抓党员发展，坚持"控制总量、优化结构、提高质量、发挥作用"的方针，近两年来，严格条件和程序发展新党员 12 名和入党积极分子 24 名。狠抓党员培训，坚持每年开展支部书记培训，近两年来组织近百人次参加市直工委组织的各类培训。狠抓党员激励，在党员中深入开展提质增效行动，抓好党建带群建工作，激励党员担当作为，近两年来，9 名个人和 3 个集体获得市委直属机关工委表彰。狠抓党员作风，在 23 个党支部设置纪检委员，用好监督执纪"四种形态"，近两年来开展专项检查 6 次，领导干部廉政谈话 41 人次，处理干部 2 名。

五是党建业务深度融合。坚持抓党建、聚人心、促发展，充分发挥基层党组织的战斗堡垒作用和党员先锋模范作用，为科协事业的发展提供坚强的政治保障和组织保障。近两年来，机关和直属单位党员干部团结一致、沉心静气，以不忘初心、不畏艰难的担当精神，不遗余力、不厌其烦的实干精神，不落俗套、不羞当面的创新精神，不舍昼夜、不知寝食的奉献精神，不甘罢休、不务空名的坚韧精神，成功举办第 33 届全国青少年科技创新大赛、首届智博会数字经济百人会等重大活动，在构建全域科普新格局、院士专家工作站建设、科技助力精准扶贫等工作中取得新成果，科协直属单位实力进一步提升，获得重庆市委书记陈敏尔、市长唐良智和中国科协党组书记怀进鹏等领导的肯定性批示30余个。

二、存在的问题

重庆市科协机关和直属单位党建工作取得的成绩来之不易，但面对新形势、新任务、新要求，对照习近平总书记提出的"在深入学习贯彻党的思想理论上作表率，在始终同党中央保持高度一致上作表率，在坚决贯彻落实党中央各项决策部署上作表率"的重要指示，对照《中国共产党章程》《中国共产党党和国家机关基层组织工作条例》《中国共产党支部工作条例（试行）》等党内法规，还有一定差距。在调研中，我们既发现了一些党建工作的共性问题，又发现了市科协机关和直属单位党建工作的个性问题，需要以刀刃向内的自我革命精神认真整改落实。

一是个别党组织和党员干部党的意识、党员意识有待强化。习近平总书记指出："从严治党，必须增强管党治党意识、落实管党治党责任"，强调"不论担任何种职务、从事何种工作，首先要明白自己是一名在党旗下宣过誓的共产党员"。党的意识和党员意识，既是党员的灵魂，又是管党治党的根本驱动力。调查结果显示，市科协系统党员干部"科协是党的科协、科协干部是党的干部"意识在逐渐增强，近八成党员干部评价"好"，但也从侧面反映出，少数党员干部包括个别党员领导干部党的意识、党员意识还有待强化。主要表现为：个别党员领导干部没有从夯实党在科协系统执政基础的政治高度来认识党建工作的重要性，心中没有常怀忧党之心、为党之责、强党之志，"把抓好党建作为最大的政绩"的态度还不鲜明，片面认为抓党建是科协党组、机关党委的事，基层党组织发挥不了太大作用，适当抓一抓、跟着走一走就行了，思想上"说起来重要、做起来次要、忙起来不要"的情况还一定程度地存在。少数党员不注重理论学习，不注重党性修养，在思想上没有回答好"为了谁、依靠谁、我是谁""中国共产党人的初心使命是什么，怎样在科协工作中践行初心使命"等根本性问题，在认识上没有把握住"科协是党领导下的政治组织"这一政治属性，谋划推动工作政治站位不高、大局意识不强，把自己等同于一般干部、一般群众，平时身份看不出来，关键时候站不出来、顶不上去，甚至"撂挑子""甩脸子"。个别年轻党员存在入党前积极、入党后消极的情况。少数年轻党员容易受到互联网相关负面信息的影响，偶尔发表一些不成熟的看法。

二是党组织战斗堡垒作用还不突出。调研中，党员干部对市科协系统党组织战斗堡垒作用总体评价较高，但也指出了一些不足。主要表现为：个别基层党组织重视服务功能，但轻视政治功能，政治动员、政治引领、政治教育的能力不足、力度不够。少数基层党组织创新性开展工作不够，习惯于照搬上级文件，重制订计划、轻工作落实，从本单位、本部门实际出发落实主体责任的方法不多、措施不多。一些基层党组织在党建经费使用上拿捏不准，担心违反程序规定，就索性不用、少用，影响了党组织作用的发挥。少数党务工作者未经过专业系统培训，党务知识掌握较少，对党员队伍的教育、管理和监督工作缺乏有效手段，一定程度上影响了基层党组织整体工作的有效推进。

三是党员发展管理监督不够到位。加强党的建设，首要任务是加强思想政治建设，关键是教育管理好党员、干部。调研过程中，大家一致认为，市科协党员教育管理监督力度较大，绝大多数党员在党性修养上和作风建设上是好的，但也存在一些客观问题。主要表现为：在党员发展方面，市科协机关和直属单位有干部职工上千人，不少干部职工入党积极性很高，每年申请入党的都超过 20 人，但每年市委直属机关工委给科协系统发展党员的名额仅有 3 ~ 5 个，"供需"矛盾比较突出。在党员管理方面，重庆科技馆党委、中科普公司党委、课堂内外公司党委绝大多数职工实行聘用制，党员流动性很大，分布广而散，存在失联党员、口袋党员等情况，这给党员的日常教育管理带来难度。在党员监督方面，少数基层党组织执行中央八项规定精神不够严格，党组织内部制度建设不够完善，对党员干部口头提醒得多，制度约束乏力，真正的监督没有落到实处。近年来，直属单位还存在党员违反中央八项规定受到处理的情况，教训十分深刻，必须引以为戒。

四是党内政治生活亟待创新。党的组织生活是加强党的建设的重要内容，是党组织对党员进行教育、管理、监督的重要形式，也是保持党的先进性和战斗力的重要手段。在调研中，党员干部反映比较突出的是党内政治生活存在"三单"的问题。主要表现为：一是形式比较单一，绝大部分党组织开展组织生活，不论是支部会，还是主题党日，形式不是一人讲、大家听，就是上边念、下边看，过于程序化、模式化、任务化，缺乏创新，枯燥乏味，党员"我要参与"的热情不高。二是内容比较单调，学习习近平总书记关于科技创新、科协工作的重要论述较多，学习其他方面的内容较少，读原著、学原文较多，学相关理论研究、背景情况不够。少数基层党组织还存在组织学习教育不及时，与党员思想实际结合不紧密、为活动而活动的现象。三是成效比较单薄，由于吸引力不断下降，个别基层党组织"三会一课"容易流于形式，变成走过场，就事论事多，思想交锋少，讲成绩多，讲问题少，满足于时间、次数，活动之后也缺乏检验成效的有力措施，没有让党内政治生活这个"大熔炉"充分燃烧起来。

五是党建工作"两张皮"问题尚未根治。党建工作"两张皮"问题一直是基层党建工作的一个顽疾。调研中，我们发现这个顽疾依然没有根治，在直属单位党组织中还比较突出。主要表现为：直属单位发展压力大、工作任务重，有的党员干部在思想认识上把党建与业务截然分开，认为业务工作是"实"的，党建工作是"虚"的，业务工作是主业，党建工作是副业，党建工作过多、过频会干扰业务工作的正常开展，认为党建工作内容较虚，周期时间较长，工作成效难以显现，不如抓业务工作立竿见影。党建工作专业化要求高，虽然多数党务干部是业务骨干，但党建工作的专业化素质薄弱，难以将党建和业务工作有力有效地统筹起来，不能同时把握住党建工作的重点和业务工作的难点，并有机结合起来，在谋划党建工作上投入的时间和精力明显不足，抓党建工作存在做表面文章、消极被动应付的现象，从而导致"一重一轻"，甚至"两张皮"的情况发生。

三、对策建议

习近平总书记在中央和国家机关党的建设工作会议上的重要讲话，视野宏阔、总揽全局，具有很强的针对性和指导性，为我们做好新时代机关党的建设工作指明了方向、提供了遵循。结合"不忘初心、牢记使命"主题教育，机关和直属单位党建工作一定要深入学习领会总书记重要讲话的精神实质，针对存在的问题，对症下药、立行立改，围绕"五个进一步"全面提升市科协机关和直属单位党建工作的质量和水平，真正做到政治建设不出偏差、思想建设不出时差、组织建设不出落差、作风建设不出温差、纪律建设不出误差、制度建设不能差不多，让广大科技工作者有感受，让科协系统干部有变化。

一是思想政治建设进一步"严"起来。深刻认识市科协机关是贯彻落实中央和市委决策部署、服务科协履职的政治机关，坚持把党的政治建设摆在首位，团结引领广大党员干部带头深入学习贯彻习近平总书记重要讲话精神，增强"四个意识"、坚定"四个自信"、做到"两个维护"，做政治上的明白人、老实人。要坚持全面从严治党精准不差，持续完善党组牵头抓总、机关党委和科技社团党委分线作战的工作格局，推动机关党建与科技社团党建相互促进、相互借鉴，使管党治党政治责任全面覆盖、层层传导。要扎实开展"不忘初心、牢记使命"主题教育，广泛开展理想信念教育、宗旨观念教育、党性修养教育等主题教育活动，引导党员干部自觉同党的基本理论、基本路线、基本方略对标对表，同党中央决策部署对标对表，提高政治站位，把准政治方向，坚定政治立场，明确政治态度，严守政治纪律。要坚持"六看"标准来检视科协机关和直属单位政治生态，即：看坚决维护习近平总书记的核心地位、维护党中央权威情况，看坚决肃清孙政才恶劣影响和薄熙来、王立军流毒情况，看推动法治和德治结合的情况，看"一把手"讲政德的情况，看落实《关于新形势下党内政治生活的若干准则》的情况，看事业发展情况，对政治上的"两面人"坚决严肃处理，推动科协系统政治生态正气充盈。

建议：在青年干部中开展政治理论专题培训，每年组织一期，每期开展 2 ~ 3 天，采取专家授课、红色教育、交流讨论、撰写心得等形式，组织学习党的创新理论，接受思想政治洗礼，进一步提升年轻干部的政治意识、政治素养。

二是领导班子和党员干部队伍建设进一步"强"起来。习近平总书记强调，要"使每名党员都成为一面鲜红的旗帜，每个支部都成为党旗高高飘扬的战斗堡垒"。落实好这一重要指示，关键要建设好旗帜鲜明讲政治的基层党组织领导班子和党员干部队伍，锻造忠诚干净担当的政治品格。要注重从政治上考察、甄别、选任基层党组织负责人和党务干部，按照新时代"二十字"好干部标准，把忠诚于党的事业、政治觉悟高、热心于党的工作、工作能力强的"举旗人"选出来、用起来，带动其他党员干部始终在政治立场、政治方向、政治原则、政治道路上同以习近平同志为核心的党中央保持高度一致。要不断完善源头培养、跟踪培养、全程培养的干部素质培养体系，积极争取市委直属机关工委增加市科协系统党员发展的名额，让更多的新鲜血液注入党的肌体中。要配齐配强党务干部，建立健全基层党组织专兼职党务干部到机关党委挂职锻炼 1 年制度，常态化开展党务干部培训，每年对所属党支部书记、专兼职党务干部集中轮训一次，切实提升党务干部的业务能力。要高度重视年轻党员干部培养，采用到重庆市万州区民义村驻村锻炼、到社区报到、到基层科协组织挂职等多种形式，创造条件让年轻干部在斗争实践中经风雨、见世面、长才干、壮筋骨。要加强对党员干部的全方位管理，把政治要求落实到管思想、管工作、管作风、管纪律各方面，把行为管理和思想管理统一起来，早发现、早提醒、早督促，纠正苗头性、倾向性问题。

建议：严格落实干部轮岗交流、外派锻炼等制度，对轮岗交流和外派锻炼的对象、条件、重点、方式、年限、程序等方面作出硬性规定，实现干部轮岗交流和外派锻炼工作常态化、规范化、制度化。

三是基层党组织的组织力进一步"提"起来。在党的组织体系中，基层党组织担负着推动发展、服务群众、凝聚人心、促进和谐等重要职责，是党的全部工作和战斗力的基础。要认真落实中央和市委关于"三基"建设的要求，深刻认识和准确把握加强基层党组织建设的重要性，坚定不移地把党的领导落实到基层的方方面面，不断增强基层党组织的政治领导力、思想引领力、群众组织力和社会号召力。要"抓两头带中间"，坚持问题导向、加强分类指导、科学精准施策，把标准化、规范化建设作为基层党建工作的重要抓手，分类别、分领域统筹推进，推动后进赶先进、中间争先进、先进更先进，实现基层党组织全面进步、全面过硬。要加强精细化管理，优化组织设置，理顺隶属关系，严格党费、团费、工会会费的收缴、使用和管理，定期调查了解基层党组织建设情况，着力解决一些基层党组织弱化虚化边缘化问题。要建立健全基层党组织党建工作制度，重点加强请示报告、民主集中制、议事规则、干部选拔任用、作风建设等方面的制度建设，全面加强监督执纪力度，使铁的纪律制度转化为党员、干部的日常习惯和自觉遵循。

建议：①制定出台《重庆市科协机关和直属单位党建工作规范》，对机关和直属单位党建工作进行严格规范。②开展基层党组织示范点建设，通过以点带面、示范引领等方式，推动机关和直属单位党组织之间相互学习借鉴，不断提升基层党建工作的整体水平。

四是党建方式方法进一步"活"起来。习近平总书记强调，要"处理好继承与创新的关系，推进理念思路创新、方式手段创新、基层工作创新，创造性开展党建工作"。针对党建工作开展过程中存在的思想不重视、人员难集中、时间难保证、落实难监管的问题，探索"互联网＋党建"，以建设"智慧科协"为契机，有力推动"智慧党建"建设，打造移动党建平台，用好微信、QQ等手段，及时推送分享党建知识、精品党课、各支部特色工作开展情况等内容，促进党建工作便捷高效开展。针对党的创新理论学习不及时、不全面的问题，加快书香机关（单位）建设，精心打造公共学习阵地，广泛开展优秀学习案例、学习型支部、学习型党员评选展示活动，形成浓厚的学习氛围；在直属单位党委（总支）领导班子中倡导开展深学笃用习近平新时代中国特色社会主义思想"周学朝汇"，全面系统、及时跟进、结合实际学习贯彻习近平总书记重要讲话、重要论述、重要指示。针对党内政治生活吸引力不够、效果不明显的问题，在党员干部中开展"微党课""实践课"，鼓励党员干部在主题党日中围绕自己感兴趣的内容讲微党课，组织党员干部到工作关系密切的高校、科研院所、企业、基层科协组织参观学习，让党员干部在党内政治生活中增强党员意识、锤炼党性观念、感悟初心使命。

建议：①以机关办公楼装修为契机，精心打造集文献资源借阅、数字库资源查询、多媒体阅读、阅读推广于一体的公共学习阵地。②定期开展读书活动，搭建读书交流新平台，营造爱读书、读好书的浓厚氛围。

五是干事创业的正能量进一步"聚"起来。准确把握机关党建工作职责定位，坚持党建工作和业务工作一起谋划、一起部署、一起落实、一起检查，真正实现党建与业务工作由"两张皮"到"一盘棋"的转变。要把培养使用党建、业务"双强"干部作为用人导向，把业务骨干发展成为党员，把党员培养成为业务骨干，把党员中的业务骨干培养成党务工作者或党组织负责人，推动党建和业务工作"一肩挑"，进一步发挥党员在党建与业务中的先锋模范作用。要注重发挥群团组织团结联系党员干部的独特优势，依托工青妇等群团组织开展丰富多彩的群众性活动，完善党内互助关怀帮扶机制，大力营造干事创业的良好氛围，形成忠诚可靠、创新引领、开放融通、包容共赢的新时代科协工作生态。要在推动事业发展中检验组织效能，组织动员党员干部把力量凝聚到深化科协改革、提升"四服务"效能上来，有力有序地做好 2019 中国肿瘤学大会、第十九届中国青少年机器人竞赛暨 2019 世界青少年机器人邀请赛、第二届智博会数字经济百人会、2019 重庆英才大会等重大活动筹办工作，推动党建工作与业务工作在目标上一致、在任务上统一、在效果上互促，以党建和业务"双优秀"迎接中华人民共和国成立 70 周年！

科技社团党建破题路径探析

重庆市科协党组成员、副主席　程　伟

习近平总书记指出，"社会组织面大量广，加强社会组织党的建设十分重要""社会组织特别是各种学会、协会的党建工作，大多没有真正破题"。2019年4月，习近平总书记在重庆考察时强调，"要破解难点问题，推动行业协会党的组织建设抓紧破题，尽快填补空白、强化功能、发挥作用"。重庆市科协认真贯彻落实习近平总书记重要指示精神，结合"不忘初心、牢记使命"主题教育，坚持问题导向，运用"靶向"方法，突出守正创新，聚焦"真正破题"，开展科技社团党建专题调研。调研组采取问卷调查和深度访谈的方式，深入科技社团和会员中广泛开展调查研究，先后发放问卷230份（回收有效问卷224份），访谈了重庆市工程师协会、重庆市风景园林学会、重庆市法医学会、重庆市老科协、重庆市水利学会、重庆市测绘地理信息学会、重庆市兵工学会、重庆市化工节能与防腐蚀技术协会8个科技社团，总结成效，诊断难点，探索"真正破题"的具体路径。

一、重庆市科协科技社团党建工作的现状

近年来，重庆市科协科技社团党建工作得到了中国科协、重庆市委的充分肯定。2018年，中国科协向全国书面印发了《重庆市科协：科技社团党建"三覆盖"，活力大提升》典型经验材料。2019年7月，重庆市委

办公厅《工作情况交流》第43期刊发《市科协认真贯彻习近平总书记重要指示精神守正出新推进科技社团党建工作"真正破题"》，重庆市委副书记任学锋作出批示。

（一）政治责任"有担当"，党建探索取得新进展

中共十八大以来，党中央在加强和改进党的群团工作、改革社会组织管理等重大部署中，都对加强社会组织党建工作提出了明确要求，习近平总书记特别强调要在社会组织中实现党的组织全覆盖和工作全覆盖。中央有号召，市委有要求，重庆科协有行动。中共重庆市委印发的《重庆市科学技术协会深化改革实施方案》明确提出，要健全学会党建工作机制，依托市、区县科协设立科技社团党委，在同级党委非公经济和社会组织工委的统一领导、科协党组的管理指导下，具体抓好学会党建工作。2013年11月，经中共重庆市委"两新"工委批准，重庆市科协科技社团党委（以下简称"科技社团党委"）正式成立。市科协党组相继下发《关于进一步加强科技社团党建工作的意见》《关于加强市级学会党的建设工作实施方案》等文件，定期研究科技社团党建工作重大问题，建立党组成员定点联系指导科技社团党建工作制度，建立健全科技社团党委目标管理和述职评议考核制度。

调研组从科技社团党委对学会党建"重视程度"和科技社团党委"抓党建成效"两个维度对重庆市科技社团党建政治责任感进行问卷调查。问卷调查结果显示，针对"您认为所在科技社团党委对学会党建的重视程度如何"，被调查者认为科技社团党委"很重视"的占79.9%，认为"比较重视"的占16.5%。针对"您认为所在科技社团党组织抓党建工作的成效如何"，被调查者认为"好"的占59.8%，认为"较好"的占33.5%（图1、图2）。这表明，科技社团党委以高度的政治责任感加强和推动科技社团党建工作。

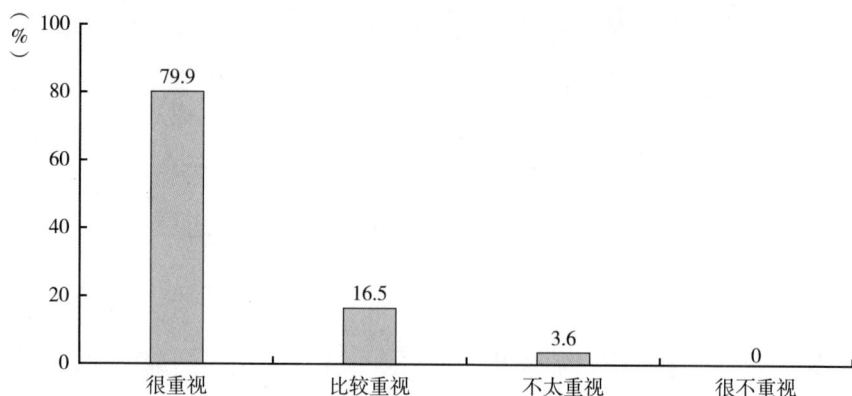

图 1　您认为所在科技社团党委对学会党建的重视程度如何

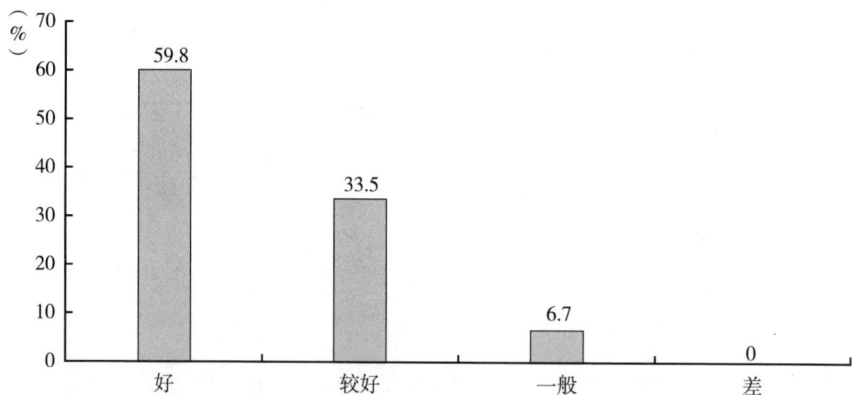

图 2　您认为所在科技社团党组织抓党建工作的成效如何

（二）组织建设"填空白"，科技社团党组织实现全覆盖

本次调研中，我们特别注重对科技社团党组织建设的调研，着重把握党的组织覆盖和工作覆盖情况。深度访谈和问卷调查得出的结论是：近 3 年来，重庆市科协党组着力提升科技社团党组织的覆盖面，重庆市科协主管的科技社团党组织实现了全覆盖。

科技社团党组织全面覆盖。按照"因地制宜、合理设置、便于工作、服务发展"的原则，做到"哪里有党员，哪里就有党组织"。科技社团负责人（理事长、副理事长、秘书长）无论驻会与否，驻会负责人和秘书处工作人员有正式党员 3 人以上的均建立党支部，暂不具备建立党支部条件的科技社团选派党建指导员。目前，重庆市科协主管的科技社团成立了 114 个党支部，对 8 个暂不具备建立党支部条件的科技社团选派党建指导员，联系服务党员共计 728 名。

科技社团党组织建设更加规范。近年来，研究制定《重庆市科协科技社团党委工作规范》《重庆市科协科技社团党支部工作规范》，指导基层党支部进一步落实好"三会一课"、组织生活会、民主评议党员、主题党日、谈心谈话等基本制度。问卷结果显示，针对"您所在的科技社团党组织队伍建设情况如何"，选择"组织健全"（76.8%）、"基本健全"（22.4%）的，总占比达到 99.2%。针对"您对科技社团党建工作的两个全覆盖是否了解"，选择"非常了解"的占 53.6%、选择"比较了解"的占 40.2%，"两个覆盖"的总体知晓度达到 93.8%。针对"您所在科技社团党组织制度建设情况如何"，选择"制度健全、严格执行"的占 76.8%、选择"制度健全、执行不力"的占 15.2%（图 3 ~ 图 5）。调查表明，重庆市科协科技社团党组织建设工作扎实推进，党员和群众知晓度高。

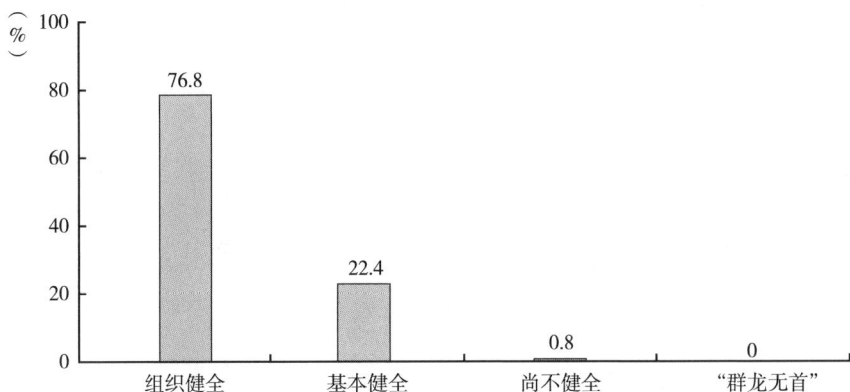

图 3　您所在的科技社团党组织队伍建设情况如何

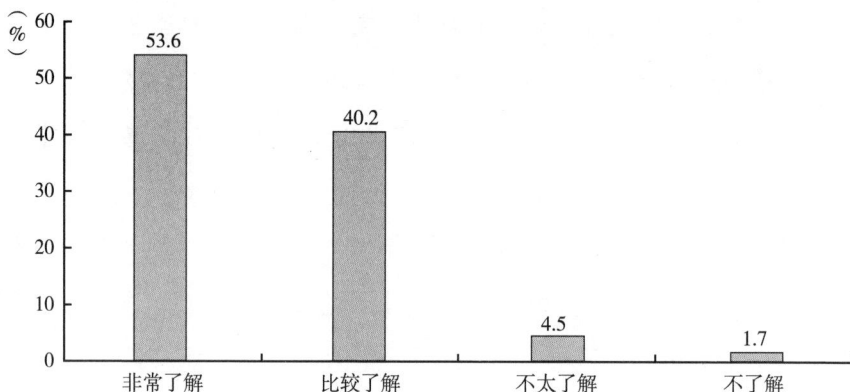

图 4　您对科技社团党建工作的两个全覆盖是否了解

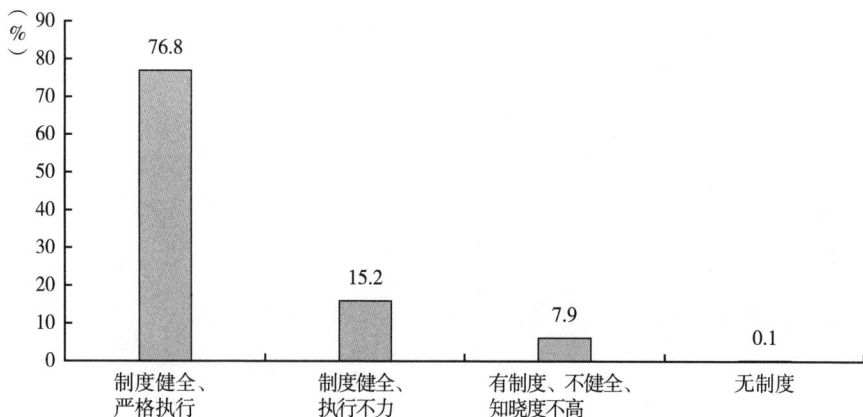

图 5　您所在科技社团党组织制度建设情况如何

（三）体制建设"强功能"，科技社团党建体制趋于健全

重庆市科协党组切实加强对科技社团的领导，完善管理体制和工作机制，为科技社团党建工作有力、有序、有效开展提供了坚强的保障。

重庆市科协党组牵头抓总，以"一体两翼"构建科技社团党建工作格局。"一翼"是科技社团党委，另"一翼"是机关党委。重庆市科协党组坚持把增强"四个意识"、坚定"四个自信"、做到"两个维护"作为科技社团党建工作的根本遵循，定期听取工作汇报，研究解决重大问题。每年安排专项经费用于科技社团党建工作，明确由市科协分管学会工作的副主席兼任科技社团党委书记，增设科技社团党委办公室（与学会学术部合署办公），配备1名第一副书记、1名专职副书记和1名专职工作人员，确保科技社团党建工作有人抓、有人管。在问卷调查中（图6），针对"您认为所在科技社团党组织书记的履职尽责情况如何"，选择"好"的占76.3%、选择"较好"的占19.6%，这表明科技社团党委抓党建能力较强，工作压得较实。

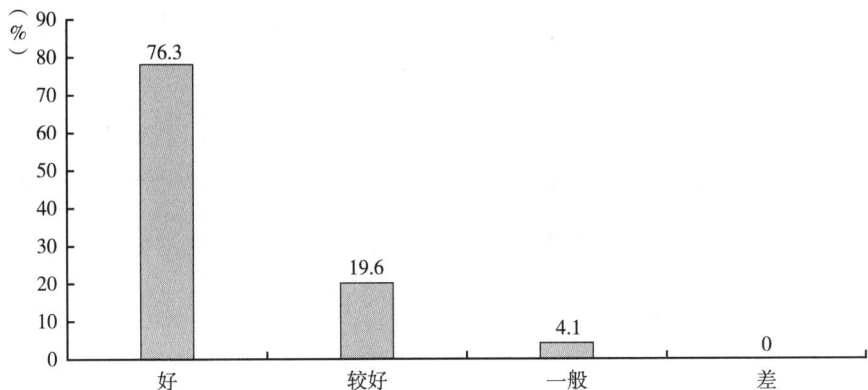

图6　您认为所在科技社团党组织书记的履职尽责情况如何

以"四同步"工作机制强化考核评价。建立登记同步、年检同步、考核同步、评估同步等"四同步"工作机制，推动科技社团党建工作与业务工作同部署、同落实、同考核。把党建工作作为学会章程的重要内容，作为学会办理登记备案和核准手续的必备条件。建立党建工作检查督导和情况通报制度，每年组织党建工作讲评和支部书记述职评议。科技社团党建工作在市科协对市级学会年度工作考核中的比重占到20%，考核结果与标兵示范特色学会评审、年度考评和学会负责人政治安排、推荐"两代表一委员"等挂钩。

（四）工作方式"求创新"，党建与业务走向新融合

按照"思想统一、尊重专业"的思路，科技社团党委积极探索党建与业务工作相契合的党建工作方式，确保党的组织在科技社团建设发展中发挥政治核心、思想引领、组织保障作用。

我们经过深度访谈，发现 2 项工作在科技社团党建与业务工作中实现了非常有特色的"互嵌"。一是深入推进创新驱动助力工程。2015 年以来，各科技社团党组织发挥科技社团的组织和人才优势，积极参与创新驱动助力工程，在服务企业转型升级、地方经济高质量发展中发挥了生力军作用。各科技社团共组织 295 名院士专家与 13 个助力工程示范区进行对接，开展决策咨询活动 143 次，签订合作协议 42 项，落地项目 28 项，为地方企业解决科技需求 71 项，实现科技成果转化的项目有 42 个，建立学会服务站 14 家。二是积极参与科技助力精准扶贫。为充分发挥党建在扶贫工作中的示范引领作用，发挥党支部在扶贫工作中的战斗堡垒作用，近年来，31 个市级学会参与科技助力精准扶贫服务团，结对帮扶 14 个贫困区县和 18 个深度贫困乡镇，组织专家及科技人员超过 1500 人，开展科技服务活动 47 场次。实施"村会合作"计划，每年投入 240 万元，遴选24 个涉农涉医学会与有科技需求的行政村"一一配对"，围绕乡土人才培养、乡村产业振兴、实用技术推广、基层党建工作等方面全力助推乡村振兴。

问卷调查也显示，针对"科技社团党组织围绕社团健康发展开展活动的情况如何"的问题，认为"凸显特色"的占到 63.4%（图 7）。重庆市科协科技社团把党建工作贯穿于学术交流、科学普及、人才举荐和决策咨询等各方面。值得注意的是，调研也发现，科技社团党建工作在与业务工作互嵌上还有很大的提升空间，必须进一步解放思想，创新党建工作方式，突出活动的针对性和融合度。

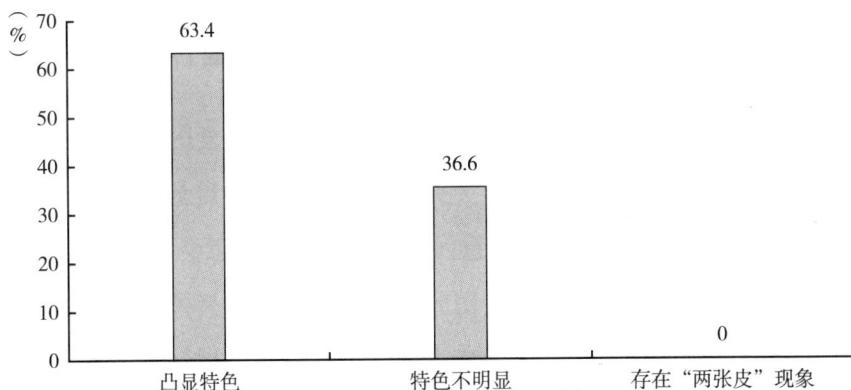

图7 科技社团党组织围绕社团健康发展开展活动的情况如何

（五）队伍建设"夯基础"，社团党务队伍寻求职业化

目前，重庆市科协科技社团共有专兼职党务人员 164 人，科技社团党务队伍不断壮大。科技社团党委注重选优配强党支部书记，把党性强、业务精的同志选出来、用起来。推行理事会党员负责人和党支部成员交叉任职制度，在学会换届时充分考虑吸纳党员理事的数量，在学会秘书处有意选配一批熟悉党务工作的专兼职人员。定期举办党务干部培训班，组织参加市委组织部的全覆盖培训，先后邀请市委组织部、市委党校、市直机关工委的老师为基层党务工作者授课 20 余次。

调查显示，针对"您对所在科技社团党组织中党员干部工作人员的服务质量、服务水平、职业素养等的总体感觉如何"，选择"满意"的占80.8%、选择"基本满意"的占18.3%，总体满意度达99.1%。针对"科技社团党员先锋模范带头作用发挥成效如何"，选择"非常好"的占65.2%、选择"好"的占30.8%（图8、图9）。

善的组织体系，但是在横向上，各个党建主体的措施协同不够。在实际操作中，科技社团党建与区域党建、单位党建各自制定相关措施，各自关注自身党建任务的完成度，党建的整体性推进不够，忽略了彼此之间的协同性，出现一些科技社团党建存在"多头任务"的局面，没有形成科技社团党建的协同效应，导致出现"协而不同"的现象。具体表现如下：

第一，科技社团党支部既要完成科技社团党委的党建任务，也要做好其隶属区域的党建任务，机械地完成各个上级党委的规定动作，结合自身业务实际的自选动作空间被挤压；第二，有些同志加入了多个不同的社团，因各个社团党组织安排活动或者学习缺乏协同性，往往导致时间冲突或者学习内容雷同，客观上影响了党员参加组织生活或者活动的积极性。

（三）科技社团党建活动"同而不和"

重庆市科协党组把科技社团党建工作纳入重庆市科协总体工作布局之中，建立"四同步"工作机制，做到登记同步、年检同步、考核同步、评估同步，确保党建工作与业务工作同步推进和落实。然而，在实际操作中，科技社团党建常常会出现"重业务、轻党建"的难题，一些党支部党建和业务工作脱节比较严重。社团党支部参与社团"三重一大"事项决策机制尚未形成，结合社团业务工作探索开展形式多样的党组织活动创新性不够、灵活性不足，尚未形成党建与业务工作有机结合、良性互动的社团党建工作局面。

（四）科技社团党务队伍"有而不强"

科技社团党支部均设有专（兼）职党务工作人员，或者选派有党建工作指导员。但是，党务工作者往往身兼数职，工作任务繁重，抓党建工作的时间精力无法保证。党务工作者培训机会相对较少，在党建工作新形势下，党务工作者工作能力有待进一步提高。同时，社团党务工作者缺乏刚性的政策支持和制度保证，职业生涯受阻，难以留住人，具有高流动性，且文化程度参差不齐，存在比较严重的"本领恐慌"。

（五）科技社团党建品牌"散而不聚"

目前，重庆市科协主管的科技社团已实现党的组织全覆盖，党的组织建设得到充分落实。但是，在党建如何实现线上与线下的整合、精准识别引导社团工作、将工作内容和具体的服务方式网络化等方面，没有选准"党建引领"与"社团所需"的最佳结合点，对社团的吸引力不强，导致在一定程度上难以满足社团个性化、多样化需求，效果不佳。各个科技社团缺少培育党建品牌的主动性和积极性，大量公益性服务活动以社团品牌方式呈现，缺少党建品牌建设意识，这在相当大程度上削弱了科技社团党建的影响力和引领力。同时，有的科技社团党员缺乏亮身份的意识，"犹抱琵琶半遮面"，当起了"口袋党员""影子党员"，这也影响了党员在科技社团中发挥先锋模范带头作用。

三、重庆市科协科技社团党建工作的破题路径

力争科技社团党建"真正破题"是党中央赋予科协的重要使命，其政治性、政策性都很强，是新时代科协改革创新的一项政治任务。这对于创新科协体制机制、活动方式、工作方法，激发发展动力和自身活力，增强科协工作的政治性、先进性、群众性，去除"机关化、行政化、贵族化、娱乐化"，都具有重要的推动和促进作用。重庆市委高度重视社会组织党建工作，陈敏尔书记在全市组织工作会上强调，"要扩大基层党的组织覆盖和工作覆盖，突出抓好新兴领域党建工作""如果党的工作不及时跟进，党对基层社会的领导就会出现'空白地带'"。中央和重庆市委的部署要求，为我们努力探索科技社团党建"真正破题"指明了方向、提供了遵

循，也提出了新的更高要求。

（一）聚焦政治引领，推动科技社团党的领导有力部署

一是把准政治方向。学习和践行习近平新时代中国特色社会主义思想，进一步强化对科技界的政治思想引领，及时学习贯彻党中央重要指示精神和重大决策部署，努力把十九大精神和习近平总书记视察重庆重要讲话精神全面落实到科技社团工作中，牢牢把握科协事业和科技社团发展的正确方向，更加紧密地把科技工作者团结凝聚在以习近平同志为核心的党中央周围，听党话、跟党走，夯实党在科技界的执政基础和群众基础，为实现中华民族伟大复兴的中国梦贡献力量。

二是发挥核心作用。科技社团党组织要注重引导监督科技社团依法依章程开展活动，按照科技社团的宗旨与使命，推动科技社团积极参与社会治理，提供公共服务。要参与科技社团的重大决策，对重要业务活动、大额经费开支、接收大额捐赠、开展涉外活动等提出合理性建议。要在科技社团成立或换届时，对其负责人进行政治审查。

三是实施党建强会。按照《重庆市科协科技社团"党建强会"行动实施方案》，继续实施好"党建强会"计划，科学把握科技社团党建工作的基本特点、基本规律，强化政治担当，明确目标任务，增添工作措施。推动服务型党支部建设，鼓励科技社团党组织参与志愿服务，以公益活动为依托，以项目为载体，以问题为导向，引领科技社团积极参与公益服务和社会治理。

（二）聚焦填补空白，推动科技社团党的组织有形覆盖

一是争取单设科技社团党办。积极协调市级相关部门，单设科技社团党委办公室，不再与学会学术部合署办公。提高科技社团党委级别，专职副书记由目前的副处级升格为正处级，并且不在学会部兼职。另为科技社

团党办配备 2 ~ 3 名专职工作人员，每年安排不少于 50 万元的专项经费，切实从人、财、物等方面为科技社团党建工作提供坚强保障。

二是探索组建实体型党支部。争取重庆市委非公办的支持，探索在科技社团党办层面成立一个实体型党支部，接受科技社团党委的直接领导，可以将科技社团党委委员、党办中的党员以及部分科技社团中专职党务工作者中的党员等吸纳进来，调转组织关系，发展新的党员，按时收缴党费，扎实开展活动，打造示范支部。同时，有条件的科技社团可以争取同时转接 3 名以上党员的组织关系，建立实体型党支部，实现无障碍培养发展党员。另外，探索在部分学会理事会层面建立党支部，充分发挥其政治核心和社团决策的作用。

三是培育枢纽型社团党支部。可以在理、工、农、医和交叉学科中，选择 5 ~ 10 个规模较大、影响力强、工作突出的科技社团，给予相应经费，提出工作要求，培育成枢纽型科技社团，通过以点带面、示范带动的形式，有效整合场地、资金、技术、人才等资源，探索开展共建共享、联合党课、业务指导、人员培训、经验交流等工作。

四是建立科技社团党建智库。委托重庆市委党校、高等院校、社科院等机构成立科技社团党建智库，加强对科技社团党建工作的理论研究，紧紧围绕科技社团党建工作的特点和规律，积极探索科技社团党建工作的新内容、新形式、新机制和新方法，指导解决实际工作中的困难和问题，推动科技社团党建工作更加规范化、科学化。

（三）聚焦强化功能，推动科技社团党的工作有效开展

一是强化支部标准化管理。根据《中国科协关于加强科技社团党建工作的若干意见》《重庆市科协科技社团党委工作规范》《重庆市科协科技社团党支部工作规范》等要求，结合科技社团自身特点，大力推行科技社团党支部的标准化管理，实现"工作有标准、过程可监控、结果能评估、效

能易考核"，促进科技社团党建工作全面进步。

二是优化"党建指数"管理制度。进一步优化"党建指数"管理制度，推行党支部"堡垒指数"管理，按照"队伍管理、活动开展、阵地设施、党务制度、基本保障"等5个方面对党支部实行精准化管理。推行党员"先锋指数"管理，对党员学习、业绩、清廉、扶贫等方面的表现进行考评，引导党员立足本职讲奉献、做出实绩争先锋。

三是推行"公益创投"机制。进一步发挥党建引领作用，引导和鼓励科技社团党组织联系服务群众、参与社会治理，通过"社会需求点单、科技社团党组织接单、政府和科协买单、社会监督评单"4个步骤，通过公益创投活动的开展实施，让科技社团成为社会治理的新生力量，更好地构建党政主导、社会动员、全民参与的共建共治共享社会治理格局。

四是实行党建联席会制度。科技社团党委联合重庆市委非公办、重庆市民政局等单位，每半年召开一次科技社团党建工作联席会，邀请部分科技社团党支部负责同志、基层党员和普通群众参与，可以通过联合发文的方式固化制度，建立常态化的协调沟通机制，通报工作信息，研究实际问题，解决基层困难，实现良性发展。

（四）聚焦发挥作用，推动科技社团党的事业有序发展

一是打造网上服务平台。加大网上党建工作力度，在重庆市科协官方网站开设"科技社团党建"专栏，及时更新与科技社团党建相关的通知公告、工作动态、资料下载、政策法规、目标管理等内容。同时，在党委"互联网＋支部活动""红色引擎"微信群的基础上，继续探索"党务＋政务＋服务"模式，试点推广"钉钉云上党建"，努力打造"网上党建工作阵地"。

二是亮出党建活动品牌。呼吁重庆市委非公办委托重庆市委党校或相关高校，合作共建"重庆市社会组织党校"，每年对社会组织党组织负责

人和党务干部进行全覆盖培训。科技社团党委可以拿出一定资金，对科技社团党建阵地实施"六有"标准化建设和"五个一"（一块党建版面、一块标识牌、一面党旗、一套书刊和一个书报架）配送服务，抓好支部活动阵地的"建、管、用"工作。按照有示范阵地、有行业效应、有特色经验、有骨干队伍、有群众口碑"五个有"标准，努力打造和亮出一批具有影响力和公信力的党建活动品牌。

三是强化党建工作队伍。切实提高科技社团党委班子的能力素质，认真履行"一岗双责"，继续坚持好党委会、理论学习中心组学习会、民主生活会、党建工作会等制度，实现党委领导核心作用固化强化。推行党委委员分片联系指导科技社团党支部制度。试行选派市科协机关党员担任科技社团第一书记或党建指导员。深入实施"红领计划"，大力推行"双向进入、交叉任职"，选优配强科技社团党支部书记和党务工作人员，突出抓好年轻党务工作者培养工作，把党性强、业务精、经验足的同志选出来、用出来、管出来、带出来。每年年初制订年度教育培训计划，建立培训专家队伍，开展社团党建的专业培训，提高党建工作的针对性和有效性。

重庆市科协干部队伍建设的调研与思考

重庆市科协党组成员、副主席　谭明星

为政之要，莫先于用人。正确的政治路线确定之后，干部就是决定性因素。研究科协干部队伍建设的特点和规律，对于提高队伍建设科学化水平，努力打造一支高素质、专业化的科协干部队伍，更好地履行"四服务"职责，使全市各级科协组织在围绕中心服务大局中看得见身影、听得到声音、发挥出作用，具有十分重要的意义。按照党组主题教育调研工作安排，围绕"加强科协干部队伍建设、扎实履行四服务职责"调研任务，党组成员、副主席谭明星同志牵头成立专题调研组，拟订调研方案，细化调研内容，深入綦江、万盛等地实地调研，采取召开座谈会、随机走访、抽样调查等方式深入开展调查研究，坚持问题导向、需求导向和结果导向，在充分了解、分析和把握各方面情况的基础上，提出了加强全市科协干部队伍建设的对策建议。

一、现状

目前，市科协、38 个区县和万盛经开区科协（以下简称"区县科协"）机关，从事科协工作的专职人员有 385 人。其中，市科协机关干部52 人、区县科协机关干部 259 人、聘用人员 74 人。近几年，市委和各区县党委切实加强科协领导班子建设，市和区县科协各级党组织认真贯彻落实新时代党的组织路线，协同推进思想建党、理论强党、制度治党，大力加强干部队伍建设，满怀热情关心关爱干部，科协干部队伍的凝聚力、战斗力、向心力显著增强，机关政治生态持续向好，干部精神面貌积极向上，为改革发展各项事业取得新成效提供了坚强的组织保障。

（一）强化政治引领，干部队伍思想政治素质有新提升

把党的政治建设摆在首位，深学笃用习近平新时代中国特色社会主义思想，市科协党组建立"周学朝汇"跟进学习党的创新理论，带头强化理论武装，建立"一体两翼"党建工作格局，连续举办全市科协系统学习贯彻中共十九大精神、习近平总书记视察重庆重要讲话精神等专题会，分级分类抓好干部轮训，全面肃清孙政才恶劣影响和薄熙来、王立军流毒。扎实推进"两学一做"学习教育常态化制度化，组织开展"不忘初心、牢记使命"主题教育，促进学习教育从"关键少数"向全体党员拓展、从集中性教育向经常性教育延伸，党员干部受到严肃的党内政治生活锻炼，受到深刻的思想洗礼和党性教育，增强了"四个意识"、坚定了"四个自信"、做到了"两个维护"。

（二）强化服务大局，政治性先进性群众性有新增强

以去"四化"强"三性"、促进党中央决策部署更好地贯彻落实为根本，无论是抓改革促发展，还是配班子选干部，都向中心任务聚焦、为全局工作聚力。围绕推动科技创新、深化科协改革，加强科协领导班子建设，一批经济一线、党政部门的干部进入科协各级领导班子，圆满承办智博会、重庆英才大会、全国青少年科技创新大赛等重大活动，积极助推打好"三大攻坚战"、实施"八项行动计划"等重点任务，卓有成效地推动习近平总书记殷殷嘱托在科协系统落地落实。

（三）强化严选严管，落实高素质专业化要求有新步伐

认真落实新时期"二十字"好干部标准，严格执行党政领导干部选

拔任用工作条例，强化党组织的领导和把关作用，一批忠诚干净担当的干部走上领导岗位，一些优秀年轻干部、专业型干部充实到科协干部队伍中来，进一步倡树了正确的用人导向。拧紧干部管理监督的螺丝，认真落实领导干部个人有关事项报告等制度，按照要求开展干部档案造假、干部因私出国（境）等专项整治，优化了选人用人环境，促进了政治生态净化。

（四）强化正风肃纪，科协机关正气充盈有新形象

聚焦群众反映强烈的"四风"问题，以改革创新精神革除作风之弊，贯彻落实中央八项规定精神和市委实施意见，精准运用监督执纪"四种形态"，严肃处理干部违纪。坚持选人用人作风导向，大力弘扬忠诚老实、公道正派、实事求是、清正廉洁等价值观，扎紧织密制度笼子，注重运用"以案四说"、到廉政基地开展警示教育等方式，形成了抓常抓细抓长的工作机制。

二、问题

全市科协干部队伍建设总体态势良好，但与新时代新要求相比，还存在一些差距和不足。

（一）区县科协队伍年龄结构不尽合理

市科协机关 50 岁以上干部占比为 34.6%，40～49 岁的占比为23.1%，30～39 岁的占比为 38.5%，30 岁以下的占比为 3.8%，干部梯队分布较为合理。但区县科协干部队伍年龄结构不合理：50～60 岁的干部占比为 53.3%，40～49 岁的占比为 25.1%，30～39 岁的占比为 18.1%，30 岁以下的仅占 3.5%。个别干部萌生了"抬头就是天花板，一眼就能看到退休"的消极思想，在一定程度上影响了干事创业的积极性。这种年龄结构，有后继乏人甚至青黄不接的危险。

（二）"官多兵少"现象不容忽视

市科协机关干部队伍中，处级及以上干部占比为 61.5%，科级及以下干部占比为 38.5%。区县科协机关干部中，处级干部 124 人，占比为 47.9%。其中，实职领导有 67 人，占处级干部的 54%，其余 57 人多数是街道（乡镇）领导岗位退居二线的正副调研员。某县科协共有 5 名干部，其中，正、副主席各 1 名，另有副调研员 2 名（在乡镇担任过正职），实际办事员只有 1 名。资历老、年龄大，能具体做工作的人不多，存在"站着指挥的人多、具体做事的人少"的现象。

（三）懂专业的干部偏少

大部分科协干部都是"半路出家"，所学专业多是经济管理类、政治文史类，理工农医类专业相对较少，缺少既懂经济又懂政治，既懂业务又懂党务，既懂专业又懂管理还懂互联网、大数据、云计算、人工智能等新知识新技能的专业型干部，又博又专、底蕴深厚的复合型干部为数不多。

（四）能力素质存在短板

许多干部履行岗位职责必备的基本知识体系不够健全，知识透支、老化的现象突出，科学人文素养不够。个别干部"身体进入新时代、思想停在过去时"，没有及时跟进学习党的创新理论、党中央大政方针、最新科技知识，缺乏对国家创新政策的整体把握和运用，对科技发展最新动态和现代科技比较陌生，谈政策高不上去、讲创新深不进去、干工作落不下去。随机调查显示，不能讲清楚强"三性"、去"四化"和"四服务"职责的干部超过 10%。有的干部不善于从政治上谋划、思考工作，说话做事缺少高站位；个别干部公文处理能力较差，以文辅政能力缺失；极个别的干部对机关工作运行基本规则不清楚，办文办会办事缺少章法。

（五）敢于担当作为不够

科协干部总体敢于担当、积极作为，但个别干部在态度上、工作上还不同程度地存在一些差距。比如，有的只要体制内的"好处"，不愿承担责任，讲求工作"清闲"，追求个人安逸；有的事业心、责任感不强，工作消极被动；有的工作只求过得去，不求过得硬，缺少精益求精、一丝不苟、追求卓越的"工匠精神"。

三、主要原因

（一）交流任职渠道不畅

科协机关干部队伍"净输入""进多出少"，久而久之，导致滋生职业倦怠情绪。大多数科协干部是"一个岗位奔到头、一个部门到退休"。乡镇领导干部退居二线后愿意选择到科协工作，机关编制被占用，优秀年轻干部进不来，导致干部队伍新鲜血液和活力不足。

（二）职级晋升通道缺乏

受领导职数限制，干部"能下"机制尚未形成。有的区县科协还在机构改革中被转为事业单位，一些干部感到职级上升途径不畅，导致工作动力、热情和责任心不强。目前推行职务职级并行，少数干部在了解政策、分析情况后，推算个人晋升进度，奉行"明哲保身、但求无过"，混日子、熬年头、"软着陆"。

（三）干部能力建设滞后

当今信息时代，知识更新快、传播速度快，对工作内容、工作方式、工作质量都带来了新挑战。特别是党的创新理论、党中央决策部署提出新要求，科技工作者队伍在思想状况、流动趋势、就业结构、年龄层次等方面体现出新特征，广大群众对科普面临新需求，对科协干部的政治素质、战略思维、创新能力、科学素养、政策水平等能力素质都提出了更高要求。而有的干部知识更新和认知迭代滞后，导致能力素质跟不上事业发展的需要。

（四）机构编制相对偏少

当前，市委和区县党委对科技创新和人才工作比以往任何时期都更加重视。在深化科协系统改革中，科协又新增了加强对科技工作者的思想政治引领、承接政府转移职能等职责，还承担了智博会、重庆英才大会、脱贫攻坚等重要任务。特别是区县科协，机构编制数量与其承担的职能职责不匹配，目前每个区县在编人员平均不到 7 个，专门工作人员平均也不到 10 人。机构编制总体不足，由此而衍生出新老断层、缺兵少将、闹"人才荒"等问题。

四、对策建议

新时代新使命新任务对科协干部队伍建设提出了新要求。加强科协干部队伍建设，是强化政治引领、进一步服务弘扬科学家精神的需要，是提升科技创新能力、助推高质量发展的需要，是深化科技体制和科协组织系统改革、认真履行新时代科协职能职责的需要，必须扎实加强队伍建设，必须坚持党管干部原则，认真落实新时期好干部标准，聚焦"高素质专业化"这一新时代干部工作的重要遵循，把好干部选出来、用出来、管出来、带出来，培养造就一支忠诚干净担当的高素质专业化干部队伍。

（一）把政治标准与事业为上的导向树立起来

充分发挥选人用人的风向标作用，明确讲政治、重担当的选人用人导向。一是突出政治标准。在政治忠诚、政治定力、政治担当、政治能力、政治自律上严格把关，对政治上不合格的"一票否决"，认真落实"凡提四必"制度，坚决防止"带病提拔"。持续整治选人用人不正之风，以用人环境的风清气正促进政治生态的山清水秀。二是坚持事业为上。从新时代科协承担的使命出发，依岗选人、以事择人，突出用当其时、用其所长，关注那些敢作敢为、善作善成的人，看谁更优秀、更合适，选优配强科协领导班子。统筹考虑机构改革、群团机构编制、科协新增职责，进一步优化调整领导职数、内设机构、直属事业单位等设置，采取增加编制、新设事业单位、政府购买服务等方式充实工作力量，更好地满足科协改革发展需要。三是加强政治锻炼。把党的政治建设摆在首位，以"不忘初心、牢记使命"主题教育为起点，深入学习贯彻习近平新时代中国特色社会主义思想，持续强化党的创新理论武装，持续增强"四个意识"、坚定"四个自信"、做到"两个维护"，教育引导干部坚守初心使命，锻造忠诚干净担当的政治品格，培养斗争精神、增强斗争本领，不做昏官、懒官、庸官、贪官。

（二）把科学选用与畅通渠道的举措贯通起来

充分发挥党组织的领导和把关作用，知人善任、人尽其才，把好干部及时发掘出来、合理使用起来。一是加强选拔任用。优化干部资源配置，精准科学选人用人，优化干部成长路径，把干部干了什么事、干了多少事、干的事组织和群众认不认可作为选拔干部的根本依据，对担当作为、实绩突出的科协干部提拔重用，发挥"鲶鱼效应"，激活整个干部队伍。二是加强轮岗交流。坚持以工作需要为主，兼顾干部的能力特长、个人意愿等因素，采取任期型轮岗交流、锻炼型轮岗交流、结构型轮岗交流等多种方式，形成多层次、宽领域、跨部门的有序轮岗交流，焕发干部队伍的工作活力和干事激情。三是加强梯次培养。注重从优秀选调生、区县部门、镇街基层一线干部中，及时遴选综合素质好、急难险重任务中表现突出的优秀年轻干部，做到年轻干部储备充足。稳步推进"上挂下派"，提升年轻干部处理实际问题、应对复杂局面的能力。

（三）把专业能力与专业精神的要求统一起来

加强科协干部队伍建设，解决能力不足、本领恐慌问题是当务之急。一是拓宽专业化选配。优化干部专业结构，统筹机关、高校、企业等干部人才资源，探索选调、兼职、挂职、志愿服务等方式，把讲政治、懂科技、爱科协、能干事、愿服务的干部选到科协岗位上来。二是强化专业化培训。要按照习近平总书记在"全党来一个大学习"的要求，坚持在学中干、干中学，既能仰头"接天线"，也能俯身"接地气"。要形成比学习、比本领、比作为、比奉献的氛围，做到既政治过硬，又本领高强。要坚持组织培训与个人自学相结合，以提高政治素质、增强党性修养为根本，以提升专业能力为重点，分类分级开展专题培训，注重培养专业能力、专业素养、专业精神，促使干部成为行家里手、政策通、活字典。三是加强专业化锻炼。坚持递进培养、实践锻炼，选派优秀干部到改革发展、脱贫攻坚等吃劲岗位、重要岗位，经风雨、见世面、长才干、壮筋骨。四是培育专业化精神。要树立精益求精、追求卓越的意识，以"工匠精神"对待每件事、每项工作，努力把每项工作做精做好做到极致。要增强执行力，增强"复命"意识，提高"划句号"的能力，确保工作件件有着落、事事有回音，杜绝松垮散漫的问题。要把抓工作与带队伍有机结合起来，强化"等不起"的紧迫感、"慢不得"的危机感、"坐不住"的责任感，以时不我待、只争朝夕的精神，凝心聚力干工作，沉心静气抓落实，齐心协力推动全市科协工作不断取得新的更大成绩。

（四）把关爱激励与严格管理的机制结合起来

好干部是"选"出来的，更是"管"出来的。一是激励担当作为。制定实施鼓励激励、容错纠错和能上能下的若干举措，用好职务与职级并行制度，旗帜鲜明地支持和保护那些作风正派又锐意进取的干部，激励干部想干事、能干事、干成事，做到干与不干不一样、干多干少不一样、干好干坏不一样。二是完善考核评价。坚持年度考核与日常考核相结合，对照年初制定的考核指标体系，严格按照时间节点跟踪落实，并将考核结果与奖金、评先选优和干部"能上能下"挂钩，做到正向激励与反向倒逼相结合。三是加强监督管理。"堤溃蚁穴、气泄针芒"，要注重抓早抓小抓苗头，建立管思想、管工作、管作风、管纪律的从严管理体系，深化运用监督执纪"四种形态"，管好关键人、管到关键处、管住关键事、管在关键时，推动干部清正廉洁、清白做人、清心干事。

推进脱贫攻坚与乡村振兴有效衔接的建议

重庆市科协党组成员、二级巡视员　牛　杰

习近平总书记强调:"打好脱贫攻坚战是实施乡村振兴战略的优先任务。2020 年全面建成小康社会之后,现在针对绝对贫困的脱贫攻坚举措要逐步调整为针对相对贫困的日常性帮扶措施,并纳入乡村振兴战略架构下统筹安排。这个问题要及早谋划、早作打算。"陈敏尔书记在 7 月 16 日召开的全市脱贫攻坚现场工作会上要求:"在 18 个深度贫困乡镇开展试点,探索脱贫攻坚与乡村振兴有机衔接的机制和方式。"为此,重庆市科协积极履行为党和政府科学决策服务职能,将"助力脱贫攻坚与乡村振兴统筹衔接"列为"不忘初心、牢记使命"主题教育重点调研课题,组织团队深入重庆市科协定点扶贫乡镇——万州区龙驹镇,通过入户走访、现场查看、专项访谈、问卷调查、资料收集等方式,系统总结该镇脱贫攻坚的成效与经验,深入查找统筹衔接脱贫攻坚与乡村振兴面临的困难和问题,并通过以小见大、由点及面,提出了统筹衔接脱贫攻坚与乡村振兴的若干建议。

一、龙驹镇脱贫攻坚的成效与经验

龙驹镇是全市 18 个深度贫困乡镇之一,位于万州区东南部,面积为 247.9 平方千米,辖 21 个行政村(农村社区)、19931 户 52061 人,其中农业人口 38037 人,劳动力 30580 人(其中外出 19933 人);城镇建成区面积 1.9 平方千米，城镇常住人口 25719 人（其中在校学生 6438 人），城镇化率 49.5%。

近年来，该镇深入学习贯彻习近平总书记关于扶贫工作的重要论述，认真落实重庆市委、市政府部署要求，在万州区委、区政府的坚强领导下，在重庆市科技局扶贫集团各成员单位和山东省济宁市任城区的大力帮扶下，强化党建引领，凝聚精准扶贫合力，通过大力加强基础设施建设、着力推进产业扶贫项目、全面落实精准帮扶措施，脱贫攻坚工作取得明显成效。

（一）贫困状况大幅改善

通过开展脱贫工作，全镇贫困人口由 2015 年的 2355 户 7770 人减少到 2018 年年底的 200 户 543 人，贫困发生率由 19.39%（同期 18 个深度贫困乡镇贫困发生率为 18.24%）下降到 2018 年年底的 1.43%（同期 18 个深度贫困乡镇贫困发生率为 2.13%）；贫困人口全面实现"两不愁"，基本实现"三保障"，有望 2020 年如期实现脱贫摘帽。

（二）基础设施不断完善

2017 年 8 月以来，先后实施农村"四好道路"建设 248.7 千米，村组公路硬化率从 39.6% 提高到目前的 60.6%（2019 年年底在建项目完工后达到 97%），公路通组率由 70% 提高到 100%。尤其是万利高速公路的建成通车，极大地改善了与外界联系的交通条件。先后实施农村安全用水巩固提升和农村电力改造提质工程，集中供水率由 73% 提高到 92.4%，贫困群众安全饮用水保障率由 84.82% 提高到 100%；农村生活用电保障巩固率达到 100%，动力电覆盖到村率由 55% 提高到 100%。先后实施移动光纤 158 千米，新建移动基站 24 个、电信光纤端口 7324 个，光纤到户到村率由 82% 提高到 100%，4G 网络信号到村覆盖率由 23.8% 提高到 100%。

（三）产业发展效果明显

2017年8月以来，新增伏淡季水果、中药材等特色产业基地2.2万亩，建成30万只生态鸡、2万头生态猪养殖等示范项目，基本形成"果药椒菌茶＋生态畜禽"的产业格局。产业基地土地入股带动2015户农民年分红增收500万元，常年解决2500余人务工问题，并实现年均增收3000万元。培育发展新型农业经营主体114个，建成区级茶叶现代农业示范园区3000亩、标准化加工厂1个，创建区级返乡扶贫创业示范园（入园企业达45家），建成扶贫加工车间4个，稳固解决群众就业1500余人。新增产业贷款4180万元，辖区存贷比由2017年年底的10.89%提高到目前的31.16%。土地集约经营率由12.3%提高到47.7%，辖区可种植面积粮经比由6∶4调整到2∶8。

（四）大扶贫格局基本形成

在龙驹镇脱贫攻坚实践中，重庆市委常委、万州区委书记莫恭明担任指挥部指挥长，重庆市科技局扶贫集团整合42家市、区两级扶贫单位从资金、科技、产业、人才等方面给予定点帮扶，山东省济宁市任城区支持建设一批东西扶贫协作项目，镇党委政府坚持以脱贫攻坚统揽经济社会发展全局，16名第一书记、30余名驻村工作队员和全体镇（村）干部夙兴夜寐、激情工作，形成了"大"流程管理、"大"部门合作、"大"区域协作的大扶贫格局。

二、统筹衔接脱贫攻坚与乡村振兴面临的困难和问题

（一）巩固脱贫成效任务艰巨

龙驹镇脱贫攻坚虽取得明显成效，但距实现高质量稳定脱贫目标任务

依然艰巨。一是部分贫困群众对扶贫政策依赖较大。问卷调查结果显示，脱贫户对"脱贫的主要措施"的回答，选择"政策兜底"的占40.5%。截至2019年6月，全镇低保兜底已脱贫人口达590户103人，占已脱贫人口的15.26%；还有412人是依靠政府开发的公益性岗位实现就业脱贫，占已脱贫人口的5.07%。二是产业扶贫效果不佳。问卷调查结果显示，脱贫户对"脱贫的主要原因"的回答，选择"发展生产"的仅为35.5%，远低于因享受政策脱贫的比例。抽样调查发现，脱贫户的经营性收入占家庭收入的比例仅为17.7%，远低于务工收入占家庭收入的比例（68.3%）。2018年产业发展带动贫困群众直接增收人均仅1537元，仅占当年贫困群众可支配收入的17.15%。三是特殊人群存在较大返贫风险。截至2018年年底，全镇543人未脱贫人口中，因病因残的比例高达75.35%。现有低保五保残疾3类人群2446户3417人，占镇域人口的比例达8.24%。这些特殊人群在脱贫后，极有可能因病、因残、因灾、因市场风险等返贫。

（二）扶贫产业难以做大做强

龙驹镇特色产业发展初具规模，收到了一定的减贫成效，但存在后劲不足的问题。一是"短平快"现象突出。由于脱贫攻坚的时限性和任务的特殊性，产业扶持资金主要投向周期短、见效快的项目，虽然短期内产生了一定的效果，但由于缺乏长远统筹规划，对产业发展条件、市场需求等考虑不足，产业同质化现象突出，缺乏可持续性。二是过度依赖财政投入。部分项目主要靠财政补贴建成并勉强维持经营，一旦产业补贴减少，发展前景难料。部分项目主要依靠帮扶集团和第一书记发展和解决产品销售问题，缺乏市场活力。三是产业层次低、链条短。扶贫产业集中在种植、养殖等生产环节，缺乏加工环节，产品附加值较低，联贫带贫能力不强。四是利益联结机制不完善。龙头企业、经营主体与农户的经济联系仍以松散的商品购销和半紧密的订单联结为主，多数企业未与农户形成稳定的利益共享、风险共担利益联结机制，个别产业存在"富了老板，穷了老乡"的问题，难以形成稳定的"造血"功能。

（三）贫困群众内生动力不足

龙驹镇"志智双扶"取得了一定的成效，但是部分贫困户滋生"等、靠、要"思想，农户间存在"争贫"现象，对乡村治理产生了一定的消极影响。一是"等、靠、要"思想依然存在。扶贫工作存在"上急下慢、外热内冷"现象，部分贫困户认为脱贫是政府和干部的事，坐等脱贫；部分贫困户认为"早脱贫、早吃亏"，不愿脱贫。二是参与产业发展意识不强。部分产业项目、帮扶措施与贫困户的实际需求错位，贫困户信任度和参与度不高。个别贫困户比较懒惰，守着低保过日子，不愿意外出务工或到产业基地干活。三是自身发展能力欠缺。部分贫困人口文化素质较低，缺乏基本科学素质，身体素质较差，接受新技能的能力较弱，脱贫致富信心不足。四是乡风文明亟待提振。厚葬薄养、铺张浪费、跟风攀比、参与赌博等现象较为普遍，看风水、求神拜佛、占卜问卦等现象持续存在。

（四）农村实用人才匮乏

龙驹镇农村实用人才匮乏，既是脱贫攻坚的瓶颈，也是支撑乡村振兴战略实施的短板。一是适龄劳动力不足。当前留在农村的主要是老人和儿童，加上传统农业和新发展的多数产业季节性用工较多、长期性用人较少，推进乡村振兴所需的劳动力严重不足。二是专业技术人才缺乏。镇农业服务中心现有 26 人，被抽调开展其他工作的有 9 人，多数人表示自己的专业知识无法满足当前产业发展需求。该镇有科技特派员 21 人，但是8 人专业不对口，作用发挥不明显。新型职业农民培训虽在持续开展，但是被动式、拉壮丁式培训现象突出，针对性和有效性不强。三是人才引进困难。由于自然地理条件较差、生活环境不佳，加之当地一、二、三产业发展均比较滞后，人才"引进难、留住难"问题突出。

（五）基层组织力量不强

龙驹镇通过吸纳近50名第一书记和驻村工作队员加入村（居）两委工作，基层组织建设取得明显成效，但仍存在一些问题。一是村干部积极性不高。目前，村干部承担着扶贫、综合治理、党建、产业发展等诸多繁杂艰巨的工作，而该镇村党支部书记和村委会主任每月误工补贴只有2400元左右，其余村专职工作人员每月1900元左右，是大多数村干部家庭收入的主要来源。经济待遇较差、工作任务繁重，薪酬与贡献不匹配，挫伤了部分村干部的积极性。二是党员年龄老化。农村基层党组织中，年龄在55岁以上的老党员749人、占比58.2%，文化程度多为初中及以下的党员792人、占比61.6%，虽然大多数具有较高觉悟，但受身体素质、学习能力、劳动能力等因素制约，先锋模范作用发挥得不好。三是新党员发展滞后。由于部分基层党组织对发展党员不够重视，大量青壮年外出务工长期不在本村居住，新生代农民入党积极性减退，党员发展培训考核程序较为复杂等原因，农村党员发展滞后，基层党组织面临"后继无人"的危机。

（六）体制机制衔接不畅

当前，脱贫攻坚已进入最后阶段，具备较为成熟的体制机制与运作体系，而乡村振兴刚进入起始阶段，正处于整体规划转向具体实施的时期，协调推进两大战略还存在体制机制衔接不够的障碍。一是政策衔接不够。脱贫攻坚的目标是解决农村绝对贫困问题，其政策主要聚焦困难群众的"两不愁、三保障"，以"补短板"的方式进行扶持，而乡村振兴则着眼于农村的全面发展，实现农业农村现代化，二者在目标和重点上的不同导致政策实施过程中面临两难选择。二是组织衔接脱节。脱贫攻坚和乡村振兴在组织架构上存在"两张皮"现象，脱贫攻坚有扶贫开发领导小组议事协调，扶贫办负责承担日常工作；而乡村振兴由农业农村部门主抓，责任分属产业发展、生态环境、组织人才、交通运输、文化旅游等多个部门，导致组织协调难度加大。三是项目对接断档。在具体项目规划方面，脱贫攻坚主要按照"保基本"原则，项目执行标准较低；而乡村振兴围绕"五大振兴"全面展开，项目执行标准较高。无论是项目规划还是实施，都没有完全做到乡村振兴项目与脱贫攻坚项目有效衔接、统一部署。

三、统筹衔接脱贫攻坚与乡村振兴的对策建议

在打赢脱贫攻坚战的最后关头以及其后，要全面统筹衔接脱贫攻坚政策与乡村振兴战略，以打赢脱贫攻坚战为深入实施乡村振兴战略奠定坚实基础，靠深入实施乡村振兴战略来巩固脱贫攻坚成果。

（一）健全社会保障制度，有效防范返贫风险

一是强化困难群体医疗保障。针对"三保障"中的基本医疗短板，通过加强中老年农民常见疾病早期干预，探索开展病患群体集中看护，强化基本医疗保险、大病保险、医疗救助、市场化医疗保险等多重保障措施，防范困难群众因病返贫风险。二是强化政策兜底保障作用。做好扶贫保障性政策与低保、五保、残疾人救助等政策的统筹衔接，在认定标准、扶持救助、管理系统等方面并轨运行，从脱贫攻坚战转向社会保障常规战，筑牢扶贫防贫底线。三是加强低收入群体预警监测。整合医疗、教育、民政、交通等方面大数据资源，建立低收入群体预警监测体系，及时、精准识别低收入群体，并借鉴开展精准扶贫的经验，从培训教育、就业创业、公共服务等多个方面，采取有效措施做好精准帮扶工作。

（二）统筹衔接产业政策，促进乡村产业振兴

一是加大产业发展统筹力度。由扶贫部门会同农业农村等部门和产业扶贫集团，从全国、地区两个层面开展农产品产销分析与产业发展预测，从市、区（县）两个层面进行扶贫产业发展统筹协调，引导基层做好乡村产业振兴规划，因地制宜、精心培育具有乡土特色和资源优势的产业。二是提高产业发展带动能力。按照乡村产业振兴要求，通过延伸农业产业链，深度推动三次产业融合，大力发展特色效益农业、绿色工业以及农家乐、民宿等乡村旅游，加快实施农产品等电商扶贫工程，实现扶贫产业立体化发展。三是强化利益联结机制。创新实施股权收益、基金收益、信贷收益、旅游收益分红等资产收益扶贫模式，探索推广全程社会化服务等产业扶贫增收办法，加强各类新型经营主体同贫困人口的利益联结。将解决就业特别是贫困群众就业作为扶贫产业发展的重要指标，让贫困群众有稳定的工作岗位。四是调整产业扶持政策。从现有的重点扶持基地建设、基础设施建设，逐步转移到重点扶持农业生产技术、农产品加工、产品销售、品牌建设、农业保险等方面，提高产业的竞争力和应对市场风险的能力。充分发挥市场在乡村产业振兴中的作用，充分统筹行业协会、社会组织、企业等各方面力量，构建大产业扶贫格局，促进乡村产业可持续发展。

（三）完善人才引导政策，促进乡村人才振兴

一是加大政策落实力度。制定落实市委组织部等部门《推进全市乡村人才振兴若干措施的通知》的工作方案，将引导高校毕业生到乡村工作、加快培育新型职业农民等19条政策措施任务分解到位、责任落实到位。二是鼓励退休科技人员参与乡村振兴。建立退休科技人力资源开发联席会议制度和退休专业人才信息库，加强区县老科技工作者协会建设，通

过引导退休科技人员到农村地区担任教师、医生、科技特派员和发展产业等方式，强化乡村振兴人才支撑。三是引导能人回乡。通过鼓励返乡创业、返乡担任村组干部等方式，推动具有一定资本、技能、管理甚至创业能力的农业转移人口和乡村贤达、社会名人等，返回家乡参与乡村建设和治理。四是大力发展农村专业技术协会。支持区县建设农技协联合会和以农业主导产业为依托的农村专业技术协会，加大会员培训力度，让"土专家""田秀才"成为支撑产业发展的"常驻军"。

（四）提高群众科学素养，助力美丽乡村建设

一是改善农村科普教育条件。加大农村地区科普设施建设和流动科技馆、科普大篷车巡展力度，加强农村中小学优质师资配备，优化农村图书室图书结构，广泛动员社会力量参与农村科普工作，提高农民的科学文化素质，增强乡村发展的内生动力。二是持续举办科学文化活动。加强广播电视科学文化节目创作，广泛组织各种形式的科技下乡和群众性、社会性、经常性科学文化活动，持续开展婚丧陋习、天价彩礼、孝道式微、老无所养等不良社会风气治理，大力倡导现代文明理念和生活方式，促进乡村文化振兴。三是改善农村人居环境。持续开展农村垃圾、污水、村容村貌整治行动，深入推进农村"厕所革命"，激发农民群众自己动手、自我管理农村人居环境的能力，促进乡村生态振兴。

（五）夯实基层党建根基，促进乡村组织振兴

一是提高村干部待遇。探索通过设立特聘岗位等方式，推进村支书和村民委员会主任职业化管理。加大从优秀村干部中选拔国家工作人员的力度，拓展村干部的职业发展空间。试点让考评获得"优秀"的村两委主要负责人享受副科级干部经济待遇、获得"优秀"的其余村专职工作人员享受科员级干部经济待遇，提高村干部积极性。实施村干部学历提升工程，

建设高素质的村干部队伍。精简文件、会议，提高村干部的工作效率。二是创新驻村工作模式。落实"摘帽不摘帮扶"要求，将扶贫驻村工作队和第一书记逐步转变为乡村振兴驻村工作队和第一书记，探索组建由政府部门、企事业单位和社会组织共同参与的乡村振兴帮扶队伍，保持帮扶力量的连续性和稳定性。三是大力发展农村党员。将发展农村党员作为农村基层党组织的重要工作内容，把技术能手、致富能人、乡土人才、退伍军人和外出务工人员中的优秀青年作为重点发展对象，采取远程教育、网络教育、专题考试等方式破解因人员流动带来的培训难题，打造一支高素质的农村基层党员队伍。

（六）持续完善体制机制，激发乡村振兴活力

一是加强组织保障有机结合。成立实施乡村振兴战略暨脱贫攻坚领导小组，制定乡村振兴战略暨脱贫攻坚决策议事机制、统筹协调机制、项目推进机制、事项跟踪办理机制等制度，加强政策、规划、项目、考评、保障等方面的有效衔接，确保乡村振兴与脱贫攻坚"一盘棋、一体化"推进。二是将"以城带乡"作为推动乡村振兴的优先路径。有序引导沿海劳动密集型产业向中西部地区转移，引导城市劳动密集型产业向农村场镇转移，积极创办农副产品加工企业，大力发展就业"扶贫车间"，让更多农民能够在城市（城镇）稳定就业，增强反哺农村的能力。三是引导市民和资金向农村流动。完善农民闲置宅基地和闲置农房政策，制定农村宅基地"三权分置"操作细则，盘活农村存量建设用地，推动市民下乡。通过设置存贷比指标等硬性措施，推动金融机构创新开发农村金融产品，确保农村存款主要用于农业农村，强化乡村振兴金融保障。

重庆市院士专家工作站建设调查研究

重庆市科协党组成员、副主席　李　彦

　　按照重庆市科协党组的统一部署，根据《市科协系统开展"不忘初心、牢记使命"主题教育工作方案》和《市科协党组关于印发市科协"不忘初心、牢记使命"主题教育学习教育、调查研究、检视问题、整改落实工作安排的通知》的有关要求，由重庆市科协党组成员、副主席李彦牵头的"重庆市院士专家工作站建设"调研组，按照调查研究要在求"深"、求"实"、求"细"、求"准"、求"效"上下功夫的科学调研方法，通过实地走访、登门拜访、电话访谈、材料收集、座谈交流等多种方式，用1个多月的时间，形成了如下调研报告。

一、调研组织情况

　　本次调研实地走访重庆交大国科航科技有限公司、国家电投集团远达环保工程有限公司、林同棪国际工程咨询（中国）有限公司、重庆华森制药股份有限公司、重庆交通大学绿色航空技术研究院、重庆市勘测院等6家院士专家工作站，收集56家院士专家工作站材料，对中国科协，北京、天津2个直辖市，浙江省、江西省2个省，杭州、武汉、成都、西安、济南5个省会城市，以及重庆市九龙坡区、江北区2个区等建站工作管理单位进行电话访谈，对重庆市委人才办、市发展改革委、市财政局、市经济信息委、市科技局、市人力社保局、市国资委、市工商联等成员单位登门拜访等多种方式开展调研，做到了沉下去了解民情、掌握实情，努力拿出破解难题的实招、硬招，全力推动党中央和重庆市委决策部署落实落地。

二、重庆市院士专家工作站建设的基本情况

院士专家工作站是由院士或知名专家领衔，外来的专家团队与企业科技人员共同参与的一种政产学研用合作创新平台。重庆市至今已连续开展院士专家工作站建设工作 10 年。重庆市院士专家工作站的建设管理工作由市科协、市发展改革委、市财政局、市经济信息委、市科技局、市人力社保局、市国资委、市工商联等 8 家市级部门联合组织开展。"重庆市院士专家工作站工作办公室"设在市科协，负责日常工作。院士专家工作站建设坚持以"需求为基础、项目为核心、企业为主体、实效为根本"的建站原则，引导国内外院士专家及其创新团队向重庆集聚，推动科技创新和人才成长。截至 2019 年，全市共有市级院士专家工作站 88 家（其中企业51 家、高校 13 家、科研院所 18 家、园区 6 家），区县级院士专家工作站26 家，全市共柔性引进院士 181 名、专家 486 名。

通过调研，笔者认为全市院士专家工作站总体运行态势良好、地方特色突出、成果成效明显，主要体现在以下 7 个方面：

一是强化顶层设计，各级领导高度重视。市委、市政府将院士专家工作站建设纳入《重庆市科教兴市和人才强市行动计划（2018—2020 年）》，市政府将工作站建设写进《政府工作报告》，市委组织部每年把建站工作纳入全市人才工作要点。日前，市机构编制委员会办公室（简称"市编办"）已正式批复，同意在市科协设立"重庆市院士专家服务中心"，进一步完善和加强院士专家工作站建设和服务的体制机制。市委常委、组织部部长胡文容亲自研究解决工作站面临的实际问题，亲自指示市科协开展工作站的评估工作，并在 2018 年"院士重庆行暨院士专家工作站建设推进

会"上对院士专家工作站建设提出明确定位,"要把院士专家工作站打造成为创新发展的'新引擎'、人才培养的'加速器'、交流合作的'立交桥'"。市级各成员单位和各相关区县、建站单位的领导对院士专家工作站建设高度重视,从人力、物力、财力等方面予以充分保障。有的区县主要领导参加工作站举办的系列活动,一些区县分管领导到市科协参加工作站的评审答辩,积极为工作站建设提供支持。

二是注重因地制宜,建站方式实现多样化。市委人才办、市科协会同市财政局等部门负责总体设计、整体推进、督促落实,探索了"平台+院士专家""总站+分站"、注册成立实体等多个建站路径。比如,重庆医科大学在学校层面成立总站,在学院层面设立了转化医学研究中心等5个分站;长寿经济技术开发区在园区设总站,并以该站为基础向园区企业拓展,先后在重庆康乐制药有限公司、重庆望变电气(集团)股份有限公司建立市、区级工作站,既独立运行又相互支撑,服务整个园区的产业发展;重庆山外山血液净化技术股份有限公司依托工作站,聚集了周炳琨院士、陈香美院士、刘志红院士等一批院士专家;重庆中一种业有限公司与大足区农委合作,在大足区拾万镇建立了公司院士专家工作站大足区分站,拥有成果展览馆、专家大院和100亩水稻试验示范基地。

三是结合自身实际,运行管理有力有序。各建站单位作为院士专家工作站的建设和管理主体,负责制定本单位院士专家工作站管理办法和工作流程,编制工作站创新项目开发工作计划,安排落实专项科研经费和运行管理经费预算,建立相应的组织机构并落实专门的工作人员,完善各项配套制度和有效的保障措施,为院士专家及其创新团队提供良好的科研环境和必要的生活条件。比如,重庆农业投资集团有限公司成立院士专家工作站办公室,同时在重庆市水产科学研究所和重庆市三峡生态渔业股份有限公司分别设立工作站项目管理办公室,还建立了长寿实验基地和涪陵龙潭实验基地,建立健全系列管理制度,并将工作站工作纳入企业年度业务考核；重庆科技学院为都有为院士提供了一套别墅，配备了 130 平方米的专用办公室、1 名具有高级职称的工作助手，每年工作站专项经费预算 80 万 ~ 100 万元，依托院士及其团队技术力量推动学校的学科建设，新建了材料分析检测中心、稠油开发实验室和光电转换材料实验室；重庆华森制药股份有限公司始终以"让中国人吃上自己的药"这个初心和使命，与院士专家开展科研合作和技术创新，每年固定安排 100 万元作为工作站运行经费，还为进站院士提供 1000 平方米以上的工作生活场所，同时企业与院士对接的专家团队超过 50 人。

四是坚持需求导向，平台作用得以发挥。园区类工作站聚焦发展主导产业、企业类工作站聚焦解决技术难题、事业单位类工作站聚焦引进培养人才，以工作站作为支撑，聚集了人才、技术、项目、市场等创新要素的平台，不断推进人才引进、成果转化、技术创新。比如，长寿经济技术开发区为发展化工产业建设园区工作站，引进冯守华院士及其团队，并以该站为基础，近两年又在园区企业新建 2 个市级工作站，彼此相互支撑，合作重大项目 3 项，实现经济效益 6 亿元；中石化重庆涪陵页岩气勘探开发有限公司为我国首个页岩气公司院士专家工作站，先后引进黄克智、李根生、闻雪友、高德利、郝芳、罗平亚等 6 名院士，并获评中国科协示范院士专家工作站；重庆市勘测院以测绘地理信息行业的科技水平、服务效率、服务质量为选材定题的判断标准，始终保持以技术问题和业务需求为导向的院士专家合作，与李建成、刘先林、张祖勋院士合作将北斗定位精度提高至毫米级；重庆交大国科航科技有限公司与倪晋仁院士合作开展了生态环道建设等项目研究，获得国际学术组织重大项目经费支持。

五是增强发展后劲，人才培养效果良好。各工作站充分发挥平台集聚作用和院士传帮带作用，组建技术创新联盟、博士后工作站、研究生联合培养基地等，有的工作站还建立区县研究基地，形成了顾问指导、联合攻关、委托研究、成果转化、互派培养等多种引才育才用才方式。比如，重庆三峡学院工作站引进毛二可院士团队和由印度、波兰 2 名国家科学院院士组成的院士团队，目前，进站团队有千人计划 1 人、长江学者 2 人、国家杰青 1 人、新世纪优秀人才支持计划 1 人、教授 23 人、博士 32 人，其中该站引进培养的高层次人才占进站团队人员的近 40%；永川凤凰湖工业园区引进涂铭旌院士及其新材料技术研究院团队，举办高级研修班 7 期、培养专业硕士 21 人、开展项目攻关 5 项；重庆渝丰电线电缆有限公司工作站引进蹇锡高院士，与大连理工大学等单位共建"产业技术创新联盟"，吸引 7 名科研人员加盟，遴选 3 名公司研发人员加入蹇院士团队，开展"高性能工程电缆用高分子绝缘材料研制与开发"；重庆交通大学绿色航空技术研究院与李应红院士合作，并通过李院士与更多的院士专家合作，2019 年李应红院士亲自在该院带了 2 个博士；国家电投集团远达环保工程有限公司与郝吉明、鲜学福院士开展技术合作，增强了创新意识，注重人才培养，联合培养博士及博士后科研人员 10 余位；林同棪国际工程咨询（中国）有限公司是由华人创建的世界著名国际工程咨询集团，负责人就是邓文中院士，每年培养和招揽优秀科技人才百余位，并成为博士后工作站点。

六是推动创新创造，成果效益逐步显现。据统计，近年来各工作站联合开展项目 489 项，获得经费支持 57.78 亿元，其中国家级经费 2.93 亿元、省部级经费 1.28 亿元；开发新产品 271 项，研发新技术 146 项，转化成果 314 项，获得发明专利 957 项，获得国家或省部级奖励 136 项，直接经济效益超过 100 亿元。比如，徐扬生院士有很深的国电情怀，得知国网重庆市电力公司拟建工作站，欣然接受并成为他在内地唯一的进站单位，完成机器人及相关领域研究 6 项，授权发明专利 4 项、实用新型专利 10 项，发表论文 43 篇，其中 EI 检索 16 篇；重庆金山科技（集团）有限公司引进樊代明、李兆申、赵淳生、沈祖尧、都有为等多位院士及国内外知名专家、千人计划学者入站，承担国家和省部级科技项目近 30 项；重庆材料研究院有限公司建站以来，承担了国家科技支撑计划、国家"863"计划、重庆市重点产业共性技术等一大批省部级以上科技项目；重庆市勘测院建站以来，与院士专家创新团队开展合作项目7项，完成发展战略决策咨询15项，完成科技成果转化12项，获得省部级科技奖励40余项；重庆高速公路集团有限公司建站以来，与院士专家团队已签订合同及正在开展合作的项目有12个，合同金额约3728万元。

七是注重牵头抓总，职能职责充分履行。市有关部门抓面上统筹，区县相关部门和建站单位抓点上实施，分工负责制定工作站相关政策。由市科协牵头，联合各成员单位，设立了"重庆市院士专家工作站工作办公室"，具体负责全市院士专家工作站的申报、评审、授牌及管理等工作。办公室每年对挂牌满一年以上的院士专家工作站开展一次工作评定。市科协、市科技局联合开展了"院士牵头科技创新引导专项"，重点支持院士及领衔的团队开展基础科学与前沿技术探索、重点产业共性关键技术创新研究等。各区县强化对工作站的配套支持力度，如万州、渝北、江津、北碚、梁平、万盛经开区和两江新区给予每个院士专家工作站一定的奖励经费。一些建站单位还制定了科研项目、成果转化奖励等办法。各区县科协和建站单位普遍制定了建设管理办法，通过直接放权、委托放权等多种形式，建立了富有活力的管理机制。2018年，由市委人才办牵头，8家成员单位组织会同专家共同开展了市级院士专家工作站的评估工作，62家院士专家工作站有22家优秀、32家良好、5家合格、3家不合格。院士专家满意率达95%以上，其中32家被院士专家评为满分。

三、存在的问题

习近平总书记指示，调查研究不仅是一种工作方法，而且是关系党和人民事业得失成败的大问题。习近平总书记在"不忘初心、牢记使命"主题教育工作会议上强调，"广大党员干部了解民情、掌握民情、搞清楚问题是什么，症结在哪里，拿出破解难题的实招、硬招。"这次调研坚持在"深"字上下功夫，深挖细究，通过此次调研工作，笔者深刻感受到重庆市院士专家工作站建设总体向好，但对照初心使命，把工作放到高标准严要求的尺度上去解析，也存在一些困难和问题。

1. 国家政策宏观调控对建站提出更高要求

2019 年 6 月，中共中央办公厅、国务院办公厅印发了《关于进一步弘扬科学家精神加强作风和学风建设的意见》（以下简称《意见》），明确规定："每名未退休院士受聘的院士工作站不超过 1 个、退休院士不超过 3 个，院士在每个工作站全职工作时间每年不少于 3 个月。"《意见》对院士进站数量及工作时间有新要求，这既是建站工作的机遇，同时也提出前所未有的挑战。据了解，目前全国有院士专家工作站 5600 余家，大多数达不到《意见》要求，重庆市大多数院士专家工作站也达不到《意见》要求。下一步如何规范已建院士专家工作站和再建新的院士专家工作站，面临新的问题，不少省市已向中国科协反映此问题。现浙江、江西等省在操作层面已暂停院士专家工作站建设的相关工作，不少省市都在观望中，等待《意见》的具体实施政策。据了解，中国科协正会同中组部、科技部、中国科学院、中国工程院等单位，研究制定院士专家工作站建设的具体实施意见。

2. 建站数量和引进院士专家数量还需提高

据了解，截至 2019 年，北京、天津、浙江、江西、四川、湖北和福建等省市分别建了 155、131、712、236、406、519、372 家院士专家工作站，而重庆市现共有 114 家院士专家工作站（含区县级），同比差距还比较大。114 家院士专家工作站共引进 181 名院士，对中国科学院和中国工程院的 1700 多名院士来说，还有很多争取的机会。

3. 院士专家工作站政策保障还需加大力度

重庆市院士专家工作站办公室只有 1 名专职人员负责院士专家工作

站建设工作，企事业部其他人员在必要时协助开展工作。浙江、贵州等省都建有省级院士服务中心，人员编制 5～8 人不等。在工作站的经费投入上，自 2016 年起，每年财政经费预算为 255 万元，由于近年建站数量增加，经费总量明显不足。2017 年每家建站单位补助经费 25 万元，与北京、天津、湖北、四川、浙江、山西和山东等 7 省市比较处于平均水平，2018 年降至 15 万元 / 家，2019 年经费还未落实。2017 年以来，市科协、市科技局联合实施了"院士牵头科技创新引导专项"，支持在渝院士、院士专家工作站柔性引进院士开展科研项目，经费预算还需要进一步落实到位。全国模范院士专家工作站、年度优秀院士专家工作站激励机制还需要进一步完善和落实。

4. 建站单位对院士专家资源的利用不够充分

调研发现，工作站在为企业解决技术难题、培养引进人才、开展战略咨询等方面发挥了重要作用，但在资源共享、发挥品牌效应、建立人才培养基地以及引进跨行业跨领域院士专家等方面的作用不够明显。其主要原因在于企业自身创新需求单一、缺乏长远的合作创新目标以及对院士资源的高端前沿和战略性认识不足等。一些企业建站只为解决企业的单一技术问题，在完整产品生产、销售、成套技术开发及技术创新路线、品牌建设以及产业发展的共性技术方面对院士团队创新资源挖掘利用不够。一些以单个项目合作为内容的工作，在项目完成后与院士团队的交流互动明显减少，甚至出现停滞。

5. 建站单位与院士专家的合作机制不够健全

多数工作站的组织形式是以项目为纽带的合作形式，主要模式为技术转移、委托研究、联合攻关的"一对一"点点合作，虽然合作较为紧密，但若无相应制度机制保障，必将影响合作的深度、广度和持续性。合作多以院士领衔、其创新团队负责为主，多以点对点的交流沟通、项目合作、技术转移和委托研究为主。部分工作站无具体项目，采用技术顾问的形式，合作较为松散，仅停留在技术咨询、技术顾问的浅层合作上，个别单位存在务虚名、图经费的现象。

6.双方合作的精准度和长效性还有待提升

有的单位建站时发展方向不明确，选择的院士团队专业不匹配。有的单位缺乏优秀的技术团队，与院士团队的科研能力存在较大差距，仅靠院士团队的技术支持，双方合作无法同步。有的单位在首次合作完成之后，由于新兴业务的拓展，后期面临二次引进其他院士团队的需求。政策支持力度与建站单位及院士团队的需求相比还存在较大差距，特别是以单个项目合作为内容的工作站，在项目完成以后，没有新的后续项目注入，与院士团队的交流明显减少，甚至出现停滞。目前，建站后的信息沟通交流、已建院士专家工作站的评议考核、工作站退出机制等一系列服务工作还不够到位，工作站与院士专家之间的激励机制处于探索阶段，影响了院士专家与工作站的长期合作。

四、对策建议

不忘初心、不改初衷，牢记使命、看齐追随，我们要用习近平新时代中国特色社会主义思想来指导开展工作，按照主题教育的思路方法来破解新的难题、化解新的风险、激发新的活力。习近平总书记强调，两院院士是国家的财富、人民的骄傲、民族的光荣。为深入贯彻落实国家创新驱动发展战略，大力实施以大数据智能化为引领的创新驱动发展战略行动计划，加快培育重庆战略性新兴产业，促进企业技术创新，进一步提升重庆市院士专家工作站的建设质量，实现健康有序发展，调研组提出如下工作建议：

1.充分理解院士建站新政策，进一步完善建设办法

积极寻求中国科协对政策调整引起的建站工作思路改变进行指导，推

动新一轮院士专家工作站建设。在调研中，受访企事业单位都认为"院士专家工作站"有品牌效应和权威影响力，能够帮助本单位吸引人才和开展科技创新工作，但部分单位也认为很难达到《意见》中规定的条件。调研组建议可以从以下两方面开展建站工作：一是达到中办国办《意见》规定的建立市级或区县级的"院士专家工作站"；二是院士不能达到建站条件，但能够派院士团队核心人员进站工作，建立"院士团队工作站"，工作站合作主体由院士变更为院士参与并支撑的科研团队，并依据新情况制定和修改工作站建设相关管理办法。

2. 尽快组建院士服务中心，统筹协调工作站工作

目前，市编办已正式批复，同意市科协设立"重庆市院士服务中心"，承担院士专家工作站的建设管理服务工作，搭建院士决策咨询、科技交流、人才培养及项目合作交流服务平台，密切与"两院"的联系，举办院士重庆行、院士专家区县行等活动，邀请院士来渝开展考察调研、论证评审、成果转化等工作。建议尽快完善健全中心机构和职能，充分利用院士服务中心平台，进一步强化深化管理和服务机制，加大院士专家工作站的建设力度，增加数量，提高质量，使其在对重庆市经济产业发展的支撑性方面发挥更大的作用，取得更显著的成效。

3. 加大经费支持和政策扶持力度，推动工作站建设上新台阶

分类支持院士专家工作站建设，建议按照院士工作站、院士团队工作站的不同类型，给予不同数额的一次性建站经费，鼓励、引导企事业单位加大院士、准院士、院士团队等高层次人才的引进力度，扩大院士专家工作站的数量，充分利用院士和院士团队的影响力、学术辐射力，积累创新要素，增强创新能力。联合市科技局继续实施"院士牵头科技创新引导专项"，加大经费支持力度，支持在渝院士、院士专家工作站柔性引进院士开展科研项目。争取市委人才办、市财政局、市科技局将院士专家工作站建设工作纳入年度工作，将相关经费列入每年预算，有计划地开展相关工

作。协调市科技局、市经济信息委、市国资委等相关部门，优先立项院士专家工作站申报的重大科技项目。完善激励机制，对全国模范院士专家工作站、年度优秀院士专家工作站给予一定的奖励支持。

4. 主动牵线搭桥，为单位对接引荐院士

目前院士工作站建设大多数都是建站企事业单位自行联系对口院士，有一些有建站需求的企事业单位由于信息有限、渠道不多，对口院士专家难找到、难邀请，导致这些单位的建站工作不得不半途而废。重庆市目前64.5%的院士专家工作站集中在主城区，还有18个区县由于院士资源不够而没有建站。调研组建议在引进院士建站的工作上，积极应对，变被动为主动，建立院士、准院士数据库，详细掌握院士及高层次人才的科研方向，主动走出去拜访院士，为企事业单位的需求进行精准对接，在院士与企事业单位间牵线搭桥，有针对性地为需求单位引才引智。同时，在每年重庆举行智博会、英才大会、科协年会、云物大会等各类品牌会议之时，抓住院士专家来渝交流的契机，主动为各需求单位与院士交流搭建平台，创造交流机会，广泛开展引才引智工作。

5. 积极拓展联系联谊渠道，增强跟踪服务实效

建立院士专家工作站来渝院士联系服务机制，通过服务院士，增强院士的创新工作能力，发挥院士的决策咨询能力。加强院士工作站之间的工作经验交流学习，促进院士专家的深度合作，建立健全合作机制。搭建院士科技创新平台，举办全市层面的院士专家交流会，鼓励区县开展形式多样的洽谈对接会。将加强服务作为推动人才发展的重要渠道，以学术活动、联谊会、圆桌会议、咨询调研等形式，举办院士重庆行、院士专家区县行等活动，加大与海内外院士和科技社团的联系，引导更多高层次领军人才进站工作。利用中国科协、"两院"的大数据平台，分析梳理渝籍院士、在渝院士及"准院士"，打好感情牌、家乡牌，做好服务工作，奠定感情基础。

6.统筹建设重庆"院士之家",打造联络院士的情感枢纽

打造"院士之家",使之成为重庆市院士专家工作站的院士专家、在渝院士、渝籍院士及"准院士"的温馨之家、交流平台、资源枢纽。在科协新办公楼开辟场地作为"院士之家"活动场所,让"院士之家"成为院士专家们感情联系的纽带。以服务为先,协调相关职能部门从提供优质的住房、医疗和子女(孙辈)教育等服务入手,营造轻松愉悦的工作生活氛围,真正将"院士之家"建成温馨之家,以感情留人;以聚才为本,将"院士之家"打造成为重庆市高端人才的智力集聚高地,并在此基础上创建院士创新联合体,为院士专家提供学术交流的平台,充满创新活力,以事业留人;以品质为重,充分调动重庆各类资源,为院士科研活动提供优厚的资金、物资和政策等,让他们把心放在重庆,把人留在重庆,以待遇留人。

习近平总书记强调:"抓创新就是抓发展,谋创新就是谋未来""科技创新是撬动发展的第一杠杆"。院士专家工作站作为政产学研用合作创新平台,正彰显出其先进性和时代性。科协组织作为党团结联系科技工作者的人民团体,作为科技创新的重要力量,在重庆市委、市政府的坚强领导下,在中国科协的指导下,不忘初心、牢记使命,围绕中心、服务大局,就要紧紧围绕重庆市委、市政府提出的"三大攻坚战"和"八项行动计划",通过学习教育、调查研究、检视问题、整改落实,切实加强院士专家工作站建设工作的先进性、科学性和服务性,以院士专家工作站为载体,更加广泛地聚集市内市外、国内国外的创新资源,聚焦重庆经济建设主战场,聚力满足重庆各类企业主体的需求,为重庆经济质量变革、效率变革、动力变革、智力资源变革提供有力的科技支撑,将重庆市院士专家工作站建设成为重庆市创新发展的"新引擎"、人才培养的"加速器"、交流合作的"立交桥"。

提升政治引领政治吸纳能力

提升科协组织力策略研究

重庆市科协调研组

中共十九大明确提出，要以提升组织力为重点，突出政治功能，把基层党组织建设成为坚强战斗堡垒。科协作为党的群团组织，其组织建设必须服从服务党的组织建设，通过提升科协组织力来保障科协职能和优势的充分发挥。基于此，在"不忘初心、牢记使命"主题教育中，调研组深入各级各类科协组织，召开座谈会，发放调查问卷，进行个案分析，对全市科协组织力的总体情况有了一个清晰的了解，对标对表提出对策思路，形成了本报告。

一、关于全市科协组织力的总体评价

近几年，全市科协系统把加强组织建设作为一项基础性、系统性、长期性工程来抓，取得一系列新突破、新成效。

一是党委政府重视达到新高度。市、区县党委、政府从配强班子、充实力量、增加经费等方面支持科协组织建设，党委建立群团工作联席会议制度，明确副书记分管科协工作，政府大力支持科协履行职责，明确1名副职联系科协工作。特别是2018年以来，市委将乡镇（街道）、园区科协组织覆盖率及科技工作者服务知晓率、满意度纳入对区县党建考核指标，促进各级党委、政府对科协组织建设的重视程度前所未有。

二是科协组织改革实现新跨越。中央党的群团工作会议以来，重庆被确定为群团改革试点地区，全市科协系统勇担改革重任，去"四化"强"三性"成果显著。提升一线科技工作者在科协代表大会代表、全委会委员、常委会委员中的比例，科协代表性显著增强。深入开展提升基层科协组织力"三长制"改革试点，全市配备"三长"兼职副主席2260名。积极探索科协组织建设规律，形成《全面从严加强科协系统党的建设》《大力推动"三型"科协组织建设》等理论文章，分别在《光明日报》《红旗文稿》等报刊发表。

三是科协组织建设取得新成效。实施学会办事机构实体化、服务会员精准化、学会活动常态化、社团管理信息化和党建工作规范化建设，对科技社团进行动态管理，目前全市有市级科技社团158个、区县级科技社团563个、学会联合体10个。统筹推进区县科协改革，全市38个区县、万盛经开区、高新区都成立了科协，荣昌区积极创建全国基层科协综合改革试验区。全市成立812个企事业科协，其中园区科协110个，高校科协25个，探索成立1个高校科协联盟。科协组织逐步向基层延伸，全市有镇街科协1137个、基层农技协1087个。

四是科协组织功能展现新水平。坚持围绕中心、服务大局，认真履行"四服务"职责定位，科协组织平台载体不断丰富，工作手段不断完善，服务水平不断提升。承接院士专家服务和管理职责，强化了对科技工作者的思想政治引领职能，建成院士专家工作站88家、海智工作站28家。实施创新驱动助力工程，参与或主导举办中国国际智能产业博览会、重庆英才大会、重庆市科协年会等重大活动，每年举办学术交流活动达400余场次。大力开展科学普及，2018年重庆市公民具备科学素质的比例达到8.01%，成功举办第33届全国青少年科技创新大赛，科技助力精准扶贫"六个一"工程帮助20余万人脱贫攻坚。"一带一路"与长江经济带协同创新研究中心成为全国科协系统和重庆市重点智库，研究成果受到市委、市政府的高度重视。

五是科协组织运行步入新轨道。"将自觉接受党的领导、团结服务科技工作者、依法依章程开展工作有机统一起来"成为全市各级科协组织的共识，市人大常委会出台《重庆市科学技术协会条例》《重庆市科学技术普及条例》，市科协依据《中国科学技术协会章程》制定《重庆市科学技术协会实施〈中国科学技术协会章程〉细则》，这些规章制度均为科协组织规范运行提供了法定依据。

调查结果显示，全市科协组织力总体呈上升态势，科技工作者和科协干部对全市科协组织力的总体评价，认为"好"的占57.14%，认为"较好"的占42.86%，但也反映出科协组织力与党委政府的要求、与科技工作者的需求、与全社会的期望还有差距。我们必须坚持问题导向，刀刃向内检视问题，真刀真枪解决问题。

二、关于影响科协组织力的因素分析

科协一头连着党和政府，一头连着科技工作者，是党和政府联系科技工作者的桥梁纽带。决定科协组织力的因素有很多，但科协组织力的高低，决定于几个关键因素，检验的最终标准是科协组织政治性、先进性、群众性的强弱。在调研中，调研组根据座谈、调查问卷等情况，将影响科协组织力的因素归纳为3个方面15个因素。

（一）党和政府的领导力与保障力

调查结果显示，认为影响科协组织力最重要的4个因素分别是"党委政府高度重视""充足的经费保障""编制人员的合理配置""完备的制度保障"等，分别占到85.7%、61.9%、42.86%、28.57%。这些因素反映的是党和政府的领导力与保障力，决定着科协组织的政治性。

调查结果还显示，认为"充足的经费保障""编制人员的合理配置""党委政府高度重视""完备的制度保障"薄弱的分别占到 66.67%、47.6%、38.1%、33.33%,充分反映了这些方面尚需加强。比如,少数区县对区县科协组织发展的重要性、必要性认识不足,重视不够,未形成党领导科协工作的长效机制,对科协工作任务不研究、不布置,对科协工作经费不落实、不到位。再如,据统计,重庆市人均科普经费最少的县仅为0.5 元,在编人数最少的县科协仅 2 人,"将多兵少""僧多粥少"的情况较为突出,一定程度上影响了区县科协工作的积极性。

(二)科协自身的凝聚力与创造力

调查结果显示,"上级科协组织的大力指导""科协全委会、常委会作用充分发挥""驻会领导班子作用充分发挥""驻会领导班子主要负责人作用充分发挥""干部队伍专业化水平较高""科协组织网络的广泛覆盖""科协组织功能的科学布局""科协工作方法的改革创新"等 8 个因素直接影响科协组织力的高低。这些因素反映的是科协自身的凝聚力和创造力,决定着科协组织的先进性。

总的来说,当前全市各级各类科协组织凝聚力和创造力比较强,但也存在一些问题。从领导班子作用发挥来看,科协全委会、常委会主要履行"开会""表决"等程序性职责,会后缺乏发挥作用的平台和渠道。从干部队伍专业化水平来看,有的干部对新知识、新应用、新趋势缺乏学习,跟新要求、新理念、新部署搭不上调,对不上话。从科协组织网络来看,科技社团中"冬眠"组织、"僵尸"组织占比超过 1/3,科协组织对高校的覆盖率仅为 43%,对民营企业的覆盖率不到三成,镇街、社区科协力量薄弱,网上科协建设还比较滞后,各级各类科协组织之间联动协作不够。从科协组织功能的布局来看,以科普工作为主的单一格局还未从根本上转向"四服务"的综合格局,以"自转"为主的工作格局还未从根本上转向"自转""公转"同向发力的工作格局。从科协工作方法来看，一些科协组织不善于借势借力借智，习惯于单打独斗，满足于自己的"一亩三分地"。

（三）科技工作者的向心力与支持力

调查结果显示，"对科技工作者的政治动员、政治引领、政治教育""打造具有知名度、影响力的科协工作品牌""科协工作的宣传推广"等3个因素在很大程度上影响了科技工作者对科协组织的向心力和支持力，决定着科协组织的群众性。

科协系统深化改革以来，科协组织与科技工作者"不亲不紧"的问题得到极大改善，但离以科技工作者为本的要求还有差距。科技工作者对科协的知晓度偏低，调查发现，全市202.17万名科技工作者中，仅有近一半的科技工作者了解科协，每年仅有80万人次浏览重庆科协网。科技工作者加入科协组织不踊跃，调查发现，加入科协组织的科技工作者仅占总量的1/3左右，其带动影响作用也不大，造成不少干部群众对科协组织不甚了解，误认为是一般的行业协会和社会组织。

三、关于提升科协组织力的对策研究

从广义上说，组织是指由诸多要素按照一定方式相互联系起来的系统。提升科协组织力，要坚持以习近平新时代中国特色社会主义思想为指导，深入学习贯彻习近平总书记关于科技创新、群团工作特别是科协工作的重要论述精神，聚焦保持和增强政治性、先进性、群众性这个总目标、总要求，运用系统原理，注重守正创新，将科协与其发展的自然、经济、社会等因素联系起来加以把握，优化配置"太阳、土壤、播种、养分、空气、养护"等功能要素，使之形成一个有机的生态系统，不断增强科协团结引领广大科技工作者的综合能力。

（一）"光辉太阳"是提升科协组织力的源泉

只有不忘本来，方能面向未来。回顾中国科协的历史，有几个重要节点必须铭记。一是在中国共产党的倡导和支持下，1939年在重庆成立了由进步科学家组成的"自然科学座谈会"，并于1945年7月1日发展成为具有爱国统一战线性质的中国科学工作者协会。二是响应中共中央"五一"口号，1949年7月13日，中国科学社、中华自然科学社、中国科学工作者协会和东北自然科学研究会在北京共同举行中华全国自然科学工作者代表会议筹备会（简称"科代筹"），会议选出15名正式代表和2名候补代表，代表自然科学界出席第一届中国人民政治协商会议，并成立中华全国自然科学专门学会联合会（简称"全国科联"）和中华全国科学技术普及协会（简称"全国科普"）。三是经中共中央批准，1958年9月23日，全国科联和全国科普联合召开的全国代表大会作出决议，批准两个团体合并，建立全国科技工作者统一的全国组织——中华人民共和国科学技术协会。四是经党中央同意，1980年3月，中华人民共和国科学技术协会更名为中国科学技术协会；1981年6月，中共十一届六中全会通过的《关于建国以来党的历史问题的决议》，确定了科协作为人民团体在国家政治、社会生活中的地位。从此，中国科协走上了持续健康发展的道路。中国科协从创建成立到规范运行，从恢复活动到繁荣发展，都是党中央坚强领导和大力支持的结果。可以说，中国科协发展史是一部与党共命运的发展史。"科协是党的科协，科协干部是党的干部"，坚定不移地引领科技工作者听党话、跟党走，是深入中国科协各级组织骨髓的天然属性和根本属性，是灵魂和价值所在，是初心和使命所在。党的领导如同光辉的太阳，是照亮科协组织发展壮大的阳光，是提升科协组织力的动力源泉。

习近平总书记指出，政治性是群团组织的灵魂，是第一位的。党的群团工作是党通过群团组织开展的群众工作，是党组织动员广大人民群众为完成党的中心任务而奋斗的重要工作。在新时代提升科协组织力，最根本的就是始终坚持党的领导。必须把政治建设摆在首位，充分发挥好政治作用。要强化政治领导。把增强"四个意识"、坚定"四个自信"、做到"两个维护"作为科协工作的重中之重来抓，把保持和增强政治性、先进性、群众性作为科协工作的根本标尺和长期任务来抓，切实在建机制、强功能、增实效上下功夫，切实把坚持党的全面领导的要求载入科协及其所属科技社团的章程，把党的路线方针政策和决策部署落实到科协各项工作中，确保科协始终在党的领导下积极主动、独立负责、协调一致地开展工作。要强化政治教育。履行好在科技界举旗帜、聚人心、育新人、兴文化、展形象等使命任务，引导科技工作者深学笃用习近平新时代中国特色社会主义思想，学好总书记关于科技创新、科协工作的重要论述，讲好总书记关心科技事业、关爱科技工作者的故事，自觉做习近平新时代中国特色社会主义思想的坚定信仰者、忠实实践者，一心一意去坚守，一言一行去诠释。要强化政治作用。站在夯实党在科技界执政之基的高度，把旗帜鲜明讲政治融入科协工作各环节各方面，落实好意识形态责任制，把习近平总书记关于科技创新的重要论述和对广大科技工作者的亲切关怀融入科技界的思想建设和奋斗实践中，特别是把中华人民共和国成立 70 周年科技成就作为政治引领的鲜活教科书，大力弘扬爱国、创新、求实、奉献、协同、育人的新时代科学家精神，引导科技工作者始终与党同呼吸、共命运、心连心，把实现党和国家确立的发展目标变成自觉行动、创新成果。

（二）"有机土壤"是提升科协组织力的基础

科协的力量来源于组织。没有一个组织严密、运转高效、联系广泛、充满活力的组织体系，科协就不可能成为一个团结统一的整体，科协的全部工作就会失去依托，犹如种子离开了土壤就一定无法生存。在科协的组织体系中，全国科协系统是"一体"，各级学会和各级各类科协组织是

"两翼"。"一体两翼"必须各正其位、各负其责，上下贯通、左右联动、分工合作、步调一致，科协的组织优势才能充分发挥，科协系统才能更加坚韧，更加强大，更有力量。

习近平总书记强调，"哪里有科技工作者、科协工作就做到哪里，哪里科技工作者密集、科协组织就建到哪里，哪里有科协组织、建家交友活动就开展到哪里"。这为我们加强科协组织建设指明了方向、提供了遵循。要牢固树立大抓基层的鲜明导向，坚持力量下沉、管理下沉、服务下沉，推动各级学会和各级各类科协组织"比翼齐飞"，更好地呈现"开放型、枢纽型、平台型"特点，增强科协组织对科技工作者的凝聚力和吸引力，让科技工作者在科协系统的各级组织中有依能靠，安身立命。要把企事业科协作为科技工作者的工作"点"来抓，推动科协组织向科技工作者集中的学校、企业、楼宇等区域延伸覆盖。要把科技社团作为科技工作者的专业"线"来抓，提升科技社团对科技工作者的覆盖率、服务力。要把区县、镇街、社区科协作为科技工作者的生活"面"来抓，推动科协系统改革向基层延伸，着力解决基层科协组织的现实问题。要把网上科协作为科技工作者的交友"网"来抓，大力开展网上组织力建设，打造"智慧科协"，让科协组织在线上有声音、有服务、有影响力，建好网上科技工作者之家。

（三）"科学播种"是提升科协组织力的前提

提升科协组织力，效果最终要体现在科协组织功能的发挥上，而组织功能的发挥有赖于科学的工作布局。正如同"种子"要生根发芽、茁壮成长，还需科学地选好播种期、播种地、播种量，用好播种方法。优化新时代科协工作布局，要与党和国家事业"五位一体"总体布局、"四个全面"战略布局相适应，与党和政府的中心工作相适应，促进科协组织有力凝聚科技工作者，有序组织科技工作者，有效激励科技工作者。

习近平总书记要求"中国科协各级组织要坚持为科技工作者服务、为创新驱动发展服务、为提高全民科学素质服务、为党和政府科学决策服务的职责定位"。科协工作就要围绕"四服务"来布局，画好最大同心圆。要找准圆心。强化"从全局谋划一域、以一域服务全局"的意识，作任何决策都从习近平新时代中国特色社会主义思想中找思路、找方法，推进任何工作都从"五位一体"总体布局和"四个全面"战略布局中找方位、找定位，找准切入口、打到点子上、做到关键处，使科协工作既为一域争光，又为全局添彩。要拉长半径。围绕中心服务大局，发挥人才荟萃、智力密集、联系广泛的独特优势，创新智库发展模式和机制，推动学术交流和学会创新发展，构建"全域、协同、高效"的社会化科普工作格局，做实做优"智库、学术、科普"三个轮子，为建设世界科技强国助力建功。要扩大面积。搭建好平台，虚心问政于科技工作者，问需于科技工作者，问计于科技工作者，既当好"小学生"，又做好"建桥者"，创新好载体，丰富好形式，以最大的惠及面和满意度密切与科技工作者的血肉联系，在科技界树立"一盘棋"的思想，拧成"一股绳"的力量，营造"一起干"的氛围，团结引领科技工作者"顶天立地"，凝聚起实现中华民族伟大复兴中国梦的强大科技力量。

（四）"充足养分"是提升科协组织力的支撑

科协组织的高质量发展，如同种子的成长一样，需要获得充足的"养分"。当前，一些科协组织还没有完全"活起来、动起来"，特别是在基层"休眠"的学会、协会还有不少，这与制度政策供给保障不充分不均衡有很大的关系。只有解决好"养分"问题，才能最大限度地激发科协组织活力。

习近平总书记指出，"各级党委和政府要为群团组织开展工作创造有利条件。"强化制度和政策保障是很重要的条件，要巩固科协改革成果，进一步优化科协组织体制、运行机制、管理模式，努力破解制约科协组织力提升的制度性障碍。要坚持上下联动。积极争取党中央制定《群团工作条例》，确保群团组织和工作有法可依。始终坚持党建带群建的制度，积极探索把党和政府对科协的领导、科协作用的发挥作为党建工作考核指标，推动市委、市政府出台《关于进一步加强和改进新时代科协工作的意见》，确保科协组织有位有为。加强科协机关干部队伍建设，加大科协事业投入力度，确保科协组织有能人干事，有实力干事。要加强内外联系。主动加强与职能部门、其他群团组织的沟通协作，通过共同出台政策、实施项目等办法，争取更多力量来支持关心帮助科协组织发展。与市教委、市国资委、市工商联等部门携手，认真落实加强高校科协、国有企业科协、民营企业科协等组织建设的规范性文件，在此基础上，还要与院士专家工作站建设工作相关单位出台《关于进一步加强院士专家工作站建设和管理的意见》，让科协组织发展有依据，有支持。要注重纵横联合。坚持精准施策、分类指导，努力让政策支持供需更对路、效益最大化。例如，针对科技社团，就要重点支持其开展学术交流和承接政府转移职能；针对基层科协组织，就要推动解决"看得见身影、听得到声音、发挥出作用"的体制机制问题；针对企事业科协，就要帮助其建好科研成果转化平台、引进培育高端人才，更好地组织科技工作者助力企事业高质量发展。

（五）"优良空气"是提升科协组织力的关键

提升科协组织力，科协组织发展氛围的好坏是重要影响因素。社会氛围就像空气，虽然看不见摸不着，但无处不在、无处不有，具有强大的滋养作用，要么从正向支持，要么从反向阻碍。人民群众的需求、参与和支持是科协事业发展的坚实基础，只有让社会公众更加深入地了解科协工作、参与科协活动，科协组织才能获得最强大的正向支持。

科协工作是国家科技工作的重要组成部分，也是党的群众工作的重要组成部分。习近平总书记指出，中国科协各级组织要"真正成为党领导下团结联系广大科技工作者的人民团体，成为科技创新的重要力量"。实现这个功能定位，提升科协组织力，既要勤于干事，又要善于说事，巧用品牌效应、聚合效应、宣传效应，为科协组织赢得更大发展空间，凝聚更大发展共识。要打造工作品牌。勇于创新，勇于超越，多做擦亮老品牌、创造新品牌的工作，推出一些行之有效、持之以恒的工作，多做各级党委关心、科技界关注、百姓关切的工作，让党和政府满意，让人民群众高兴。要办好重大活动。群团组织最大的特点是"活来动去"。要精心谋划契合中心工作、符合科协特点的重大活动，以此检验科协改革的新成果，检验科协干部的新本领，展示科协组织的新形象。比如，重庆市科协每年参与举办的中国国际智能产业博览会、重庆英才大会、云计算和物联网大会，产生了很强烈的反响，要坚持办下去，办出高质量，办出高水平。要加强宣传推广。既巧借主流新闻传媒和自有媒体之力，又拓展科普阵地、学术研讨、民间科技交流的宣传功能，加强科技创新宣传力度，树立创新创业创造典型人物，畅通科技界与公众交流的渠道，进一步在全社会形成了解科协、认同科协、重视科协、支持科协的良好氛围。

（六）"精致养护"是提升科协组织力的保证

"盖有非常之功，必待非常之人。"人是事业发展最关键的因素。随着科协系统改革的不断深化，科协组织面临的环境形势发生了重大变化，科协工作格局发生了重大变化。科协组织发展壮大，离不开科协干部"园丁"般的精致养护；科协组织担好使命，离不开科协干部"农夫"般的辛勤劳作。科协干部必须切实提高政治素质、业务能力和专业水平，才能当好优秀的"园丁"、出色的"农夫"。

习近平总书记强调："各级党委要坚持德才兼备、五湖四海，加强群团干部培养管理，选好配强群团领导班子，提高群团干部队伍整体素质。

广大群团干部要加强思想道德修养，自觉践行'三严三实'，自觉抵制和纠正'四风'问题。"这既体现了对群团干部的关心重视，又体现了对群团干部的殷切期许。要加强领导班子建设。市科协党组要把自觉接受党的领导、团结服务科技工作者、依法依章程开展工作有机统一起来，充分发挥统揽全局、协调各方的作用，落实全面从严治党责任，认真贯彻民主集中制，健全集体领导制度，善于把党的主张和任务转化成科协代表大会、全委会、常委会的决议和科技工作者的自觉行动，使市科协党组真正成为全市科协系统的"火车头""指挥部"。要加强科协机关建设。科协机关是科协组织的办事机构，必须在深入学习贯彻党的思想理论上走在前、作表率，在始终同党中央保持高度一致上走在前、作表率，在坚持贯彻落实党中央各项决策部署上走在前、作表率，在强"三性"、去"四化"上走在前、作表率，全面增强"四服务"能力，精心打造全市科技工作者之家，使市科协机关真正成为全市科协系统的"领头羊""先行者"。要加强干部队伍建设。坚持党管干部原则，坚持正确选人用人导向，坚持严管和厚爱结合、激励和约束并重，注重培养专业能力、专业精神，引导党员干部把不忘初心、牢记使命作为终身课题，做政治上的明白人、科协工作的内行人、科技工作者的贴心人，使市科协干部真正成为全市科协系统的"先锋队""排头兵"。

梁启超早在1896年《论学会》中就指出："今欲振中国，在广人才；欲广人才，在兴学会""有一学即有一会""遵此行之，一年而豪杰集，三年而诸学备，九年而风气成"。科协组织是以学会为主体的联合体，客观地讲，提升科协组织力是一项任重道远的政治工程，是新时代科协人践行初心使命的价值表现。我们一定要更加紧密地团结在以习近平同志为核心的党中央周围，不忘初心、牢记使命，凝心聚力、守正创新，加快构建提升科协组织力的良好生态系统，彰显科协组织的政治性、先进性、群众性，组织动员广大科技工作者为建设世界科技强国作出新的更大的贡献。

科协系统改革试点研究
——以省级科协改革试点为例

中国科协创新战略研究院　张昊东　赵立新　武　虹

摘要：为了深入贯彻中共十九大精神，按照《科协系统深化改革实施方案》的指引，切实增强科协组织政治性、先进性、群众性，中国科协开展了地方科协深化改革试点工作。本文重点对省级科协改革试点的改革方案进行研究，通过对专家打分和科协代表投票，研究、比较各省级试点的改革方案。通过对各省级试点单位重点难点任务、创新思路等方面的研究，力争形成一批可推广、可复制的科协改革经验，纵深推进科协系统改革。

关键词：科协系统；改革；省级试点；改革评价

一、背景

为深入学习宣传贯彻中共十九大精神，扎实推动《科协系统深化改革实施方案》在地方科协落地生根，有效推动地方科协改革，切实增强科协组织的政治性、先进性、群众性，中国科协组织开展了地方科协深化改革试点工作。地方科协改革试点分为省级试点、地市级试点和县级试点3类，在全国各地提交的试点申报书基础上，经过严格的资格审查和数轮专家评审，择优选出了省级试点单位3家、地市级试点13家、县级试点15家。

各省级改革试点在工作中牢固树立"四个意识",坚定"四个自信",以"三型"组织、"四服务"为职责定位的逻辑主线,聚焦学会改革缺实招、与科技工作者不亲不紧、基层组织薄弱、末端循环不畅等问题,结合本地区工作实际,提出了本地区试点内容范围、具体工作方案。本文重点对河北省科协、浙江省科协、安徽省科协 3 家省级试点单位的改革方案进行研究。

二、科协改革相关研究

科协系统在工作中,提高政治站位和政治觉悟,把整治形式主义和官僚主义作为一项重要任务[1],避免改革工作走过场。

宜兴市科协成立全民科学素质领导小组,在全国率先开启科技馆运营外包服务模式,为宜兴市创建 2016—2020 全国科普示范市不断探索[2]。内蒙古科协建立和完善自治区、盟市、旗县"三级"培训网络,依托农技协,培育懂技术、善经营的新型农牧民,最大限度地激发贫困人口脱贫致富的内生动力[3]。江西省在中国科协核准的 13 个国家级调查站点基础上,设置 15 个省级站点,覆盖省农科院、江西中医药大学等机构,做好调查站点工作[4]。重庆市北碚区科协邀请市科协专家为企业讲解科技信息数据库的使用方法,提升了企业技术人员运用科技信息数据库的能力[5]。衡水市科协将改革方案具体分解为 6 大方面、25 项工作任务,发展市级个人会员 1600 人,科普志愿者 2000 余人[6]。赣州市赣县区在 7 个养蜂重点乡镇、村开展 9 期养蜂技术培训班,参训人数达 600 人次[7]。湖北省谷城县五山镇将科协改革工作纳入党委政府工作的议事日程,配备了由分管领导担任镇科协主席和社会事务办干部任镇科协秘书长的组织体系,做到了"五个到位"[8]。

在地方科协改革中,各地的环境禀赋、发展状况各不相同,产业发展存在区别，很多基层科协从实际出发，结合区位优势和地理条件，开展了卓有成效的工作。

三、省级科协改革试点研究

除了上海、重庆被列为国家群团改革试点，中国科协确定了河北省科协、浙江省科协、安徽省科协作为省级改革试点单位。3 家省级改革试点单位，从省级学会改革、提供科技类公共服务产品、改革联系服务科技工作者的体制机制、思想政治引领、推进工作手段信息化等方面制定了改革方案，采取了重点突破和全面改革相结合的方式，推动本地区科协深化改革工作展现新气象[9]。

3 家省级科协在改革中大胆创新。比如，河北省科协探索建立科协个人会员制度，计划实施"123 会员发展计划"，按照省科协 1 万人、市级科协 2 万人、县级科协 3 万人的规模吸收科技工作者为科协个人会员。本文就试点单位信息化建设和省级学会改革做出对比分析。

1. 试点单位信息化建设

中国科协 1-9-6-1 战略布局中强调，要实现国际化、信息化、协同化三化联动。为推进数据资源信息化，中国科协建立了网上科技工作者之家"科界"。各省级试点单位在改革中，普遍支持所属科技工作者加入"科界"或大胆探索本省的科协信息化平台（表 1）。

河北省科协建立以大数据、智能化、移动互联网、云计算为支撑，集宣传教育、学术交流、资源集散和科学普及等功能于一体的网上"科技工作者之家"，实施"互联网＋河北省科协"行动。准确把握科技工作者熟悉并习惯使用互联网的特点，科协各级领导网上直接听取科技工作者意见建议和呼声，建立河北省科协微信、微博、移动客户端。到 2020 年，实现联系网、工作网、服务网于一体的河北省网上"科技工作者之家"覆盖全省。

　　浙江省科协依照总体规划、分步实施的原则建设浙江省"网上科协"。统一建设标准和规范，避免重复建设、信息资源分散等问题，在实施过程中，分类、分步实施，协调推进。重点建设省、市、县、乡四级的"网上科协"综合服务网，实现科协组织全面覆盖，设立"运营服务中心"和"大数据分析中心"。面向全省科协系统和全省科技工作者，建设学术交流平台、创新创业平台、人才成长平台、科学普及平台、决策咨询平台。

表 1　试点单位信息化建设

省级科协	省级科协信息化建设
河北省科协	科协各级领导实名上网 建立河北省科协微信、微博、移动客户端
浙江省科协	建设打通省、市、县、乡四级，连接村、社、校、企的"网上科协"综合服务网 建设"运营服务中心"和"大数据分析中心" 建立用户信息库、业务数据库、媒体资源库、交换数据库
安徽省科协	省、市、县级科协全部入驻"科界" 省级学会 50% 以上入驻 全省个人注册用户不少于 1 万人

　　安徽省科协在省级学会和科技工作者状况调查站点设立信息员，在市、县级科协设立协调员，将网上科协工作纳入 2018 年省政府对各市政府目标管理绩效考核中的全民科学素质考核实施细则，将入驻"科界"情况作为省级学会评价指标体系的重要指标。

　　2. 试点单位省级学会改革

　　学会是科协的重要组成部分，没有学会，科协就是一个空壳子。省级学会改革，是各省级科协改革试点的重点工作（表 2）。

表2 试点单位省级学会改革

省级科协	省级学会改革
河北省科协	1. 探索学会组织方式、运行机制创新 2. 推动学会"三化"改革 3. 试行职业学会秘书长聘任制度 4. 创新学会党建工作 5. 推动学会有序承接政府转移职能工作 6. 提高为创新驱动发展服务的能力
浙江省科协	1. 学会治理结构改革 2. 完善学会治理方式 3. 学会（会员）诚信建设 4. 实施学会服务创新项目 5. 优化学会创新发展环境
安徽省科协	1. 改革学会治理结构和方式 2. 省级学会党的组织全覆盖 3. 创新驱动助力工程升级版

河北省科协积极探索学会组织方式、运行机制创新，支持学会发展个人会员，鼓励单位会员中的科技工作者以个人身份加入学会，鼓励学科相近、联系密切的学会成立学会联合体，引导学会逐步实现政社分开，打造省级规范化学会50个。推动学会"三化"改革，建设现代科技社团。积极推进秘书长职业化改革，支持有条件的省级学会面向社会聘任专职秘书长，省科协将通过以奖代补的方式予以重点支持。建立党建工作台账，深入开展"党建强会行动"。推动学会有序承接政府转移职能工作，加强对学会承接政府转移职能工作的常态化指导扶持。进一步创新学术活动模式，搭建服务区域科技创新平台，促进科技成果信息的汇聚交流，进一步扩大科协组织基础和社会影响。

浙江省科协计划重点建设一批能够发挥示范引领作用的优秀学会，带动所属学会服务能力整体跃升。深刻认识加强学会党建工作的重要性，加大学会组织党建工作力度。加强与各市、县科协的联系沟通，在已建的13个省级学会服务站、35个创新驿站上下功夫。支持宁波、绍兴、嘉兴等国家级试点单位和10个省级试点单位加强与中国科协及全国学会的对接联系，促进助力工程取得实际成效。发挥科协组织优势，建立学会联系人制度，形成学会部牵头，国际民间科技交流中心、院士专家工作站服务中心等部门相互配合的工作机制，推进学会能力提升。

安徽省科协制定省级学会评价指标体系，改造提升"虚、弱、散"学会，整治"休眠"学会，培育一批示范学会。奖惩结合，把改革进展情况作为初审结论的重要参考。2018年10月底前，实现25%以上省级学会成立监事会，新换届的学会理事会规模合理；通过学会工作会议、学会党务骨干培训班等，提升省级学会党建工作水平，实施"党建强会"计划；实现省级学会党的组织和工作全覆盖。

四、省级科协改革试点评价研究

为建立绩效考核制度，中国科协改革工作办公室组织了对3家省级科协改革试点的评价。评价分为5位专家打分和21位省级科协代表投票两部分。

（一）专家打分

参与打分的5位专家，围绕目标任务明确、重点难点分析透彻、预期成果可行性强等方面，对3家省级科协进行打分。综合5位专家的打分并进行归一处理，得到河北省科协（79分）、浙江省科协（88分）、安徽省科协（86分）的得分（图1）。

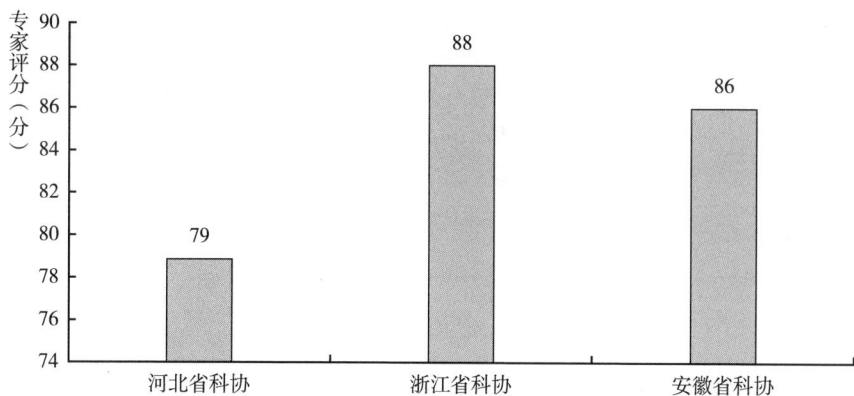

图 1 专家打分

（二）省级科协代表投票

参与投票的 21 位省级科协代表，每人最多可以投出 2 票。经统计，河北省科协、浙江省科协、安徽省科协的得票数分别为 10 票、18 票、10 票（图2）。

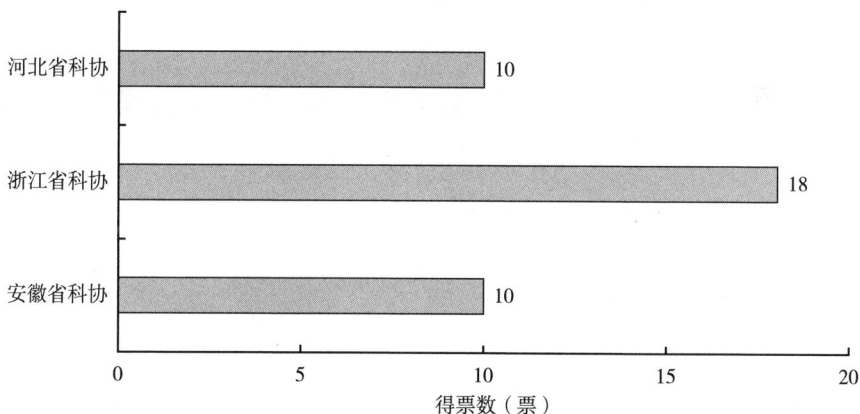

图 2 省级科协代表投票

（三）总体评价

把 5 位专家的打分和 21 位省级科协代表投票分别进行归一化处理，

按照等权重相加，得到 3 家省级科协的得分：安徽省科协（133.6 分）、浙江省科协（173.7 分）、河北省科协（126.6 分）（图 3）。经过评议，3 家省级科协试点全部通过考核，得到下一阶段的资助。

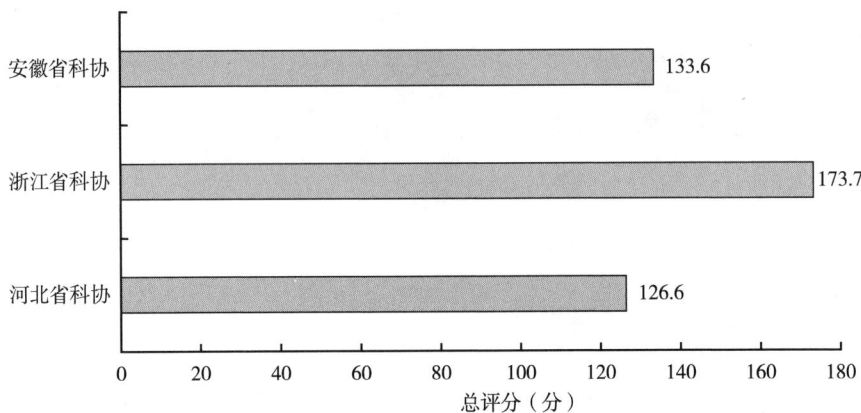

图 3　总体评价

五、结论和对策

本文对河北、浙江、安徽 3 家省级科协的改革试点方案进行了研究。在地方科协改革试点工作中，各省级试点自觉转变思想观念、目标标准、方法措施，推进了科协事业的改革。通过专家打分和省级科协代表投票，各省级科协改革试点对自己的改革方案有了更清晰的认识。

各省级科协改革试点应该在以下几方面特别注意：

1. 提高政治站位，按照中央和科协系统整体要求推进改革

各省级科协改革试点应按照十九大提出的改革要求，把握强"三性"总要求，按照中国科协"1-9-6-1"战略部署，加强顶层设计，注重系统协同，突出示范引领，强化各级科协主体责任，推动地方科协改革形成可推广可复制的经验。

2.加强考核，精准施策

省级试点对本地区地方科协改革试点工作，应该创新方式方法，加入绩效考核，择优选拔重点支持单位，避免"大水漫灌"，给所属科协组织带来压力和动力，使各单位全力以赴，倍加珍惜得到的支持。

3.因地制宜，充分考虑地区资源禀赋

地方科协在改革中普遍反映存在缺编制、缺人员、缺经费、缺场所，改革进展不平衡，缺乏行之有效的工作平台和载体等问题。各省级试点科协应主动识变应变求变，以承担改革试点任务为契机，因地制宜，充分考虑地区资源禀赋，重点突破，推动改革工作质量提升。

4.利用信息化手段助力科协改革，建立动态监测体系

要充分利用信息化手段，接长手臂，更广泛地联系、影响、引领科技工作者。利用信息化、智能化技术，建立动态监测体系和科学的指标，加强改革监测研究[10]。

参考文献

［1］中国科协调研宣传部.中国科协党组：集中整治形式主义、官僚主义［J］.科协论坛，2018（12）：61.

［2］徐群芳，吴婷婷.聚焦创新　全面深改　引领科协事业高质量发展［J］.科协论坛，2018（12）：55-57.

［3］麻魁.关于新时代内蒙古科协工作的思考［J］.科协论坛，2018（12）：49-52.

［4］李世锋.扎实做好调查站点工作　助力科协系统深化改革［J］.科协论坛，2018（12）：35-36.

［5］梁永铃.北碚区科协完成"科技信息推送应用项目"各项任务［J］.植物医生，2018，31（12）：5.

［6］郭玉梅，陈丽.坚守高站位　坚持高标准　保证科协改革高成效［J］.

科协论坛，2018（11）：54-56.

　　[7]何邦春. 赣州市赣县区科协举办"蜜蜂养殖技术"培训班[J]. 蜜蜂杂志，2018，38（12）：30.

　　[8]谢艳萍. 发挥示范引领作用 深化乡镇科协改革[J]. 科协论坛，2018（11）：56-57.

　　[9]张昊东，武虹，赵立新，等. 省级科协改革试点研究初探[J]. 学会，2019（4）：41-44.

　　[10]张昊东，陈锐，郑凯，等. 科协系统改革监测平台指标设计和软件平台建设[J]. 学会，2018（4）：31-36.

开展"讲信仰、讲信念、讲信心"宣讲活动加强科技工作者思想政治引领的实践与探讨

重庆市科学技术协会　林君明

为深入学习贯彻习近平总书记重要讲话精神，加大政治动员、政治引领、政治教育工作力度，引领科技工作者坚定不移听党话、矢志不移跟党走，2019 年 7—11 月，重庆市科协面向全市科技界广泛开展了"讲信仰、讲信念、讲信心"宣讲活动。

一、主要做法

按照中国科协的统一安排部署，重庆市科协加强组织领导，抓好统筹协调，坚持正确导向，广泛动员科技工作者参加宣讲报告活动，推动党的创新理论进学会、进高校、进园区、进企业、进基层，团结带领广大科技工作者听党话、跟党走，引导科技工作者把实现党和国家确立的发展目标变成自觉行动，累计受教育者达到 20 多万人。

一是策划主题，精心撰写宣讲提纲。联合市委宣传部、市委党校、重庆邮电大学马克思主义学院等单位组成秘书班子，深入讨论，精心撰写宣讲提纲。提纲以"坚定信仰信念信心是科技工作者的永恒追求"为题，开篇引用习近平总书记在庆祝改革开放 40 周年大会和在中共中央政治局第十五次集体学习时的重要讲话，指出对马克思主义的信仰、对中国特色社会主义的信念、对实现中华民族伟大复兴中国梦的信心，是共产党人的精

神遵循和力量源泉。主体部分系统阐释了中国共产党为什么"能"、马克思主义为什么"行"、中国特色社会主义为什么"好"。强调科技工作者坚定马克思主义信仰，最关键的是牢固树立马克思主义科技观；科技工作者坚定中国特色社会主义信念，最根本的是始终坚持中国特色自主创新道路；科技工作者坚定实现中华民族伟大复兴中国梦的信心，最直接的是自觉自信为建设世界科技强国而奋斗。号召全市科技工作者要知大局、强信心，守初心、担使命，亲科协、做主人，面向世界科技前沿、面向国家重大需求、面向国民经济主战场，争做创新发展的时代先锋，在前沿探索中争相领跑，在短板攻坚中争先突破，在转化创业中争当先锋，在普及服务中争作贡献。

二是选准时机，精心开展首场宣讲。宣讲提纲成型后，为扩大影响、增强实效、做好示范，市科协党组书记、常务副主席王合清带头宣讲，于7月1日下午，结合学习贯彻习近平总书记视察重庆时的重要讲话精神，结合"不忘初心、牢记使命"主题教育专题党课，结合纪念中国共产党成立98周年，面向市科协机关全体党员干部、区县科协主要负责同志、直属单位党员代表、市级科技社团党员代表，通过理论性与实践性的融合，以及具体的案例和感人的故事，引导全市科协系统和广大科技工作者深入学习贯彻习近平新时代中国特色社会主义思想，不断增强"四个意识"、坚定"四个自信"、做到"两个维护"，坚定信仰信念信心，坚定不移听党话、跟党走，建功新时代、争创新业绩，为把重庆建成国家（西部）科技创新中心、把我国建成世界科技强国作出新的更大的贡献。

三是面向基层，精心组织分类宣讲。市科协组建宣讲团，以部门以上领导干部为成员，分别到各自分管领域的相关单位以及所联系的区县科协，开展示范宣讲。同时，邀请部分市科协兼职副主席在本单位进行宣讲。区县科协参照市科协做法也分别组建宣讲团，负责所属乡镇、街道、学会、企事业科协、农技协等相关单位宣讲。宣讲人根据宣讲对象的不同，科学设置宣讲的重点内容和表达方式，合理安排宣讲时机，结合理论学习、主题教育、党课辅导、调查研究、学术交流等工作开展宣讲活动，把握了正确的政治方向、舆论导向、价值取向，确保了宣讲的覆盖面和针对性。

四是注重效果，精心收集意见反馈。在宣讲过程中，及时收集基层单位和科技工作者的意见反馈，考虑科技工作者各个年龄段、职称、职业群体具体状况，结合国内外形势发展新趋势和科技工作者队伍结构和思想状况新变化，增强宣讲的科学性和实效性。通过形式多样的学习宣讲活动，引领科技界自觉树立马克思主义科学观和方法论，使广大科技工作者加深了对新时代中国特色社会主义思想的理解与认同，切实感受到了进军世界科技强国的时代使命。

二、主要成效

一是强化了对科技工作者的思想政治引领。科技工作者是工人阶级的一部分，是先进生产力的开拓者和先进文化的传播者，必须要把坚定信仰信念信心作为永恒追求。通过宣讲活动，引领广大科技工作者带头做马克思主义科技观的忠诚守护者、历史传承者和坚定实践者，一心一意去坚守，一言一行去诠释，一点一滴去落实，秉持信仰、满怀信心，一棒接着一棒跑下去，不断开创科技创新事业新局面。

二是增强了科技工作者开展科技创新的信心。坚持走中国特色自主创新道路是我国不断提高科技发展水平、提升综合国力的正确选择。我们只有坚持走以我为主、自主创新的发展之路，把关键核心技术掌握在自己手中，才能真正掌握竞争和发展的主动权。在宣讲过程中，广大科技工作者深刻认识到，自主创新来不得半点虚的，只有保持和激发自主创新的骨气、勇气和底气，才能登上世界科学技术的高峰。中国特色自主创新道路具有鲜明的中国特色、中国气派，一定会越走越宽广。

三是促进了科协干部与科技工作者面对面交流。开展宣讲活动，为科协干部与科技工作者面对面交流创造了便利条件。科协干部深入基层科协组织，走近科技工作者，倾听呼声，征求意见，准确把握科技工作者的思想动态，有针对性地加强思想引领，构建了科协与科技工作者畅通稳定的双向联系渠道，解决了科协组织与科学技术工作者联系不亲、不紧的问题，增强了机关干部"四服务一加强"的能力。

四是培养了一支思想政治引领队伍。搞好宣讲活动，需要各级层层组织，灵活开展。各级科协党组成员、机关干部，各直属单位干部、职工，各级科协代表、委员、常委、副主席、主席，各学会、企事业科协的理事会成员在宣讲活动中，通过学习理解、备课授课，进一步坚定了理想信念，提升了理论水平，拓展了知识结构，掌握了方式方法，为今后科协组织加强思想政治引领培养造就了一支专业的队伍。

三、主要体会

一是充分认识思想政治工作的重要性，是搞好"三讲"宣讲活动的前提。思想政治工作在科技工作者中发挥着统一思想、提高认识，化解矛盾、理顺情绪，凝聚力量、振奋精神的重要作用。加强思想政治工作是体现科协组织政治性、先进性、群众性的基础和手段。市科协坚持把思想政治工作作为一项基础性、常规性、根本性和保障性的工作，把开展"讲信仰、讲信念、讲信心"宣讲活动作为重点工作，作为"不忘初心、牢记使命"主题教育的一项重要内容，加强组织领导，抓好统筹协调，明确任务，严格要求，从而确保宣讲活动顺利开展。

二是准确把握科技工作者的思想动态，是搞好"三讲"宣讲活动的基础。近年来，市科协团结引领广大科技工作者深入学习宣传贯彻中共十九大精神和习近平新时代中国特色社会主义思想，大力弘扬爱国奉献精神和科学家精神，强化了政治认同、思想认同、理论认同、价值认同。但在市场经济的快速发展中，科技工作者中也出现了思想上有疑虑、心态上失衡和价值观紊乱等问题。在宣讲活动中，我们认真听取科技工作者的意见建议，准确把握思想动态，坚持问题导向，有的放矢，切实把科技工作者的思想政治工作落了到实处。

三是不断创新方式方法，是搞好"三讲"宣讲活动的保证。宣讲新思想、加强思想政治引领，贵在用心，重在用情。我们积极适应科技工作者活跃的思维方式，改变传统的说教模式与古板的教育方法，将国内外科技发展形势和重庆的市情科情相结合，着眼于对实际问题的思考和科协工作的谋划，注重平等性，加强针对性，掌握策略性，努力做到潜移默化、润物无声，确保了宣讲活动的实际效果。

重庆市科协在重庆发挥"三个作用"中的地位作用及路径研究

北方工业大学　韩小南

摘要： 2019 年 4 月，习近平听取重庆市委和市政府工作汇报后，提出重庆要更加注重发挥"三个作用"，这一英明论断精辟阐述了新时代重庆发展的定位、目标、路径和保障问题，本文在这一背景下，对重庆市各级科协组织发挥自身优势、助力重庆"三个作用"高质量发挥进行了分析研究。科协组织应加强科技界意识形态凝聚力和引领力建设，激发科技工作者创新热情，引领广大科技工作者参与到"三个作用"发挥的伟大历史中来。本文从人才凝聚和培养、加强"开放型枢纽型平台型"科协组织建设、智库学术科普"三轮驱动"三个维度，结合重庆在三大发展战略实施过程中的现状、问题与战略重点，描绘了科协组织与党委政府中心工作的"最大公约数"，提出了重庆市科协在重庆发挥"三个作用"中的意见建议。

关键词： 三个作用；凝聚引领；三型组织；三轮驱动

2019 年 4 月 17 日上午，习近平听取重庆市委和市政府工作汇报后，提出重庆要更加注重从全局谋划一域、以一域服务全局，努力在推进新时代西部大开发中发挥支撑作用，在推进共建"一带一路"中发挥带动作用，在推进长江经济带绿色发展中发挥示范作用。这一英明论断精辟阐述了新时代重庆发展的定位、目标、路径和保障问题。重庆市科协要立足科协组织职责，谋划服务重庆创新发展新路径；立足重庆，为西部地区科协组织改革发展积累新经验，做改革先锋；结合工作实际，凝聚创新力量，推动重庆市"三个作用"发挥。

一、加强重庆科技界意识形态凝聚力和引领力建设，让总书记关爱和指引深入人心

意识形态工作事关党的前途命运，事关国家长治久安，事关民族凝聚力和向心力，科技界意识形态建设事关科技工作者创新奋斗的"精气神"，是各级科协组织义不容辞的责任。重庆市科协通过举办科技领军人才专题研修班、科技专家大家谈、"榜样面对面"以及各类时事专题宣讲活动，不断强化科技工作者的政治认同、思想认同、理论认同、价值认同，引领广大科技工作者做政治上的明白人，取得了良好成效。重庆市各级科协组织要继续发挥好党联系科技工作者的桥梁纽带作用，做好科技界意识形态建设工作。

一是讲好总书记关心重庆创新发展的故事。重庆市各级科协组织要引导科技工作者全面学习领会习近平新时代中国特色社会主义思想，尤其是学习领会总书记视察重庆讲话的重要意义和丰富内涵，深刻领会习近平总书记对重庆创新发展成效的充分肯定，让重庆广大科技工作者深入理解"两点"定位、"两地""两高"目标、发挥"三个作用"的要求和内涵，深刻领会科技创新在推进新一轮西部大开发、共建"一带一路"、长江经济带绿色发展中的重要作用。

二是充分发挥"榜样的力量"。重庆创新发展的历程中，涌现出了一大批砥砺奋斗的科技工作者，他们传承、塑造着中国科学家精神，撑起了重庆制造、重庆建设、重庆发展、重庆创新的脊梁。重庆市各级科协组织要积极向广大一线科技工作者生动讲述总书记对科技事业的关心、对科技

工作者的关爱，鼓舞广大科技工作者为重庆发挥"三个作用"贡献聪明才智；积极宣传在重庆创新创业的先进典型，讲述好包括共和国勋章获得者袁隆平等一大批在渝奋斗的科技工作者的先进事迹，在巴渝大地形成尊重先进、崇尚奋斗、鼓励创新的良好氛围；鼓励和支持民间科技交流，在推进"一带一路"建设的过程中向沿线国家展示重庆科技工作者的新形象，推动民心相通。

三是加强科技界理论学习。学习宣传贯彻习近平新时代中国特色社会主义思想，是科技界的重大政治任务。重庆市科协应发挥自身优势，利用好各级各类科协组织，把理论学习、理想信念教育融入学术交流、人才培养举荐等工作中，增强科技工作者的事业成就感、精神获得感、组织归属感、政治认同感。着力推动科技界民主协商，引导科技工作者参与改进科技评价体系、健全科技伦理治理体制、完善科技人才发现培养激励机制等与科技工作者利益切身相关的议题讨论，并将他们的心声及建议传达到各级党委政府，营造良好的创新生态。

二、以人才凝聚和培养服务重庆在推进新时代西部大开发中发挥支撑作用

2018 年诺贝尔经济学奖得主保罗·罗默（Paul M. Romer）的"内生增长理论"认为，知识、技术和创新是经济增长的动力，其基本政策含义是一个国家（地区）必须尽力扩大人力资本存量才能实现更快的经济增长，从理论上证明了培养并用好科技人才对创新发展的重要性。新一轮西部大开发对基础设施补短板和承接东部产业转移十分重视，要在新时代西部大开发中发挥支撑作用，就是要推动重庆高质量发展、推动重庆高端制造业发展、推动成渝城市群一体化发展，加快重庆基础设施建设，融入国家基础设施网络，促进城乡融合发展，带动脱贫攻坚，凝聚和培养一大批

高水平科技工作者服务西部大开发。

一是在西部地区科协改革发展中做开路先锋者。重庆市科协改革工作在全国科协系统中一直处于第一阵列，所有区县全部印发改革方案，在全国普遍精简机构和人员的改革大背景下，有关区县科协通过职能不断拓展，实现了人员编制的增加，通过购买社工服务等方式，进一步加强了工作力量。在重庆市科协的指导下，永川区科协、石柱县科协被中国科协确定为地方科协改革试点单位，接长手臂，扎根基层，为切实解决当前基层科协组织普遍存在的缺编制、缺经费、缺办公场所、缺工作人员等问题进行了成功探索。永川区科协把改革领导机构、增强整体功能作为着力点，把推进镇街科协"3+1"改革作为重要突破口，为西部基层科协改革积累了重要经验。石柱县科协通过落实市科协"五化"改革要求，不断提升学会服务能力，为石柱县医学会、辣椒行业协会、农技协联合会（简称"农技协"）、青少年科技辅导员协会、黄连行业协会等协调解决办公场所、配备工作人员，辣椒行业协会还成立了党支部，这些改革举措极大提升了学会的服务能力。重庆市科协要及时总结这些基层经验，加强凝练推广，让重庆经验有效促进西部地区科协组织改革，在西部地区科协改革发展中做好"开路先锋"。

二是在重庆构建现代产业体系中做创新催化剂。支撑作用，直观上的理解就是要具备并形成托承、支持、撬动的功能，承担此项功能，必须具有较强的经济规模和发展动能。构建现代产业体系，重庆重点要推动装备制造、重型机械、船舶工业等传统优势产业高质量发展，同时瞄准新一轮产业变革趋势，发挥两江新区等产业高地作用，发展电子核心基础部件、新材料、智能装备、物联网、生物医药、节能环保等战略性新兴产业。各级科协组织要发挥人才荟萃、智力密集、联系广泛的独特优势，用好用足中国科协创新驱动助力工程政策及服务支持，加强学术交流、关键共性技术供给、技术合作等。重庆市科协要在互联网、大数据、人工智能和实体经济深度融合等领域，结合产业发展实际，建立专业性学会组织或产学研联盟，助推重庆构建现代产业体系，助力重庆增强在西部地区的综合实力和支撑服务能力。

三是在连片特困山区脱贫攻坚中做致富引路人。科协组织尤其是农技协在扶贫攻坚中应充分发挥"引路人"作用，农技协很多"土专家""田秀才"积累的都是适合当地发展的"管用的"经验，重庆各级科协组织要依托这些智力资源，探索农业科技创新、技术服务和人才培养新模式，鼓励涉农科技专家团队直接驻扎生产一线，"零距离"指导农业产业发展，力争在乡村产业兴旺中发挥更大作用。随着"两不愁""三保障"逐步落实，科协组织要围绕困难群众"衣食住行用"丰富科普内容供给，助力在解决"两不愁"的基础上创造更高品质的生活，发挥基层科协"三长"作用，助力解决困难群众在教育、医疗等"三保障"方面的现实需求。与中国科协在"基层科普行动计划"、科普大篷车、流动科技馆、"智爱妈妈""智慧蓝领"行动等项目中加强合作，提升农村妇女、农村务工人员的科学素质。

三、以开放型、枢纽型、平台型"三型组织"建设服务重庆在推进共建"一带一路"中发挥带动作用

评价推进共建"一带一路"的进展和成效，主要看"五通"发展情况，即政策沟通、设施联通、贸易畅通、资金融通、民心相通。科协组织要力争在"一带一路"科协合作交流中发挥带动作用，就要加强与沿线国家和地区开展科技合作交流，推动民心相通，整合用好全球创新资源，促进"引进来"和"走出去"有机结合，推动设施联通和贸易畅通，助推重庆发展开放型经济和建设内陆开放高地。全面推动"开放型、枢纽型、平台型"科协组织建设，不断提升科协组织服务能力，在推进共建"一带一路"中发挥更大作用。

一是以开放型科协组织建设服务"一带一路"科技交流。重庆作为"一带一路"内陆重要节点城市，随着"国际陆海贸易新通道"的建设推进，重庆与"一带一路"沿线的互动交往更加便利。重庆市各级科协组织要利用好自身人才及学科优势，联合优势企业"走出去"，为企业海外发展提供专业服务，广泛开展国际性学术交流活动，把提高全民科学素质与提升全民开放意识紧密结合，办好"一带一路"青少年创客营与教师研讨等重要活动。加强科技文化交流是推动民心相通的重要举措，重庆市各级科协组织要进一步加强与海内外科技社团、知名科学家等在学术交流、项目合作、人才联合培养等方面的开放合作。

二是以枢纽型科协组织建设服务"一带一路"人才成长。重庆医科大学承办的"聚焦超声无创治疗肿瘤技术发展中国家培训班"为沿线国家培训专业技术人才。重庆工业职业技术学院与力帆汽车"抱团"，对力帆汽车俄罗斯销售网络员工提供培训服务，并在俄罗斯成立"鲁班工坊"作为海外技术支持中心。这些成功案例说明，"一带一路"建设过程中，人才培养和交流具有巨大空间，要持续办好智博会数字经济百人会，加强技术交流合作中心、海外人才离岸创新创业基地、海智工作站等项目建设，探索开放、透明、包容、高效的合作机制。在交通运输技术、机械加工制造等传统优势领域加强对外科技人才培训，打造一批产业发展合作急需、科技工作者欢迎的培训服务项目。

三是以平台型科协组织建设服务"一带一路"产业合作。要办好"一带一路"技术交易与服务论坛，推动建设技术服务和交易中心，促进海外科技成果转移转化。利用好中国科协"科界"和"绿平台"，开设"一带一路"产业合作专栏，把有关国际科技组织、全国学会、沿线国家有关科技组织、重庆市级学会、科协、高校及科研机构、专业科技服务机构、投融资机构、企业、科技工作者等资源通过信息技术汇聚到一起，线上线下同步推动，提升服务效能。

四、以智库、学术、科普"三轮驱动"服务重庆在推进长江经济带绿色发展中发挥示范作用

习近平总书记要求"共抓大保护、不搞大开发",要"探索出一条生态优先、绿色发展新路子"。重庆市科协要以智库、学术、科普"三轮驱动"来落实好总书记的要求,抓好智库建设,为绿色发展政策设计和监测评估做好支撑;加强环保领域学术交流与技术交易,为环境治理和环保产业发展提供优质服务;加强全方位环境保护科普工作,增强政府部门、企业、社会公众的环保意识,探索一条重庆市科协发挥示范作用的新路。

一是加强科协智库建设谋划重庆"绿色发展道路"。组织好科技工作者,为重庆市做好大环保、大生态建言献策,让科技工作者、科协组织在环境保护这个"技术活"中发挥好专家优势,做好环境保护评估工作,让党政部门环保督察等工作有理有据有实招,努力探索一条生态优先的绿色发展新路。重庆市科协可与中国科协联合成立"绿色发展"专题智库基地,将长江经济带有关省级科协联合起来,协同开展研究,强化数据积累,推动长江经济带环境污染协同防治。用好全国学会和重庆市学会两级组织,集中环境保护和污染防治学术有造诣、技术有专长、管理有经验、社会有影响的专家学者,放眼全国,立足重庆,优化当前环境监测、环保产业、污染治理等领域创新布局,支持学会开展决策咨询项目,让学会成为科协智库任务的重要承担者。

二是加强学术交流营造重庆"绿色创新氛围"。2019 年,重庆市科协年会即以"创新驱动、绿色发展"为主题,大批专家聚集涪陵,紧扣当地产业发展需求,为涪陵绿色发展出谋划策,取得良好效果。要及时总结经验,以重庆市环境科学学会等为基础,搭建环境科技"产学研用"的学术交流平台,推动与生态环境技术相关的学术交流、成果转化、项目落地,

提升企业绿色发展能力，推动环境科技创新与环保产业发展，加快重庆社会经济发展的绿色转型。助力构建更加完备的人才政策体系，打造更加优质的人才发展平台，共同营造良好人才生态，吸引更多环保类专业人才在重庆干得安心，住得舒心，过得开心。

三是以科学普及凝聚重庆"绿色发展共识"。用好科普文化重庆云平台，利用大屏触控终端等载体，针对不同城镇社区、乡（镇）村社环境保护突出问题，为市民提供有针对性的环境类科普文化信息。持续开展生态环境保护科普宣传工作，打造绿色发展领域品牌学术研讨活动，强化公众生态保护意识。加强面向企业的环境保护科学普及，切实提升企业环保意识，给出解决方案，让企业认识到生态环境保护的成败归根结底取决于技术选择和经济发展方式，推动高耗能、高排放、高污染的传统产业转型升级，开展技术改造，大力发展循环经济。

习近平总书记要求把重庆的发展放在全国发展大格局中，放在国家对西部大开发、"一带一路"、长江经济带等区域发展的总体部署中来谋划。重庆市科协要以此为契机，着力加强党的领导和党的建设，着力推动科协系统改革向基层延伸，把开放型、枢纽型、平台型组织优势有效转化为服务重庆市发挥"三个作用"的优势，凝聚创新力量，团结鼓舞广大科技工作者为重庆创新发展不懈努力，激发"科技创新力量"，助力重庆市"三个作用"发挥。

如何更好地团结引领科技工作者
助力区域创新驱动发展

重庆市沙坪坝区科学技术协会　向丽华

摘要： 中共十八大以来，创新驱动发展已成为国家主体战略。科协组织是党和政府联系 7000 多万名科技工作者的桥梁纽带，是国家创新体系的重要组成部分。团结带领广大科技工作者服务创新驱动发展和进军经济建设主战场、提升科技工作者的凝聚力向心力，是科协组织肩负的重大使命。本文围绕"十四五"时期科协事业发展，以重庆市沙坪坝区为例，剖析了当前科技人才的工作现状和存在的问题，论述了科协系统在服务科技人才和创新驱动方面的具体措施和经验成效，并就如何更好地团结引领科技工作者服务区域创新驱动发展提出若干对策建议。

关键词： 科技工作者；创新驱动发展；科协组织

一、沙坪坝区科技人才工作的基本现状

沙坪坝区是全国"科技工作先进区""科普示范区""科技进步先进区""国家级星火技术密集区""国家创新型试点城区"。辖区科技资源丰富，人才储备雄厚。全区人才资源总量 46.51 万人，8 万名科技工作者、65 个科研院所、19 所高校汇聚于此。人均受教育年限 11.98 年，R&D 投入占比 3.08%，万人发明专利拥有量 36.43 件，保持全市第一。区域内拥有"两院院士"17 人（柔性引进 5 人），国家、市级研发平台 303 个。

近年来，沙坪坝区委、区政府高度重视科技人才服务和创新发展，加快实施创新驱动发展战略，加快培育高科技产业：发展众创空间国家级3家、市级15家。连续建成全国科普示范区，公民具备科学素养比例达13.5%，研发投入占GDP比重突破3%，搭建孵化平台30个，引进、培育浪尖D+M等研发机构8家。建立"双引促双创"人才工作机制，引进领军人才、紧缺型人才236人，高新技术企业达到60家，授权专利1.2万件，9项科技成果获国家科技大会表彰。此外，沙坪坝区还先后出台了《"沙磁英才""沙磁菁英""沙磁工匠""沙磁名家"实施办法》《"大众创业、万众创新"扶持办法》《鼓励学校推进大众创业万众创新的十条措施》《发展众创空间行动计划》《高层次人才引进实施办法》等人才政策，为吸引广大科技人才、科技创新驱动产业落地提供了强力支撑。

二、科协组织服务科技工作者和创新驱动发展的有效实践与短板

（一）以英才大会为契机着力高层次人才和项目引进

沙坪坝区科协紧密围绕"四个服务"职责定位，积极对接部门、企业、平台，加大高层次人才和项目引进力度。

1. 部门联动增强工作合力

英才大会时间紧、任务重、规格高，根据全市统一部署和区委、区政府要求，区科协第一时间紧密联动区级相关部门，形成了由区委组织部统筹，区科协牵头，区人社局、区科技局、区卫健委等机关部门合力推进的工作格局。

2. 条块结合整合扩大资源

为推动更多项目和人才落地沙区，区科协先后与市产学研促进合作

会、海吉亚肿瘤医院科协、中智医谷研究院和区内产业部门对接，明确本区经济、产业发展现状和规划，切实做到有的放矢争取项目、助推区域招商引资，为海内外人才签约沙区夯实基础。

3. 一域发力及时深化成果

为将英才大会引进人才和项目成果进一步深化拓展，区科协会同区经信委、区科技局、区卫健委等部门，联合市产学研合作促进会举办了"2019 重庆医疗产业创新与发展暨沙磁创新论坛""2019 新型能源光电材料与器件学术会议暨沙磁创新论坛"，聚焦医疗、新型材料与能源研发，聚集全市科研院所、海内外人才，开展学术论坛与产学研对接。此次论坛广邀医疗领域高端人才、聚焦医疗产业热点难点，并将"重庆市产学研合作促进会医疗产业专委会"成功落地沙坪坝，成为沙坪坝区服务医疗产业发展又一平台。

重庆首届英才大会，沙坪坝区共上报高层次人才 34 名、项目 6 个，经组委会确认，29 名人才受邀，24 名人才实际参会（国内 18 名、国外 6 名）；现场签约引进海内外高层次人才 21 名、项目 6 个。

重庆英才计划首批入选人才 389 人、团队 95 个。据不完全统计，沙坪坝区域内入选创新创业领军人才、青年拔尖人才等 141 人，占比 36%；团队 12 个，占比 12.6%，充分彰显了沙坪坝区科教资源优势。

（二）以"科教兴区、人才强区"为统领服务创新驱动发展

1. 整合创新资源，助推人才项目引进

先后在重庆房地产职业学院、重庆大学能源动力学院、益模科技有限公司等建成市级院士专家工作站 8 家、区级院士专家工作站 5 家，引进院士专家 60 余名。与市科协、重庆科技学院共建"重庆市科技工作者众创之家"，先后孵化项目 70 余个，举办创业路演、创业辅导 167 场，重庆壹元电科技有限公司、重庆信必达科技有限公司、重庆灵秀巨匠科技有限公

司 3 家孵化企业成功落地光谷智创园。

2. 整合各方力量，壮大学（协）会服务创新驱动

组织成立首个区人工智能学会，建立企业（园区）科协 10 个。实施学（协）会"扶优促强计划"，安排专项资金扶持指导区人民医院科协、区商联会等 9 家示范、特色基层科协组织加强能力建设。加强协调联动，推动院士专家资源与企业、高校共建共享，更好地服务区域经济社会发展。

3. 凝聚智慧力量，服务党委政府科学决策

联合区科技局组织实施年度调研课题 9 项，组织全区科技工作者申报并获批市科协、市科技局 2019 年度智库调研课题 4 项，位居全市第一。组织科技工作者围绕创新创业、科创智核打造、高质量发展等主题深入调研，形成《沙坪坝区科技人才队伍现状与发展需求调研》《新一代信息技术产业现状研究及发展路径调研》等 6 份调研报告。

（三）以"创新争先"为关键强化科技工作者获得感

1. 加大推优选树，引导科技工作者创新争先

运用多种渠道，推荐杰出科技人才，提升科技工作者的获得感、荣誉感。推荐的嫦娥四号任务生物科普试验载荷研制团队等 3 个集体、重庆水泵厂有限责任公司总工程师王天周等 21 名同志获得首届重庆市创新争先奖先进个人（集体），1 名科技工作者获选"重庆市最美科普志愿者"。会同市科协利用"不忘初心、牢记使命"主题教育开展弘扬科学精神专题宣讲，与重庆大学、区新闻中心开展"全国最美奋斗者"鲜学福院士的宣传学习，与区委宣传部、区科技局等单位开展最美科技工作者、最美科普志愿者宣传评选，积极推荐科技工作者参与各类科技奖项评选，营造创新争先的浓厚氛围。

2. 重视部门协调联动，解决科技工作者问题困难

突出枢纽型平台建设，关心科技工作者身心健康，协调解决科技工作

者困难问题。区科协联合区文联、区文旅委开展逗乐坊"科技工作者演出慰问专场",会同区委组织部、区人社局、区民政、区司法局等部门落实科技工作者人才政策、职称评定、学（协）会注册、法律事务咨询等,联合街镇开展科技工作者慰问、走访活动。

3. 强化主动调研问计,优化科技工作者服务机制

以"不忘初心、牢记使命"主题教育为契机,立足职责开展调研,先后前往街镇科协、高校科协、企业科协、院士专家工作站等地开展实地调研 10 余次,通过集中座谈和一对一访谈等方式,及时寻找问题、发现问题,收集科技工作者的意见建议,建立与驻区高校科协、产业部门、学（协）会联席会制度,形成《如何更好团结引领科技工作者助力全区"创新驱动"》《创新工作方法,增强市民科普获得感》2 份调研报告。

（四）存在的问题和不足

中共十九大对科技工作做出了重要部署,习近平总书记在多次会议、多个场合,对科协组织定位、群团工作要求作出重要指示。在沙坪坝区上下谋划推动实施科学城建设、全力打造"引领重庆高质量发展的科创智核"的关键时期,科协组织面对新形势、新任务,在带领科技人才助推创新驱动发展方面,仍然存在着一些不足和挑战:

1. 科技人才资源共享化不高

沙坪坝作为科教文化大区,科技人才资源丰富,但科技人才资源优势转化成区域发展优势效果不明显。主要体现在:区域产学研深层次合作不够,在科技人才信息互通、人才资源共享、智力成果转化等方面还未建立起切实有效的沟通协调机制,科协系统智库专家作用发挥不足,在带领科技工作者切实服务党委政府科学决策方面有待进一步挖掘。

2. 人才引进渠道开放度不够

沙坪坝正处于抢抓全面融入共建"一带一路"机遇、加快建设开放平

台和引领重庆高质量发展的"科创智核"的关键期，急需一大批具备国际视野、通晓国际规则的高端、复合型人才。但目前区级部门协同合作机制不成熟，全球觅人才信息网络未能有效建立，在放开视野精准选才方面仍有差距。

3.科技成果转化不足

在"人才所需"和"政府所能"的衔接上还有缺口。高校、科研院所的科技人才在科技成果就地转移转化的过程中，还存在着思想观念滞后、政策支持不足、平台载体缺乏等问题，科协系统引领各类社会资源主动参与服务的方式还不够多，市场化、专业化的科技人才成果转化机制还未建立。

4.科技工作者归属感荣誉感有待提升

科协系统在强化科技工作者政治引领，团结退休、女性、青年科技工作者等不同领域、不同群体科技人才力量，关心关注科技工作者身心健康，丰富科技工作者文化生活，带领科技工作者听党话跟党走等方面未建立起常态化、长效化机制，科技工作者之家的作用发挥有待进一步增强。

三、团结引领科技人才服务创新驱动发展的对策建议

（一）立足各方所需，创新服务增强资源

1.分层建立联席会制度

立足不同部门服务职责和不同行业科技工作者需求，建立校、地、企联席会制度。定期召开高校、镇街、重点企业和园区的科协工作联席会议，梳理中小学、高校、镇街、企业"科普需求和科技需求动态清单"，建立常态化、长效化校地企合作机制。分层建立科普指、纲要办成员单位联席会议制度，产业部门创新协作联席会，服务科技工作者部门联席会，

高校科协、学协会联席会等。

2. 用好辖区资源做实"三长制"

深入推进提升基层科协组织"3+1"改革工作，用好用活科教文卫大区医院、学校、企业资源，围绕党建带群建要求，加大社区科协工作覆盖力度，实现 24 个街镇"三长制"全覆盖，提升各行业、各领域科技工作者对科协组织的归属感、认同感、获得感。同时，区科协依托新桥街道高滩岩社区、陈家桥街道桥东社区已有的特色社区科普馆等科普基础设施和良好的科普文化氛围，在 2 个社区开展社区科协工作试点。

（二）实施科技助企，服务辖区企业创新发展

1. 开展"企业专家工作室"试点服务

整合辖区高校、科研院所等科技资源，拟联合区经信委、区科技局成立"企业专家工作室"10 家，在全区开展专家助企试点服务。推动各领域专家、学者担任企业技术顾问，帮助企业解决技术生产、专利推送、管理融资等方面的问题。

2. 扩大院士专家工作站覆盖面

在原有 5 家区级院士专家工作站、8 家市级院士专家工作站的基础上，加大院士专家工作站、重庆海智基地的建设力度，拟新建院士专家工作站 2 ~ 3 家，重庆海智基地 1 家，搭建高校、企业互联互通的平台，有序服务区域产学研融合发展。

（三）加大研发指导，促进科研成果就地转化

1. 加大校地企合作，深化产学研对接

一是用好用活辖区高校的科技人才资源。全面梳理驻区高校特色优势学科、人才等创新项目，并形成人才项目基础台账；二是依托学科优势，充分对接产业及市场需求，以"沙磁创新论坛"为载体，有针对性地定期

组织专家、科技产业部门和企业、行业的产学研对接活动，积极举办有影响力的学术会议。

2. 筛选评估科技工作者科研成果和知识产权

加大对科技成果转化工作的支持力度。联合区科技局、区产业转化平台、重庆大学科学发展研究院，推动帮助梳理区域高校科技工作者科研成果、发明专利等，以市场需求为导向，加大科技成果转化的项目策划、市场评估，建立常态化的科技成果转化平台和对接机制。

3. 集中挖掘科研成果，推动转移转化

聚焦区域重点产业领域，依托科技工作者众创之家、中智医谷研究院等创新研发平台，联合区域高校、科研院所的专家资源，加大科技工作者服务和研发创新指导，挖掘选取一批技术创新水平高、产业需求大、市场成长性好、经济社会效益显著的科研成果就地转移转化，服务招商引资等区域中心工作。

（四）搭建平台载体，服务区域经济社会发展

1. 以学（协）会组建激发不同群体科技工作者发挥主体作用

进一步壮大科技工作者群体学（协）会组织。拟成立区老科学技术工作者协会、区女科技工作者协会、区科技青年联合会等科技工作者组织，团结引领老年科技工作者、女科技工作者和青年科技工作者发挥特征优势，贡献智慧力量，服务经济社会发展。

2. 以企业（平台、园区）科协建设接长科协组织手臂

扩大科协组织覆盖面，拟在驻区工业企业、科技企业、研发平台新增企业科协组织 8~10 家，搭建科技助企平台，为科协组织接长手臂，形成链条。进一步加强企业科协建设管理，通过创客沙龙、科技工作者座谈会等形式多样的活动，聆听科技工作者意见建议，丰富科技工作者业余生活，建设科技工作者之家。

3. 以专家智库建设激发科技工作者服务区域发展

重点围绕区域新一代信息技术、新能源汽车关键零部件及智能网联汽车、高端智能装备、生物医药、新材料等产业、生产性服务业等产业发展重点领域，会同区委组织部、区科技局、区经信委，依托高校、知名校友的资源，遴选专家学者完善专家智库，围绕区域经济发展、科技创新、人才引进、招商引智等工作开展决策咨询。

4. 以创新平台建设激发区域创新活力进一步释放

强化"重庆市科技工作者众创之家"管理，打造线上与线下、孵化与投资相结合的平台，为全市包括高校师生在内的科技工作者提供创新创业服务。充分结合用好驻区高校在智能制造、信息技术等方面的资源，依托区域 S1938 国际创客港、产业园区、双创街等创新平台，扎实服务区域创新驱动。

（五）主动融入"一带一路"和环高校创新创业生态圈建设，助力"重庆科创智核"和开放高地建设

1. 主动作为优化创新生态

聚焦环重庆大学、重庆师范大学、重庆科技学院、重庆房地产职业学院、重庆电子工程职业学院等高校创新生态圈的长远发展，科协系统立足科技人才主动作为：一是做好科技人才政策服务。对接联系科技工作者，联合区委组织部、区科技局做好英才计划、鸿雁计划、沙磁菁英计划的宣传和政策落实，率先试点"三权改革"和"三评改革"，推行"沙磁人才服务一卡通"，为科技创新人才提供全方位服务保障；二是开展创新活动强化人才交流。发挥科协系统智力密集优势，办好国际前沿科技创新大会、院士专家校园行、沙磁创新论坛等活动，营造良好的创新发展氛围。三是主动融入"一带一路"，依托重庆国际物流枢纽园区，办好 2020 年"一带一路"技术服务论坛，整合驻区高校和市级学（协）会资源，办好一年一度的国际前沿科技创新大会。

2. 依托各级科协推动重点项目

一是发挥科协系统创新平台作用。依托重庆国际物流枢纽园区、青凤高科产业园、国际创客港、科技工作者众创之家等创新平台，围绕智能、汽车、装备和技术服务四大产业，助力推动区域一手抓科研创新，另一手抓补链成群，内培外引培育创新主体。二是发挥高校科研院所作用。发挥科协系统校地企联席机制作用，以重庆大学、陆军军医大学、重庆师范大学、重庆电子工程职业学院、重庆房地产职业学院等高校科协为平台，定期协调解决科研成果转化、科技人才配套服务等问题，有序推进重庆大学国际联合研究院、重庆国际免疫转化研究院、重庆中智医谷研究院等重点项目建设，务实推动创新生态圈建设进程。

3. 依托区域科技人才引资引智

发挥科协系统科技人才优势，形成"人才＋项目（平台、企业、学会）"的人才引育引资模式。通过人才引领带动项目平台建设发展，引育具有核心竞争力、符合区域产业发展方向的研发团队和高层次人才集聚群体。壮大科技人才队伍，为产业发展提供坚实的人才支撑。通过人才引领推动招商引资企业和项目落地，引育人才所在研发团队或与之关联的团队、企业落地，形成上下游产业链逐步完善的产业集群，扎实推动区域经济高质量发展。

参考文献

［1］叶蜀君，徐超，李展. 科技投入推动创新驱动发展的对策研究［J］. 中州学刊，2019（6）.

［2］汤茵. 创新驱动改革引领努力建设世界一流高科技园区［J］. 今日科技，2018（2）.

［3］翟礼森，方虹. 青年科技人才是创新驱动与核心技术突破的关键［J］. 科技导报，2019，37（9）：66-71.

以科技创新为核心赋能创新协同组织建设提升科协组织力的建议

重庆陶家都市工业园科学技术协会　冉洪斌

摘要： 以科技创新为核心、高质量发展为牵引，整合全区中小企业公共服务体系，引领区域创新协同联合体、跨学科联合体、跨产业联合体、跨学会联合体等创新协同组织，为科技工作者赋能、为科技型中小企业经营和发展赋能，为科技成果高质量转化赋能，对于提升科协组织力，对今后几年九龙坡区实体经济稳步反弹、转型升级、高质量增长具有十分重要的前瞻性意义。

关键词： 新型科技型企业；科技创新；科协组织力

科协是为科技工作者服务、为创新驱动发展服务、为提高全民素质服务、为党和政策科学决策服务的组织，在经济社会高速发展过程中，科技工作者为经济的快速腾飞作出了不可磨灭的贡献。重庆市九龙坡区作为传统的工业大区和工业强区，在新工业时代供给侧结构改革深度调整的震荡期，受国际、国内环境影响，工业经济总体呈现出传统产业低谷中寻求转型提质进展缓慢、新兴产业招商引入未形成规模效益增长滞后的局面。两者犬牙交错，经济叠加效应受大环境制约，表现出探底未触底的转型底色。

在世界格局发生深刻变化的时期，习近平总书记强调，"科技是国之利器，国家赖之以强，企业赖之以赢，人民生活赖之以好。"新时期、新形势、新任务，要求我们要"加强科技供给，服务经济社会发展主战场"，引导科技工作者在科技创新和经济建设主战场更加奋发有为。

一、现状

从历史发展过程看，九龙坡区有较为丰富的产业积淀和较为浓厚的科技底蕴。近几年，九龙坡区产业领域的企业数量和总量较大，达 18 万户，但问题也非常突出，集中体现为：传统实体企业发展方式粗犷、科技研发投入不够、科研人才资源没有发挥集约效应、科技成果转化率不高、经济增长后劲乏力、产业链生命周期短等现象。产业结构有待优化和转型升级，一批从事信息、电子、生物工程、新材料、新能源等技术产业领域的产品和新技术的开发、应用的知识密集科技型企业还处于萌芽和发展的初期。从科技底蕴来看，九龙坡区高度重视各类中小企业公共服务体系、区域创新协同联合体、跨学科联合体、跨产业联合体、跨学会联合体等创新协同组织发展，据不完全统计，九龙坡区国家级科技研发主体达 189 家，重庆市级科技研发中心达 489 家，行业中的研发机构达 129 家，社会领域中产业联合体和跨学会联合体达 321 家。在科技资源中，九龙坡区科协在国家、市、区三级层面掌握的科技、创新、研发、技术、设备和人才等方面的资源是最多的。

单从数量上和质量上看，九龙坡区建设了一批技术平台，帮助企业建设技术中心、重点实验室、工程实验室、工程（技术）研究中心、博士后科研工作站，西南铝业和隆鑫通用动力 2 家国家级企业技术中心，赛力盟电机、建设车用空调等 47 个市级企业技术中心。建立了一批创新联盟、科技服务联盟、创新实践基地等协同创新平台，成功建立了电子信息、新材料等 9 个产业创新联盟。打造了"创业苗圃 + 孵化器 + 加速器"全孵化链条的众创空间，全区共有 20 个众创空间，其中，国家级众创空间 3

个，市级众创空间 11 个，如重庆清研理工创业谷、重庆创客部落、"高创汇"国际创新药物众创空间、蚁聚九龙电商众创工社、九龙星火联盟创客空间。产业链、创新链和科技链虽然齐备，但彼此之间的协同配合、人才的协同创新、科技资源的协同运用都不完善。集约和集群效应在全区经济发展过程中呈现出各自发展、各自为政的格局，对传统企业的产业转型升级和新型科技型企业的科技赋能创新都没有发挥出应有的作用，没有收到较好的效果。

二、存在的问题

科技是第一生产力，科技创新是全球趋势，也是国家战略。九龙坡区决策部门在研究制定长期经济政策时，应清醒地认识到科技创新尚未与经济转型升级、提质增效完全适应，在制定政策时，应尽快实现从传统产业政策到创新政策的转变，推动各种创新要素的升级和优化配置，用科技创新支撑引领经济社会持续健康发展。

一是从发展状况来看，赋能创新需要多主体协同。在产业优化过程中，信息、电子、生物工程、新材料、新能源等技术产业领域的持续健康发展，需要多学科、多机构、多团队的合作与协同创新，需要全球开放式、多主体、跨国化、跨学科、跨领域的合作创新，更需要企事业单位和大专院校等科技研发部门跨出大门破除藩篱，将创新链融入产业链中去，满足企业的经营和发展需求，真正发挥企业的创新主体作用，真正使企业的技术创新主体地位落到实处，培育创新型企业。

二是从产业趋势来看，赋能创新需要良好的科技资源配置。目前，大数据、物联网、云计算、人工智能、机器学习、区块链、量子通信和计算等科技会渗透到各领域，前沿高端的科技资源配置本就不足，创新协同主体中的大学和科研机构尚缺乏面向经济主战场和国家重大战略需求的机制；企业作为创新主体研发投入不足，创新链与产业链之间缺乏有效对接，科技创新短期政策性措施过多，知识产权意识不强，科技资源配置模式有待于在九龙坡区现有基础上进一步优化，进一步整合，进一步融通。

三是从产业领先来看，赋能创新需要营造良性创新生态。九龙坡区经济社会发展要想在下一轮机遇中位列前茅，就需要全球视野，面向科技前沿，站在科技制高点，战略性引导构建创新生态圈。目前，九龙坡区产业通过引进、消化和集成，逐渐形成自己在某一方面的优势与特色。但总体来看，多数产业尚不能从事产品核心技术的研发，真正拥有自主知识产权的企业还是少数，知识产权的开发、运用和转化亟待加强。

四是从人才资源来看，赋能创新需要良好的优化人才培养模式。据不完全统计，目前九龙坡区工程师及高级工程师总量达 3400 多名，位居全市首位。这批掌握先进科学技术具有敏锐的创新意识，懂技术，会管理，敬业精神强的科技管理专家人才队伍，不仅需要一个"尊重知识、尊重人才、尊重创造、尊重科学"的氛围和环境，更需要有相应的科研、创新、创业条件，人才高地的形成亟待多维度环境和创新能力培养。

五是从科技成果运用来看，赋能创新需要良好的政策牵引。在区域经济快速发展的背景下，作为主力军的中小微科技型企业要抓好前沿性重大关键技术的攻关，带动创新性的研究应用技术开发，在消化吸收的基础上进行二次开发，提高自主开发和创新能力。与此同时，企业更要按照市场经济的要求，既要舍得资金购买他人成果，更要在此基础上进行自我创新。企业把创新成果批量化，才能为企业创造经济效益，为九龙坡区的发展创造更大的效益。但从目前情况来看，在科技重大关键技术的攻关、二次开发、购买他人成果进行转化和创新成果批量化产业化方面，九龙坡区都无良好的政策牵引，企业的自发行为和政府的政策对接缺乏针对性，更无刺激和激励作用。

三、建议

在九龙坡区经济发展中，以科技创新为核心，协同科技企业创新发展的主力军和联动制造业高质量发展的中坚力量。赋能创新协同组织建设，提升科协组织力，对发展先进制造业、推动九龙坡区经济高质量发展，具有不可替代的作用。

（一）强化主体协同，营造良性创新生态

由九龙坡区科协、科技局牵头，多部门协同，全面清理全区和全市其他地区可用的各类科技创新资源和技术转移、成果转化服务机构。深度挖掘技术供需和配置关系，协同深入了解全域科技型企业的转型要素需求，利用大数据和"互联网+"手段，探索建立区域科技创新技术市场数据中心。利用加速创新要素开放流通，实现供需对接的精准配置。运用技术转移示范机构、创新驿站、区域技术转移和成果转化服务机构以及区域性、行业性技术转移服务平台，有效有序对接国内国际的科技资源，构建国家级技术交易网络平台。集聚和吸引产业技术创新资源，合理引导科技项目、市场需求和企业创新的高效对接。搭建将科技成果、科技转化、技术交易和技术信息整合为拳头功能的网络交易平台，通过线上连接的方式共建新兴产业技术产权交易平台，创新技术转移模式，促进科技成果转化。

（二）强化赋能创新，优化科技资源配置

由九龙坡区科协、科技局牵头，多部门协同，全面整合科技局、科协、科技、职教、智库专家、学会资源，凝聚全区技师、高级技师、工程师、高级工程师的智慧，全面科学构建科技中高层及青年科技人才支撑体系，建成科技创新人才智库。建立起一批面向科技型民营企业产业群的职

业实习亮点基地、职业培训示范基地、博士后流动站和工作站，帮助科技型民营企业大力引进和培养一批先进制造业、大数据智能化发展必需的科技人才、产业人才、经营管理人才和工程技术人才，培养造就大批中高级技工和熟练工人。依托行业协会统筹协调，邀请专家、教授开展培训，提高民企管理人员素质，提升管理水平。借鉴美国国家实验室的运行模式，探索建立高校、院所实验室和九龙坡区中小企业公共服务平台模式中的"公共服务平台"，整合全市、全国同学科的实验技术与设施，建设共享管理机制，提高高校、科研院所和一些拥有国家级研发平台企业的科研设备利用率。与此同时，加大扶持力度，在税收减免、财政投入等方面给予倾斜，使科技资源能在这些企业高效运用，并使其成为产业创新的"排头兵"。

（三）强化成果转化，优化科技政策牵引

由九龙坡区科协、科技局牵头，政府搭桥，联动官、产、学、研、金、用等资源，全域开展创新协同联合体、跨学科联合体、跨产业联合体、跨学会联合体的搭建，建立一些产学研联合实体和产业联盟，依托产业基础，以高端装备制造业、先进制造业和传统制造业的智能化改造的中间环节分离和两端延伸为突破口，纵向抓产业链龙头环节、关键环节、空白环节的"填平补齐"，实现科研成果的快速孵化。与此同时，根据产业需求，找准一批符合产业转型升级方向、投资规模与带动作用大的科技成果包进行系统转化，利用国家、重庆市对九龙坡区在完善政策制度、配置专项资金、集聚科技资源、创新公共服务、探索机制模式等方面的先行先试，举办九龙坡区科技进步大会，大胆推动科技人才、科技成果、科技研发以及全市数字化车间、智能化工厂、两化融合贯标、科技型企业入库、研发补贴、知识产权融资抵押、财税优惠等综合政策的集中兑现，最大化地发挥科技政策的牵引作用。

（四）强化科技金融，优化高质量发展后劲

把握好科技的金融属性，建立企业科技创新全生命周期的金融资本链条。由九龙坡区科协、科技局牵头，在协同科技企业、投资机构、银行、证券公司、各类金融服务机构等金融要素的基础上，实行专门客户准入标准、信贷审批、风险控制、业务协同和专项拨备等政策机制，建立覆盖科技型中小企业种子期、初创期、成长期、成熟期全生命周期的科技金融服务体系。统筹开展天使投资引导基金、创业投资引导基金、科技成果转化引导基金等科技金融风投、创投业务，创新财政支持方式。开展科技立项贷、科技周转贷、科技并购贷等创新业务，搭建覆盖企业成长科技全周期全链条的信贷服务。

提升创新文化引领能力

以主题展览形式弘扬科学家精神的实践与思考

——以"我和我的祖国——科学家精神资料选展"为例

中国科协创新战略研究院　高文静　杨延霞

摘要： 以爱国、创新、求实、奉献、协同、育人为内核的新时代科学家精神，是新形势新变革新挑战下，在"两弹一星""载人航天""西迁精神"等特定科技工作者群体精神基础上的高度凝练与升华，是科学家在长期的科学实践中积累的宝贵精神财富，也是我国社会发展不可或缺的重要精神要素。通过主题展览的形式，大力弘扬科学家精神，讲好科技工作者故事，在全社会营造尊重人才、尊崇创新的舆论氛围，让科技工作成为富有吸引力的工作，成为孩子们尊崇向往的职业，为建设世界科技强国、实现中华民族伟大复兴中国梦奠定深厚基础。

关键词： 主题展览；科学家精神；采集工程

中共十八大以来，以习近平同志为核心的党中央高度关怀我国科技事业和广大科学家群体。他强调"希望广大院士弘扬科学报国的光荣传统，追求真理、勇攀高峰的科学精神，勇于创新、严谨求实的学术风气，把个人理想自觉融入国家发展伟业，在科学前沿孜孜求索，在重大科技领域不断取得突破""传承老一代科学家爱国奉献、淡泊名利的优良品质，把科学论文写在祖国大地上""靠单打独斗很难有大的作为，必须紧紧依靠团队力量集智攻关""肩负起培养青年科技人才的责任，甘为人梯，言传身教，慧眼识才，不断发现、培养、举荐人才，为拔尖创新人才脱颖而出铺路搭桥"。这些重要论述,不仅为我们建设科技强国提供了科学指导和方法论,更昭示了处于新时代的科技工作者应以什么样的精神状态投身实现民族伟大复兴的历史洪流中。

2019 年 6 月,中共中央办公厅、国务院办公厅印发《关于进一步弘扬科学家精神加强作风和学风建设的意见》(以下简称《意见》),指出要"自觉践行、大力弘扬新时代科学家精神",明确了新时代科学家精神的内涵,胸怀祖国、服务人民的爱国精神,勇攀高峰、敢为人先的创新精神,追求真理、严谨治学的求实精神,淡泊名利、潜心研究的协同精神,集智攻关、团结协作的协同精神,甘为人梯、奖掖后学的育人精神。这为新时代广大科技工作者建功立业确立了精神标杆。

在庆祝中华人民共和国成立 70 周年之际,为了进一步贯彻落实中办、国办发文《意见》,进一步做好科学家精神的弘扬和传承工作,中国科协老科学家学术成长资料采集工程(以下简称"采集工程")以近十年来的珍贵照片、手稿、书信、证书为史料基础,于 2019 年 9 月 14—27 日在中国科技馆组织举办了"我和我的祖国——科学家精神资料选展"。整个展览分为"我爱你中国""无限风光在险峰""协同攻关 甘为人梯""接力精神火炬 奋进新的长征"4 个展区,讲述不同历史时期,科技工作者科技报国的动人篇章。本次展览的大部分图片、音视频资料以及实物展品出自采集工程的入藏。结合此次展览的功能定位、选题策划等工作实践,拟就如何以主题展览的形式弘扬科学家精神,谈几点思考。

一、以科学家精神为线,以弘扬科学家精神为旨

1. 展览的主题

展览对标《意见》中凝练的"爱国、创新、求实、奉献、协同、育人"的新时代科学家精神,围绕弘扬和传承科学家精神的主题,选取能够

印证我国科技工作者在中华人民共和国重大科技事件中爱国奉献、求实创新、协同育人的代表性展品，集中展示近年来老科学家学术成长资料采集工程所取得的成果，让更多社会公众特别是青少年走进科学家的内心世界，面向全社会进一步弘扬科学家精神，推动科技界加强作风和学风建设，激励和引导广大科技工作者追求真理、永攀高峰，树立科技界广泛认可、共同遵循的价值理念，加快培育促进科技事业健康发展的强大精神动力，在全社会营造尊重科学、尊重人才的良好氛围。

2.展览的主线与主体

展览以科学家精神贯穿始终，分别选取了最具时代特征的四个群体。一是以中华人民共和国成立初期归国科学家为主的群体，向大家诠释了中国科学家的爱国精神。老一辈科学家大多感受过侵略者的嚣张气焰和国家贫弱带来的痛苦，他们无比渴望国家的独立和富强，这成为他们热爱祖国、科学报国的核心推动因素。二是以"两弹一星"和"西迁"为主的群体，集中展示了我国在确定"两弹一星"研制等任务后，一大批科技工作者以国家急需事业为先，隐姓埋名、远离家人，无怨无悔、独立自主地为我国的国防科技发展奋斗不息，甚至献出宝贵生命的奉献精神。三是以国家最高奖获得者为主的群体，集中展示了几十年来我国广大科技工作者敢为天下先的自信和勇气，面向世界科技前沿，面向国民经济主战场，面向国家重大战略需求，抢占科技竞争和未来发展制高点的求实、创新精神。他们同时间赛跑，不畏挫折追逐梦想，在解决受制于人的重大瓶颈问题上，他们强调跨界融合思维，倡导团队精神，建立起协同攻关、跨界协作机制；他们重视学术传承、乐于发展和培育后辈英才；他们坚持全球视野，重视国际合作，秉持互利共赢理念，为推动科技进步、构建人类命运共同体贡献"中国智慧"的协同、育人精神。四是新时代以"时代楷模"和"最美科技工作者"为主的群体，集中展示了他们自觉践行新时代科学家精神，坚持科研诚信底线、遵循科研伦理道德，营造淡泊名利、风清气正的学术氛围，努力构建开放包容、团结协作的新时代格局，做大"同心圆"的风采。新时代，广大科技工作者是科学家精神的传承者和践行者，他们在弘扬和传承科学家的优良传统和宝贵精神、充实科技创新良好生态等方面，迈出了通向世界科技强国的坚实步伐。

3. 展览的受众

本次展览不仅是一次学术展览，为科技工作者和科技史领域研究者提供一系列翔实可靠的科技史料，更是一项科学传播活动，面向社会公众，尤其是青少年群体的一次科学理念和科学家精神的洗礼。在设计、展厅布置、展览信息传递方式、展览讲解、展览过程等方面尽可能实现人性化服务，使受众在个人兴趣、历史感受中参观展览。本次展览受到专业学者和广大观众的广泛认可，较好地扩大了采集工程的知名度和影响力。

二、"见人见事见精神"的叙事和展示方式

本次展览的叙事基本遵循时间脉络，从中华人民共和国成立初期百废待兴之际，海外科学家冲破层层阻力，义无反顾回到祖国；到20世纪五六十年代，科技界艰苦奋斗，协同合作，默默奉献，共同完成"两弹一星"的伟大创举；再到为填补各领域发展空白，广大科技工作者克服困难，艰苦奋斗，以祖国需要为先，胜利完成任务；再到新时代，我国优秀科技工作者敢为人先，不断追求新的高峰。在整个展览的叙事过程中，不仅要"见人见事"，更要"见精神"。用科学家精神提领全展，用科学家和科学家的故事来体现精神。

1. 展现方式

本次展览在内容的策划上较为注重两点：一是营造出蕴含背景知识的"语境"，二是让"史料会说话"，侧重于用史料讲故事。

采集工程收藏有大量珍贵的历史资料，如果简单地选取某些科学家的

资料放置于展板上，就会变成堆砌、说教和灌输。很明显，这样的展览无法引起普通观众的共鸣。例如在第一章节中，我们从归国科学家群体里选取并展示了一张梁思礼于 1949 年 9 月 23 日在旧金山登上回国邮轮的照片。观众可能对梁思礼并不熟悉，不知道他是一位什么样的科学家，为什么要展示他的照片。事实上，观众所欠缺的不仅是中华人民共和国科技发展史的专业知识，更重要的是语境的缺失。我们首先要做的是补充相关的背景知识，带领观众进入 70 年前麦卡锡主义盛行、中国留美学生奋勇抗争、辗转归国的语境之中。所以，我们在每件展品旁边都设置了二维码，大幅度地拓展了背景和故事内容。同时，在展品侧面的多媒体设备中播放梁思礼的视频，由他本人回忆在美国的学习生活情况以及参加北美中国基督教会学生联合会、学成归国参加祖国建设等经历。通过这种更直观的方式，我们力争更好地还原当时的场景，使展览更有历史的厚重感和代入感。

依托于展品，通过"讲故事"的方式来讲述科学家精神，让"史料会说话"，是我们重点展现的另一方面。对一件史料背后故事进行深度挖掘和提炼，才能体现出它的时代内涵和生命。而用有温度、有内涵和通俗易懂的语言去讲好背后的故事，则是展览能打动观众之处。如黄昆晚年追忆西南联大时期艰苦而充实的求学生活时，请人画过一幅画，画的左上角有一头猪，这头猪在黄昆及其师友的谈笑中小有名气。我们通过展示这幅画，讲述黄昆等老一辈科学家在感受过侵略者的嚣张气焰和国家贫弱带来的痛苦后，无比渴望国家的独立和富强，就是因为早年在抗日烽火中艰苦求学的经历，使得黄昆立志"与党同甘共苦""将知识用来参加祖国建设"。

2. 展品选取

在展品的选取上，我们主要遵循三条标准：一是展品可以充分反映科学家的某种精神或特质，二是展品须具有明显的时代特征和印记，三是展品应具备良好的展陈展示效果。此次展览共展出照片、证书、手稿等图片资料 110 余张，音视频资料约 20 段，实物资料 30 余件，文稿 1.5 万余字，其中大部分资料来自采集工程。此次展览中，首次展出的珍贵实物有刘东生1941—1942年的地质考察笔记，吴文俊在1977年首次手算、验证"吴方法"的部分手稿，周先庚1950—1983年的70余本生活工作日记等。

在展览中，泛黄的纸张和依旧清晰可见的落款与日期形成鲜明对比，一页手稿后就有一个故事，能使观者不自觉将思绪倒回几十年前，吴文俊呕心沥血演算，又将它在学术会议上发布引起轰动的场景跃入眼前。在展览现场，很多家长指着刘东生的野外考察笔记让孩子们看，希望孩子们也能认真严谨地完成各项作业。我们希望通过此展品反映出科学成就的取得并非易事，而源于辛苦钻研和日复一日的辛勤付出。

3. 展陈方式

展览的每一篇章分别设置若干组展品，每组展品形成较为独立的故事，立体、生动地展示科学家精神的内涵。在展览设计方面，形式突破以往图文展的形式，采用数字化互动展示、智能设施软硬件、多媒体内容开发、三维交互技术等新型展示方法及手段，针对重点展览内容开发艺术性、互动性、趣味性兼具的标志性展项。科学家精神沙画、原子弹爆炸VR体验、多层展示屏、科学家书信朗读亭等多媒体设备进一步提升了观众的互动体验感，强化了展览的宣传教育效果。

三、思考与启示

组织策划本次展览，历时半年多，凝聚了很多人的心血和智慧，这其中既有心酸和泪水，也有收获和经验。结合本次展览的实践，谈几点思考与启示。

1. 基于采集工程的珍贵史料，进一步做好科学家精神的弘扬和传承工作，是本次展览工作的重中之重

中国科协是中国科学技术工作者的群众组织，是中国共产党领导下

的人民团体，是党和政府联系科学技术工作者的桥梁和纽带，是国家推动科学技术事业发展的重要力量，是国家科教工作领导小组、中央精神文明建设指导委员会和中央人才工作协调小组成员单位，是弘扬科学家精神的高地。

采集工程近十年来所收集到的口述访谈、照片、手稿、书信、证书等印证了一代代老科学家学术成长的资料，承载了他们"科学救国""科学报国"的初心和使命，孕育了"科技强国"的科学精神基因。在新时代新长征路上，更好地传承科学家精神，是采集工作的一项重要使命。从科学精神中汲取强大的精神力量，勇担新时代传承使命，答好"时代答卷"。

2. 充分展示历史细节，细节更能动人心魄

历史已匆匆而过，但是历史的细节给予人们的思考却远未停止。展览中超声学家应崇福在 1955 年回国途中写给美国合作伙伴罗恩·丘尔教授的一封书信吸引了许多人驻足参观，信中提到他选择回国的原因：

按理说，很难找到理由让我离开你的实验室。在这不多的理由当中，有一个你大概知道，就是那个名为中国的国家是我的祖国。这个国家亟需服务。在中国工作，我能更有效地为更多的人服务。中国专家很少，用于吸引专家的财富也很少，而且有着许多棘手的难题。如果连我这样的人都不回去直面这些困难，那么还有什么人会去为这个所谓"上帝都禁止"的国家服务呢？……

"不论树的影子有多长，根永远扎在土里。"——这是心向祖国的科学家们最深情的告白。归国后，应崇福在组织推动中国对超声学的研究和技术应用等方面作出了巨大的贡献。在晚年，他对自己当年选择回国非常欣慰，在一次聚会上说："如果不回国，我可能成为一个有些知名的国外教授，但如果活到今天，我大概只在某一两个窄狭的专业有所成就，而不会像回国后这样驰骋声学的广阔天地，和这么多人并肩战斗、多年共事。因为在国内，个人的事业是和国家的事业融在一起的。"从"索我理想之中

华"到"兴我理想之中华",越来越多的科学家、科技工作者把"我的梦"融入"中国梦"。

3. 进一步开发采集工程这座资料宝库

一直以来,中国科协十分重视采集工程这座资料宝库,3000多名采集小组工作人员潜心挖掘、深入研究近500位老科学家的学术成长资料,取得了丰硕成果。一大批科技史研究人员,积极投身到采集资料的整理与研究中,不断丰富着中国科学家精神的图文读本和传记史料。采集工程各个岗位的管理工作人员不断创新工作方式,搭建了科学家精神研究宣传更广阔的平台。

让我们为了弘扬中国科学家精神这一共同事业,携手共进,再谱新章。

参考文献

[1] 牛瑾. 青年科学家传播科学精神大有可为 [N]. 经济日报, 2019-11-19 (13).

[2] 陈丽. 传承科学家精神引领建功新时代 [N]. 中国纪检监察报, 2019-11-05 (3).

[3] 眉间尺. 青年科学家要成为传播科学精神的生力军 [N]. 科技日报, 2019-11-01 (5).

[4] 谢在库. 弘扬科学家精神提高科技实力和竞争能力 [N]. 中国石化报, 2019-10-22 (3).

[5] 李钊. 科学与文化融合让科学家精神深入人心 [N]. 科技日报, 2019-10-17 (4).

[6] 陈乃仕, 陈丽萍. 传承科学家精神践行新时代使命——中国电科院举办名人档案主题展览 [J]. 中国档案, 2019 (10): 87.

[7] 邹淑英. 科学家严谨求是的精神激励我不懈进取 [N]. 中国科学报,

2019−10−15（3）.

［8］礼赞70年，奋进新时代［J］. 出版参考，2019（10）：89.

［9］尹晶晶. 弘扬新时代科学家爱国主义精神［N］. 中国社会科学报，2019−08−29（1）.

［10］李兴旺. 写好奋进之笔须弘扬科学家精神［N］. 中国科学报，2019−07−31（4）.

［11］吉组轩. 社会合力弘扬科学家精神［N］. 中国组织人事报，2019−07−03（3）.

［12］高杰. 弘扬新时代科学家精神正当其时［N］. 人民政协报，2019−06−27（3）.

融媒体时代弘扬科学家精神内容策划与传播
——基于儿童青少年的视角

重庆第二师范学院、重庆科普作家协会　林雪涛

摘要： 科学精神是科学技术普及的四大基本内容之一，科学家精神正是科学精神的集中体现。基于融媒体思想，面向儿童青少年策划和传播科学家精神内容，就是"因势而谋、应势而动、顺势而为，让正能量更强劲、主旋律更高昂"。融媒体时代弘扬科学家精神内容的策划与传播路径，包括策划短视频内容，快速融入视频传播平台；策划表情包内容，有机植入社交生活日常；策划虚拟智能内容，创新升级科普展馆陈列；策划科教专题内容，深度融入思想政治教育活动。

关键词： 科学家精神；内容策划；融媒体；儿童青少年；传播

一、科学精神与科学家精神

科学精神是科学技术普及的四大基本内容之一。《中华人民共和国科学技术普及法》在"总则"第二条中明确了科普的基本内容和范畴，即包括科技知识、科学方法、科学思想和科学精神，简称"四科"。所谓科学精神，是指"科学活动中主体必须和应当具有的行动观念和精神风貌"[1]，主要包括客观求实的精神、精益求精的精神、坚持不懈的精神、创新开拓的精神和时代精神等。科普实践往往特别重视对科技知识的传授，有时也考虑到科学方法和科学思想的传播，但却很少注重对科学精神进行弘扬。

这反映出部分科普工作者对科普基本内容的认识不够全面，对弘扬科学精神的重要性认识不够，或者是对科学精神传播缺少有效的方法。

提到科学精神，不少人会觉得有些空洞，但谈及科学家精神，人们就会觉得更有可感性和鲜明度。从纵向历时性上看，各个时期的社会发展总需要那个时代的科学家贡献力量；从横向共时性上看，世界各国的社会发展都离不开科学家的强力支撑。中共中央办公厅、国务院办公厅《关于进一步弘扬科学家精神加强作风和学风建设的意见》指出，新时代科学家精神的内涵，包括胸怀祖国、服务人民的爱国精神，勇攀高峰、敢为人先的创新精神，追求真理、严谨治学的求实精神，淡泊名利、潜心研究的奉献精神，集智攻关、团结协作的协同精神以及甘为人梯、奖掖后学的育人精神。可见，科学家精神正是科学精神的集中体现，并且，相比之下，"科学精神有永恒的主题，科学家精神在不同时代表现出不同的特征，更具体也更贴近社会"[2]。

二、弘扬科学家精神内容策划与传播的依据

随着互联网时代的到来，再加上人工智能技术促使媒介的变迁，我们今天已经进入融媒体时代。关于媒体融合发展，习近平总书记指出，要遵循新闻传播规律和新兴媒体发展规律，强化互联网思维，坚持传统媒体和新兴媒体优势互补、一体发展，坚持先进技术为支撑、内容建设为根本，推动传统媒体和新兴媒体在内容、渠道、平台、经营、管理等方面的深度融合。也就是说，无论媒介形态如何变化，内容永远是根本，融媒体传播同样必须坚持"内容为王"，以内容优势赢得传播效果。

儿童青少年是科普的重要群体和重点群体。作为"数字原住民"的一代人，当代儿童青少年更是接触媒体最频繁并且对新兴媒体接受度最高的群体。但媒介环境纷繁复杂，置身其中的儿童青少年容易受到各种信息

的影响。习近平总书记指出，青少年阶段是人生的"拔节孕穗期"，需要精心引导和栽培。因此，要培育积极健康、向上向善的网络文化，用社会主义核心价值观和人类优秀文明成果滋养人心、滋养社会，做到正能量充沛、主旋律高昂，为广大网民特别是青少年营造一个风清气正的网络空间。所以，基于融媒体思想，面向儿童青少年策划和传播科学家精神内容，就是"因势而谋、应势而动、顺势而为，让正能量更强劲、主旋律更高昂"[3]。

三、弘扬科学家精神路径——内容策划与传播

（一）策划短视频内容，快速融入视频传播平台

儿童青少年接触短视频的社会现象已经表现出诸多问题，并被各界所关注。短视频便捷的操作、新奇的内容吸引了不少青少年，青少年沉迷短视频的问题随之而来。[4]政府、学校、家庭及社会都为儿童青少年沉迷短视频现象担忧，并不断采取系列防范措施。面向儿童青少年策划和传播弘扬科学家精神的网络短视频，能够在当前儿童青少年的短视频媒介生活中注入人格化、榜样化的正能量。

基于短视频的"微传播""碎片化"等特性，弘扬科学家精神的网络短视频内容策划，非常忌讳连篇累牍、情节拖沓，必须找到引发受众心理情绪的"兴奋点"，做到主题鲜明，焦点集中，策划最精彩、最与众不同的片段式、焦点式内容，在最短的时间内吸引并保持儿童青少年的注意力。

第一种内容是影视情节素材片段内容。中华人民共和国成立以来，我国拍摄了大量反映或包含科学家精神的影视作品，其中不乏打动人心的情节。一些儿童青少年对这些"老片"或主旋律影片往往不甚了解，但短视频可以利用"短、平、快"的传播优势，以点带面地引导他们发现这些优秀影视作品，并通过作品影响他们的人格发展。例如，"UME影城"抖音

号发布的短视频，通过截取电影《横空出世》中我国第一颗原子弹成功爆炸的情节，展现了历史上激动人心的一刻。这类短视频可以引发儿童青少年对"两弹一星"科学家重大贡献的理性认知和情感提升。

第二种内容是历史记录影像片段内容。这类内容具有画面真实性和历史厚重感，能够展现科学家在历史生活中鲜为人知的一面。例如，"CCTV《国家记忆》"抖音号策划的《40年前，他们就用电视上课了》短视频，展示了我国广播电视大学在40年前用卫星播送高等数学课程教学的场面。视频中，数学家华罗庚为学员们讲授第一课，此外，还有国内多名顶级专家教授走上屏幕为学生授课。网友看后深受震动，留言表示"第一次见到课本中的数学家""人民热爱的、伟大的科学家""知识改变命运"等。

第三种内容是现实采访影像片段内容。这类内容往往具有事件新闻性和时代现实感，能够展现当代科学家在生活中真实生动的一面。例如，"人民网"抖音号策划的《他就是"90后梗王"袁隆平》短视频，通过选取央视电视栏目《面对面》中记者采访袁隆平的片段，呈现了袁老对修改博士生论文大倒苦水的情节，反复使用"麻烦得很，死脑细胞的"这个网络流行"梗"，表现了科学家平易近人和亲和待人的一面。这类短视频能有效改变儿童青少年过去对科学家"敬而远之"的态度，拉近科学家与他们的距离。

（二）策划表情包内容，有机植入社交生活日常

表情包是"在网络聊天过程中，以时下流行的明星、动漫、影视截图、夸张的图片为素材，并和文字相结合，或者是单纯的文字短语，形象、幽默地表达谈话的内容或者特定的情感的表情符号"[5]。这个概念中的"明星""动漫""影视截图"等形式，都可以巧妙美观地融入科学家的形象进行设计。

儿童青少年是最青睐表情包的群体。在日常聊天中，充分利用表情包来表情达意，成为儿童青少年网络社交人际沟通的重要特征。为满足大众

对表情包的需求，一些社交软件甚至增加了自动生成表情包的功能，即系统自动根据用户的聊天语言生成风格相关的表情包。由于表情包往往和网络新词、网络用语和网络事物等密切联系，所以，表情包对青少年的价值观形成必然具有正面和负面的影响。如果策划科学家主题的表情包，将其有机植入儿童青少年的社交生活，必然能够面向他们弘扬科学家精神，从而影响他们价值观的形成。

其实，科学家形象在表情包中出现早已有之，较为著名的是与爱因斯坦相关的表情包。例如，爱因斯坦吐舌头的表情，可以向人们传达一种无奈或俏皮的感觉。还有创作者将爱因斯坦的照片与爱因斯坦关于科学的论述结合起来形成表情包，这就很好地进行了科普传播。

尽管主流社交平台如"微信"中已经有了一些和科学相关的表情包，但和科学家有关的表情包却几乎没有。我们可以从一些相关主题的表情包中获得科学家精神表情包内容策划的启发。例如，"鲁美80周年校庆"表情包，就是鲁美传媒动画01工作室在鲁迅美术学院80周年校庆之际，基于鲁迅先生形象设计的一系列动画表情包，目的是"体现专属鲁美传媒动画学院的特点与当代网络的结合，表达当代鲁美人新的动画理念"。值得注意的是，通过策划表情包内容弘扬科学家精神，所追求的效果一定是拉近距离和正向引导，需要防止恶搞现象的出现。

（三）策划虚拟智能内容，创新升级科普展馆陈列

陈列展览是科普的基本形式之一，也是一种较为有效的形式。科普场馆除了陈列展览科普展教品，也会陈列展示和科学家相关的信息或物品，这是弘扬科学家精神的传统做法。在属于"00后"的儿童青少年眼中，这样的陈列方式似乎显得过时、呆板，缺乏吸引力。

科学家精神原本是科学精神的人格化表现，策划虚拟智能特色的科学家精神传播内容，恰好能体现人格化鲜活生动的特征。利用增强现实

（Augmented Reality，AR）技术和虚拟现实（Virtual Reality，VR）技术策划弘扬科学家精神的内容，可以依托科普场馆实地环境，通过多媒体、三维建模、轨迹跟踪、交互传感等多种技术手段，将电脑生成的文字、图像、模型、声音、视频等虚拟信息模拟仿真后，应用到科普场馆的真实环境当中。例如，结合科普场馆与科学家有关的场景，除了有限的实物展品，还可以通过增强现实技术和虚拟现实技术在现有场景中丰富人物形象、物品摆设及情节演绎。特别是在与科学家有关的场所，如故居、仿建场景等，利用智能技术可以比较完美地实现实中生虚、虚实结合、情景交融。通过这样的方式来演绎科学家的故事，对儿童青少年而言，比文字、图片和视频呈现更有吸引力。

无论是基于增强现实技术还是虚拟现实技术等智能化手段策划弘扬科学家精神的内容，都应该体现沉浸式（Immersion）内容开发的特点。弘扬科学家精神的沉浸式内容策划，就是要求设计的内容（包含信息内容和场景内容等）能让儿童青少年专注于特定科普目标情景，让他们置身其中能获得身临其境的真切感受，忘记情景以外的环境，并能感受到体验的愉悦。

（四）策划科教专题内容，深度融入思想政治教育活动

融媒体传播倡导新兴媒体和传统媒体的高度配合与深度融合，强调线上线下结合，注重相互依托，取长补短。弘扬科学家精神的内容如果能够跳出单纯的科普活动，进入中小学校及幼儿园的教育教学活动当中，则能开辟另外一片弘扬科学家精神的天地。例如，在学校使用的儿童青少年德育读物和学校组织儿童青少年参加的德育活动中，策划弘扬科学家精神的内容。一方面，弘扬科学家精神的内容获得了更为广阔的传播平台；另一方面，针对儿童青少年的思想政治教育实践又获得了专业、优质的资源。这也符合习近平总书记在全国思想政治理论课教师座谈会上提出的"挖掘其他课程和教学方式中蕴含的思想政治教育资源，实现全员全程全方位育

人"[6]的要求。

例如，由教育部关心下一代工作委员会主办、课堂内外杂志社承办的全国青少年"新时代好少年"主题教育读书活动，尽管该活动的属性是全国性青少年德育活动，但其科教专题内容的策划却很有特色。科学家精神通过活动读本和活动演讲、征文、朗诵等环节深深影响了广大儿童青少年。该活动 2019—2020 学年度的主题是"美好生活，劳动创造"，主题读本用杂交水稻育种专家袁隆平奉献一生的故事来反映"劳动创造历史文明"，用天文学家南仁东铸造"天眼"的故事来体现"苦干实干成就强国梦想"，用"智能工匠"刘云清自主研发设备的故事来表达"新时代的劳动颂歌"，用药学家屠呦呦对抗疟疾"从斗士到英雄"的故事表现"劳动托起中国梦"。这样，弘扬科学家精神的内容就与思想政治教育内容深度结合并融为一体。

参考文献

[1]田运. 思维辞典[M]. 杭州：浙江教育出版社，1996：446.

[2]韩天琪. 科学家是科学精神第一载体[N]. 中国科学报，2019-06-19（4）.

[3]习近平谈媒体融合发展：让正能量更强劲，主旋律更高昂[EB/OL]. 中央广播电视总台央广网：http://news.cnr.cn/dj/20190125/t20190125_524494273.shtml.

[4]孙山，王一帆. 九成受访家长觉得青少年沉迷短视频现象普遍[N]. 中国青年报，2019-06-13（8）.

[5]李纳米. 表情包：为你欢喜为你忧——青少年表情包使用现象研究[J]. 山东青年政治学院学报，2017（6）：54-61.

[6]习近平主持召开学校思想政治理论课教师座谈会强调：用新时代中国特色社会主义思想铸魂育人，贯彻党的教育方针落实立德树人根本任务[N]. 人民日报，2019-03-19（2）.

营造高技能人才成长良好氛围的路径探析

中国科协创新战略研究院　吕科伟

摘要： 高技能人才是支撑中国制造、建设世界科技强国的重要基础，对推动经济高质量发展具有重要作用。习近平总书记要求加快培养大批高素质劳动者和技术技能人才。良好的社会氛围是高技能人才成长成才的环境和基础，关系到技能人才队伍的长远发展。作为科技工作者的重要组成部分，中国科协历来重视高技能人才的成长和发展。"十四五"时期，作为党和政府联系科技工作者的桥梁和纽带，中国科协可在转变思想观念、构建制度体系、拓展发展空间、提升待遇薪资、弘扬工匠精神5个方面积极开展工作，营造高技能人才成长的良好氛围，为高技能人才服务，推进科协事业发展。

关键词： 高技能人才；氛围；路径

高技能人才是具有高超技艺和精湛技能，能够进行创造性劳动，并对社会作出贡献的人，主要包括技术技能劳动者中取得高级技工、技师和高级技师职业资格及相应职级的人员，是人才队伍的重要组成部分。中华人民共和国成立70年来，技能人才在国家建设、科技发展和产业升级等方面发挥了不可替代的重要作用。当前，高技能人才是支撑中国制造、建设世界科技强国的重要基础，对推动经济高质量发展具有重要作用。据人社部的统计显示，我国高技能人才仅4700多万人，占整个就业人员的6%。整体来看，高技能人才仍有较大缺口。随着人工智能等新技术的快速发展，以及我国制造业转型升级，补上技能人才缺口将变得更加刻不容缓。

2019 年 9 月 23 日，习近平总书记在第 45 届世界技能大赛参赛总结大会上作出重要指示，要求加快培养大批高素质劳动者和技术技能人才。我们要深入学习贯彻习近平总书记的重要指示精神，充分认识高技能人才的重要性，加强高专业技能人才队伍建设，不断夯实实现中华民族伟大复兴的人才基础。

作为科技工作者的重要组成部分，中国科协历来重视高技能人才的成长和发展。良好的社会氛围是高技能人才成长成才的环境和基础，关系到技能人才队伍的长远发展。"十四五"时期，中国科协须充分发挥科协系统的优势和特点，协同各部门在转变思想观念、构建制度体系、拓展发展空间、提升待遇薪资、弘扬工匠精神等五条路径出发，营造高技能人才成长的良好社会氛围，推进高技能人才队伍建设。

一、营造尊重技能人才、崇尚技能的社会氛围

思想观念层面，中国漫长的封建社会传统认为技能技术是"奇技淫巧"，技能人才不受重视，社会地位较低。当前，受社会上"官本位"思想及职业教育与学历教育差别化的制度待遇（如干部、工人身份差别）影响下，"重学历轻技能"的观念根深蒂固。不少家长和青年排斥"上技校""学技术"，这严重扼杀了青少年对于技能技术的个性爱好、兴趣特长和创造能力。亟须在全社会形成一个尊重技术创造、尊重技能人才，"崇尚一技之长、不唯学历凭能力"的良好氛围。

营造良好的社会氛围，一方面，需要引导全员尊重、关心技能人才的培养和成长。科协组织要科普和宣传高技能人才的重要贡献和重大作用，在全社会倡导"崇实尚业"之风，涵养尊敬技能人才的社会氛围，让尊重劳动、尊重技术、尊重创造成为社会共识。组织优秀高技能人才进学校、

进企业、进园区、进社区，使技能人才获得更多的职业荣誉感。由重庆市科协承办的重庆英才大会，都设有针对高技能人才的专场，体现了对该群体的重视和关心，社会反响良好。

另一方面，要加强舆论引导，提高技能人才的社会地位。科协作为党和政府联系科技工作者的桥梁和纽带，应把高技能人才纳入联系和服务的对象。要表彰奖励一批技能大师和大工匠，增强他们的自豪感、获得感，并获得社会认同。宣传优秀高技能人才的先进事迹，弘扬他们的崇高精神，让技能人才走出车间、走向社会、传播技能，让大众了解职业劳动的专业性和实际贡献、实际价值。

二、构建保障技能人才成长的制度体系

在部分地区，习惯上对有大学学历的就业叫"工作"，而一般技能人才的就业叫"打工"。显然，这样的落差并不是简单的有形薪资或可观的经济待遇可以抹平的，而是需要构建保障技能人才成长的制度体系，从政策与制度层面消除束缚与歧视，切实尊重技能人才，扭转认识偏差。

一是政府要提供多方位的政策保障。要健全技能人才培养、使用、评价、激励、流动等制度，形成有利于技能人才培育和成长成才的政策环境。科协组织要总结典型经验，建立高技能人才培训工作机制。如河南省科协结合当地经济社会的发展，契合社会需求，实施农村电商技能人才培训三年行动计划，普及电商知识和技能，培育一批既懂农业又懂互联网的新型农民，取得了较好效果。

二是通过立法保障技能人才成长发展。加快修订完善《职业教育法》，牢固确立职业教育在国家人才培养体系中的重要位置，依法确立现代职业教育体系基本架构，明确各级政府的职责，规范职业院校、行业、企业等主体的权利、责任和义务。要健全相关法律法规，用法律、制度等形式最

大限度地保护工匠的合法权益不受侵害。

三是推进技能人才相关制度改革。着力破除制约技能人才发展的体制机制障碍，完善技能人才培养、评价、使用、激励、保障等政策措施。对应产业结构升级和社会用人需求，推进培育和考核新型技能人才相关制度改革，以适应科技创新能力提升。要推动各部门围绕"中国制造2025""互联网+"等国家战略，坚持推动政策创新，培养适应科技创新能力提升的技术技能人才，并通过社会用人需求培育和考核新型职业人才，引导更多青年读技校、学技能、长本领，实现技能成才、技能就业。

作为党联系科技工作者的桥梁纽带，中国科协需通过全国企业科协网络体系，团结、联系企业中的高技能人才，建立高技能人才数据库，及时了解把握高技能人才的思想状况和变动情况，及时反映他们的意见和建议，推进技能人才相关制度改革，并为高技能人才的成长和发展提供信息、资源、继续教育方面的服务及其他延伸服务，协助他们沟通信息、获取资源，不断提升自身的职业素质。

三、拓宽技能人才职业发展的通道

职业发展可以实现自身价值，也是各类人才关注的首要问题。高技能人才个人发展存在渠道窄、社会地位不高等问题。需要发挥政府、用人单位、科协组织和社会等多元主体作用，形成有利于高技能人才成长和发挥作用的机制，促进优秀高技能人才脱颖而出。

一是完善技能人才评价激励机制，引导成长方向。科协组织要引导和鼓励用人单位完善培训、考核、使用与待遇相结合的激励机制，完善对高技能人才的激励办法，对作出突出贡献的高技能人才进行表彰和奖励。积极探索高技能人才多元评价机制，改革和完善职称评审制度，推动完善社会化职业技能鉴定、企业技能人才评价、院校职业资格认证和专项职业能力考核的实施办法，建立以职业能力为导向、以工作业绩为重点、注重职业道德和职业知识水平的高技能人才评价体系。积极克服"唯论文、唯职称、唯学历、唯奖项"的不良倾向，充分发挥人才评价的"指挥棒"作用，激励高技能人才干事创业。

二是拓宽高技能人才业务发展渠道。科协组织要组织开展群众性技术创新活动，搭建服务平台。组织全国范围内"讲理想、比贡献"活动，为高技能人才参与高新技术开发、同业技术交流、参加前沿技术理论和技能革新项目研修等创造条件。鼓励高技能人才更多参与各级科研项目，开展科技攻关活动。支持高技能人才参加创新成果评选、展示和创业创新等活动，切实保护高技能人才的知识产权和技术创新成果转化权益。

三是打通技能人才职业晋升通道。充分发挥科技社团在高技能人才培养中的重要作用，积极参与国家技能型人才培养培训工程，推动建立现代企业职工培训制度和高技能人才校企合作培养制度，加快高技能人才培养步伐。探索符合条件的高技能人才，特别是民营企业的技能人才，可参加工程系列专业技术人才职称评审；贡献重大、业绩突出的高技能人才，可参照专业技术人才评审职称享受"绿色通道"的做法进行申报。鼓励符合条件的工程系列专业技术人才直接参加高级以上职业资格鉴定和技能等级认定。如重庆市工程师协会是全国第一家为非公企业评职称的学（协）会，自 2009 年以来，精心为非公企业服务，证书得到了国内外认可，并受到了社会有关各界的广泛好评。

四、切实提高高技能人才的待遇

我国企业高技能人才短缺，其中一个重要原因就是此前一段时间收入分配制度不能发挥导向作用，遏制了员工钻研技术的积极性和技能人才的发展。好的待遇可以激励钻研技术，优化社会环境，提升技能人才待遇水平和社会地位，增加职业荣誉感，又能发挥杠杆效应，由此撬动各方重视和社会关注，营造崇尚技能的氛围，形成尊重技能的环境，促使更多人争学技术，争当工匠。

一方面，切实提高技能人才的经济待遇。用人单位可强化技能要素参与分配，比如探索采取协议薪酬、持股分红、年薪制、股权制、期权制等方式，让技能人才充分享受技能带来的重大利好；鼓励企业建立首席技师制度和高技能人才特殊津贴制度，提高技能人才的经济待遇。

另一方面，提高技能人才的政治待遇和社会待遇。国家层面制定的《关于提高技术工人待遇的意见》提出，提高技术工人的待遇不是片面零星的，而是全方位的，包括政治待遇、社会待遇等。提升技能人才政治地位需要引导技能人才积极参政议政，提高政治待遇，激发他们的浓厚报国之情。党政部门可积极推荐技能人才中的先进模范人物作为党代表、人大代表、政协委员等人选。将获得世界级、国家级奖项的高技能人才纳入党委联系专家范围。鼓励企业吸纳高技能领军人才参与经营管理决策，适当提高其在职工代表大会中的比例。科协组织需加强与高技能人才的沟通联系，注重在生产经营一线、重要技术创新领域、重点攻关项目、重大建设工程以及非公有制企业、中小企业中的高技能人才中推荐代表。社会待遇方面，相关部门可引入让技能人才在城市优先落户、子女优先上学等优惠措施。

五、弘扬工匠精神，激励广大青年走技能成才、技能报国之路

中共十九大明确提出："建设知识型、技能型、创新型劳动者大军，弘扬劳模精神和工匠精神，营造劳动光荣的社会风尚和精益求精的敬业风气。"新时代的"工匠精神"的基本内涵，主要包括爱岗敬业的职业精神、

精益求精的品质精神、协作共进的团队精神、追求卓越的创新精神这四个方面的内容。我们要在全社会弘扬精益求精的工匠精神，激励广大青年走技能成才、技能报国之路。

一是要通过宣传引导，让"大国工匠"成为青年技能人才成长道路上的目标榜样。弘扬工匠精神，是新时代的使命呼唤。科协组织在宣传引导的过程中，要针对青年人的特点，抓住青年人的心理，注重运用微信等新媒介，注重采取微电影、竞技类电视节目、网络谈话节目等青年人喜闻乐见的形式，让"工匠精神"成为青年群体中的热词，让"大国工匠"的青年技能人才成为受社会各界尊重、追捧的"偶像"。

二是要创新培养机制，构建"工匠精神"传承育人途径。要创新青年技能人才培育选拔机制，鼓励追求精益求精，让青年人挑起塑造青年技能人才"工匠精神"的大梁，推动青年人努力成为"工匠"。科协组织在培训和"讲、比"活动中以"工匠精神"塑造为核心，加强青年技能人才的培育。要推动企业把"工匠精神"作为考核评价青年技能人才工作是否有成效的重要指标，激励其主动作为。

三是要持之以恒抓塑造，让"工匠精神"融入青年技能人才的血液之中。青年技能人才的培养必须从入校抓起，使工匠精神贯穿于培养全过程。科协要把工匠请进校园和企业与青年面对面交流，分享求学求艺经历和技能经验，诠释敬业、精业、奉献的工匠精神，使广大青年真切感受和体悟工匠精神的真谛，从而自觉继承和弘扬工匠精神，进一步提升职业素养。

营造高技能人才成长的良好氛围是一项系统工程，不是一朝一夕就能形成的，而是一个"春风化雨，润物无声"的过程，需要党政部门、企业、学校、科协组织和社会协同，建立长效机制。"十四五"时期，中国科协可在转变思想观念、构建制度体系、拓展发展空间、提升待遇薪资、弘扬工匠精神等方面充分发挥中国科协所属团体和企业科协组织的网络优势和人才资源优势，积极开展工作，营造高技能人才成长的良好氛围，为高技能人才服务，推进科协事业发展。

参考文献

［1］王志舜，葛束，解欣. 观德国职业教育体系及对我国高技能人才培养的思考（上）［J］. 科协论坛，2007（3）：39-43.

［2］王志舜，葛束，解欣. 观德国职业德育体系及对我国高技能人才培养的思考（下）［J］. 科协论坛，2007（4）：45-46.

［3］刘兰明，王军红. 高端技术技能人才贯通培养的顶层设计与实现路径［J］. 中国高教研究，2017（9）：84-88.

［4］李珂. 制度化培养大国工匠的实践路径探析［J］. 中国职业技术教育，2018（6）：25-30.

［5］朱海波，历寒冰. 加强制造业技能人才队伍建设，推动经济高质量发展［J］. 北京市工会干部学院学报，2019（3）.

［6］曹宜华. 强化职业技能培训　加快技能人才队伍建设［J］. 中国培训，2016（21）.

［7］朱永新. 加快建设高技能人才培养体系［N］. 环球时报，2019-06-03（15）.

［8］何建明. 工匠精神就是当代中国的奋斗精神［N］. 学习时报，2019-09-06（4）.

［9］Rodriguez-Soler, Joan, Brunet Icart, etc. Between vocational education and training centres and companies：Study of their relations under the regional innovation system approach［J］.Studies in continuing education，2018（3）.

［10］Panagiotakopoulos A.The impact of employee learning on staff motivation in Greek small firms：The employees' perspective［J］.Development & learning in organizations，2013，27（2）：13-15.

浅析重庆地区科技馆体系建设的现状与发展对策

重庆科技馆　　王雪颖

摘要： 科技馆体系建设是创新体制机制和渠道建设、强化相关科普设施科普服务能力、推动我国公共科普服务体系建设和全面落实全民科学素质行动计划的重要任务。近日，重庆市政府办公厅印发《加快建设区县科技馆实施方案》，重庆市全面启动市现代科技馆体系建设。本文基于重庆市现代科技馆体系的现状分析，探索影响重庆科技馆体系建设的主要问题，并据此提出了进一步加强现代科技馆体系建设的对策建议。

关键词： 科技馆；体系建设；科学素质

一、背景

习近平总书记在全国科技创新大会、两院院士大会、中国科协第九次全国代表大会上指出，党中央颁布的《国家创新驱动发展战略刚要》明确我国科技事业发展的目标是，到 2020 年时使我国进入创新型国家行列，到 2030 年时使我国进入创新型国家前列，到中华人民共和国成立 100 年时使我国成为世界科技强国。进入创新型国家行列要求公民具备科学素质比例超过 10%。

科技馆作为科普教育的窗口，对于提高全民的科学素养，正发挥着愈来愈重要作用。然而，我国科技馆的区域分布不均衡，人均科技馆数量与其他国家相比太少且增幅小。与此同时，科普对象覆盖面较窄，目标对象单一，相对集中在城市居民，观众数量远远达不到预计的参观人数，且参观人数有日益下降的趋势。其原因在于，经济发展水平不平衡造成了科普教育发展的不均衡，科技馆建设缺少规划。

2012 年年底，中国科协提出建设中国特色现代科技馆体系，即着眼于提高科普服务能力，重点建设基于网络的数字科技馆，在有条件的大中城市建好用好高水平综合类科技馆和专业科技馆，在县域组织开展流动科技馆巡展，在乡镇及边远地区开展科普大篷车活动，配备农村中学科技馆，提供必要的条件和制度保障，逐步形成中国特色的现代科技馆体系。现代科技馆体系是我国公共文化服务体系的重要组成部分，是新时代创新科普机制、强化科普设施、培养科普人才、全面落实全民科学素质行动计划的重要任务。

近几年，中国特色科技馆体系建设得到大力推进，各级各类科技馆展教资源的研发和布展得到优化，展教活动质量水平得到提升。在这一背景下，重庆地区科技场馆等公共文化设施的建设发展迎来了前所未有的历史机遇，但也面临着诸多挑战和问题。

二、建设重庆地区科技馆体系的必要性分析

（一）建设重庆地区科技馆体系是经济社会发展的迫切需求

当代科技的高速发展已经成为社会发展和经济进步的巨大动力，科技的发展不仅改变了传统的生活方式和人们的思维方式，也深刻影响着社会的政治、经济与文化的发展。随着社会经济的发展，人民对于物质文化需求、科学文化产品和服务的需求不断增长。科技馆为公众搭建了一个了解科学、学习科学的平台，承担着重要责任和使命。在西部地区新建、改造科技场馆的热潮之下，如何科学合理地对科技馆进行布局和规划？如何更

好地发挥和完善科技馆的社会功能？如何结合本地市情提升科技馆的服务质量？这些问题亟待在科技馆体系中得以解决。

（二）建设重庆地区科技馆体系是提升公民科学素质的迫切需要

2018 年重庆市公民科学素质调查结果显示，重庆市公民具备科学素质比例达 8.01%。当前重庆市公民科学素质与重庆全面振兴的现实需要还有一定差距，还不能有效支撑创新型国家建设，不能满足创新发展的需要，提升重庆地区公民科学素质任重道远。科普工作是提升全民科学素养的关键措施，是政府的一项长期而艰巨的任务。科技馆作为面向最广大公众的科普教育窗口，对于提高全民科学素养，正发挥着愈来愈重要的作用。如何大幅拓展公共科普服务的覆盖面、从整体上拉动公共科普服务快速发展，需要构建体系化的"抓手"，即科技馆体系。

（三）建设重庆地区科技馆体系是完善公共文化服务体系的迫切需要

中共十九大报告中提出完善公共文化服务体系、深入实施文化惠民工程、丰富群众性文化活动的要求。科技馆体系是我国公共文化服务体系的重要组成部分。省级科技场馆体系建设是指立足当地情况，以科技馆为龙头和依托，通过增强和整合科普资源开发、集散、服务，统筹流动科技馆、校园科技馆、科普大篷车、数字科技馆等科普基础设施的建设与发展，通过提供资源和技术服务，辐射带动基层公共科普服务设施和社会机构科普工作的发展，使公共科普覆盖全省各地区、各阶层人群，让人民群众享有更多的文化发展成果。目前，重庆科普服务对象相对集中在主城区，城乡地区的公民科学素质差距较大，公共科普设施尚未形成公共科普服务对大多数公民的覆盖，有些农村偏远地区还存在着很多科普的空白区域。随着重庆市区县科技馆的兴建，建立重庆市现代科技馆体系，增强与整合科技馆的科普资源开发、集散和服务功能，成为未来重庆市科技馆行业发展的必然趋势。

三、重庆市科技馆体系建设现状

（一）实体科技馆

重庆作为中国最大的直辖市，面积达 8.2 万平方千米，下辖 38 个区县，人口 3000 余万。目前，除重庆科技馆外，重庆市 38 个区县中，已建成科技馆的有万盛经济技术开发区、江津区、荣昌区、大足区、巫溪县共 5 个。同时，还有部分区县科技馆在规划建设论证中。加快科技馆建设是提升全民科学素质、服务创新驱动发展的重要载体和平台，是满足人民日益增长的美好生活需要的有效抓手。重庆市政府高度重视科普事业的发展，并将科普基础设施和场馆建设纳入科普事业大发展的重要内容。根据重庆市政府办公厅印发的《加快建设区县科技馆实施方案》，重庆将创新投入方式，力争通过 5 年左右的时间，推动形成以重庆科技馆为龙头，远郊区县公益性、标准化实体科技馆为基础，科普大篷车、流动科技馆、学校科技馆、数字科技馆为延伸，辐射基层科普设施的现代科技馆体系。

（二）流动科技馆、科普大篷车

重庆科技馆科普大篷车自 2010 年运行以来，积极前往学校、社区等地，共开展活动 410 余次，行程 6 万余千米，直接受益约 108 万人次，全面覆盖了重庆市的 38 个区县，为社会公众搭建了参与科学实践、提升科学素养的平台。

中国流动科技馆重庆巡展项目自 2013 年启动以来，已经完成 43 个站点的巡展工作，累积接待观众 162 万人次，其中中小学生近 129 万人次，在各个区县产生了良好的活动效果和社会反响，社会效益显著。

（三）数字科技馆

重庆数字科技馆是由重庆市科协主办、重庆科技馆承办，依托重庆科技馆实体场馆核心科普资源优势，服务市内各个科普机构并辐射全市大众的科普信息资源中心和在线服务中心。项目于 2013 年 6 月启动建设；2014 年 12 月完成第一阶段的平台搭建，正式上线；2016 年 12 月完成第二阶段的提档升级，正式上线公测，已被中国科协认定为首批"科普中国"品牌网站。

重庆数字科技馆第一阶段围绕实体馆数字化平台、科普资源聚合平台、在线学习交流互动平台、线上线下活动联动平台"四个平台"建设；第二阶段重点针对 APP 进行了升级，对参观路线、展品数字化、在线科普活动等现有功能进行优化，新增了室内导航、720° 全景游览、增强现实等全新功能体验，使线上线下联动更加符合用户需求。目前，重庆数字科技馆注册用户已超过 36.76 万人。2018 年重庆科技馆积极整合自身资源参与数字科技馆矩阵和移动资源建设，在数字科技馆矩阵发布图文信息 128 条，原创科普视频 16 条。利用中国数字科技馆建设工具，自主策划"奇妙的昆虫"等 5 个原创 H5 科普专题，为创新网络科普资源进行了有益尝试。

（四）农村中学科技馆

目前重庆地区首家农村中学科技馆在梁平区礼让镇初级中学建成投用，该科技展览馆的建成投用，为广大农村青少年打造了一个寓教于乐、寓教于行的崭新平台。

四、重庆市科技馆体系建设面临的问题

重庆市科技馆体系建设处于起步阶段，区县科技馆的建设近几年才兴起，科普基础设施相对薄弱，远不能满足公众对科普资源的需求，在科技馆体系持续建设的进程中，面临着一系列问题。

（一）科普资源开发与创新能力不足

科技馆科普展教资源包括展览展品、教育活动、科普影视资源等各种资源。重庆地区科技馆目前数量较少，在场馆内容建设上，缺乏科普资源开发与创新能力。区县科技馆建设尚处于起步阶段，展览展品多数是外部引进，缺乏自主创新和开发设计。教育活动种类、馆本课程的研发数量较少，水平和质量不高，绝大多数采用知识灌输式的教学方式，科普教育手段主要依靠展览。整体科普创作能力薄弱，创作理念落后，科普作品整体质量不高，导致缺乏优质的科普资源输出。

（二）科普基础设施相对缺乏

科技馆是实施创新驱动发展战略和提高公众科学文化素质的基础设施，是地区科普服务的中心和科普工作的主要阵地。由于区县科技馆缺乏专门的研发人员，科技馆自己制作的展品数量有限。由于受经费条件的制约，每年展评更新率远远低于10%，甚至低于5%，且大部分区县馆舍规模小，结构布局不合理，举办规模大、内容丰富的展览则难以容纳，不适应广大公众参加活动；不具备现代科普条件，严重缺乏集科学性、趣味性、艺术性、可操作性于一体的声光电常设展品，缺乏吸引力，观众回头率较低，培训设施简陋，培训面较窄。正因为基础设施的缺乏，导致科普手段单一，科普形式难以创新，不能满足重庆地区社会公众的科普需求。

（三）科普经费不足

科技馆是社会公益性事业单位，定位在财政拨款、社会支持、科协主管，科普经费是保障科技馆事业发展的关键。区县科技馆经费主要通过 3 种渠道获得，即：政府拨款、企业和个人捐赠、门票收费。虽然获得经费渠道较多，但最主要还是依靠政府拨款，其他两种经费来源占比很小，而一些区县科技馆所在县区财力有限，科普经费严重不足，致使这些场馆的科普功能得不到发挥，严重制约和阻碍了科技馆事业的发展。

（四）人员结构不合理

科技馆的工作人员，年龄一般在 30 岁以下居多，大多没有职称或者只有初级职称，岗位集中在专技十二级，没有形成合理的橄榄型人才结构，而是典型的三角形结构，初级人才多，中高级人才少，制约了科技馆的发展。科技馆行业没有专属的职称评审序列，文博系列评审难度高，极大地影响了科技馆从业人员的参评积极性和队伍稳定性。

五、建议及对策

（一）整合资源，创新运行模式

科技馆应根据时代要求，不断创新科技馆运行模式，促进协调科学发展。通过馆馆联合，加强省级科技馆与重庆市区县科技馆的沟通合作、资源共享和优势互补，发挥省级科技馆的"龙头"作用，构建科普资源创新和共享平台，形成科技馆协同发展大格局；通过馆校联合，让科技馆承担起学校部分科学课的任务，使科技馆成为学校的第二课堂；通过馆企联合，把科技馆的科学教育与高新科技企业的先进技术和产品相结合，增强科普活动的生动性和时效性。对于因建筑规模的限制而不能充分发挥科普功能的场馆，应积极争取政府、企业等社会力量的支持，进行必要的扩建改造。依托外援，借势发力，在加强传统科普资源研发、丰富展教内容的基础上，创新科普教育形式，丰富科普内容供给，加大科普工作力度，不断提升科普服务质量。

（二）融合地域特色，提升科普服务能力

针对区县级科技馆的主要服务对象是本地居民，科技馆的建设应根据本地辖区的社会、科技、经济、文化及人员结构特点，建设多功能的特色科技馆。倡导和鼓励科技场馆在建设中结合本地资源，挖掘地域特色，融入当地地理、人文、历史等元素，不断拓展和完善现有设施的科普功能，提升科普服务能力。

（三）加大经费投入，提供资金保障

大力发展科普事业是全面贯彻落实重庆市委市政府科教兴渝、人才强市战略部署的一项重要工作。《中华人民共和国科学技术普及法》指出："各级人民政府应当将科普经费列入统计财政预算，逐步提高科普投入水平，保障科普事业顺利开展。"区县级政府应认真贯彻落实《中华人民共和国科学技术普及法》，按照有关规定落实科普经费。除此之外，还应制定相关政策，鼓励企事业单位、社会团体、个人等社会力量在经费上支持科技馆的建设与发展。

（四）适应时代需要，推动科普人才建设

人才队伍建设是科技场馆建设发展的重要保障条件，是提升科普服务质量的关键因素。针对重庆地区区县科技馆人才结构单一的问题，加强人才队伍建设已成为科技馆的当务之急。一是要转变观念，明确定位。各

个科技馆及主管部门应转变传统观念，加强科普人才队伍建设，探索建立科技馆行业内部职称发展序列，明确科技馆科普工作者的职业定位、专业素质和技能要求，为专业人才的职业规划指明方向。二是建立完善科技馆人才培养体系。一方面，组织人员积极参与省市间开展的科普交流培训项目；另一方面，邀请专家在全馆开展科普人员业务素质培训。不仅要提高员工培训的频率，更要注重培训的质量，为科技馆员工规划制订成长计划，拓宽上升渠道空间，不断完善培训体系。三是加强专家团队建设，鼓励一线从事科研工作的专家学者结合自身科研成果和专业知识，积极投身科普创作，把专业知识转化成为面向公众的通俗知识。

基于中国特色科技馆体系的区域科技馆建设探究

重庆科技馆　张　婕

摘要： 经过近几十年的快速发展，我国科技类博物馆建设成绩斐然，在促进我国公民科学素质提高、促进国家经济社会发展方面起到了积极作用。与此同时，发展不平衡、场馆利用率不高、管理机制相对滞后等问题也凸显出来。建设完善的科技馆标准体系及协同机制，着力中国特色现代科技馆体系等科普阵地条件建设，不仅能有效改善科普支撑保障条件，在推进公民科学素质建设方面也将会有一定成效。本文以重庆市区县科技馆大兴建设为契机，全面剖析重庆地区科技馆体系建设的机遇和挑战，然后基于中国特色科技馆体系建设理论提出区域特色科技馆建设与发展的有效途径。

关键词： 科技馆体系；区域科技馆；建设与发展

习近平总书记深刻提出，没有全民科学素质的普遍提高，就难以建立起宏大的高素质创新大军，难以实现科技成果的快速转化。中共十八大提出完善公共文化服务体系、提高服务效能、促进基本公共服务均等化的要求。科普作为一种基本公共文化服务，对提高全民科学素质、实现创新驱动发展、加快建设创新型国家具有重要影响。2018 年，重庆市公民科学素质调研结果显示，公民具备科学素质的比例从 2015 年的 4.74% 提升到 8.01%，增速全国第一，增幅全国第三，但与发达地区的差距仍然较大[1]。重庆公民获取科普知识的重要渠道来自科技类场馆，仅次于互联网。科技馆作为科学普及的重要场所，肩负着普及科学知识、弘扬科学精神、传播科学思想、倡导科学方法的重要使命，也是实施"科教兴国"战略，助推创新型国家和世界科技强国建设的重要基础设施。结合我国幅员辽阔、区域发展不平衡的实际情况，加快构建区域特色的现代科技馆体系，是提升全民科学素质、服务创新驱动发展、满足人民日益增长美好生活需要的重要举措。

一、重庆市科技馆体系建设的机遇

（一）全国科技馆行业体系建设取得显著成效

科技馆体系，是根据我国经济社会发展和公民科学素质建设的需求，立足我国国情，以"广覆盖、重实效"为目标，通过增强和整合科技馆的科普资源开发、集散、服务能力，覆盖全国各地区、各阶层人群，拥有世界一流辐射能力和覆盖能力，具有中国特色的公共科普文化服务体系[2]。科技馆体系包括基础设施、资源供给、辐射服务、制度保障4个分系统。其中，基础设施分系统指科技馆、网络科技馆、流动科普设施、基层科普设施等；资源供给分系统指各类科普展教产品和资源的集成、开发、生产、运行系统；辐射服务分系统指相关科普展教资源、信息的集成、开发、输送平台及渠道；制度保障分系统指科技馆体系的运行管理、考核评级、经费与人员等方面的机制与政策、法规、标准等制度性安排[3]。

近年来，中国特色科技馆体系取得显著成效。实体科技馆、科普大篷车、数字科技馆的建设不断提速，科普资源开发与共享服务的能力逐渐增强，覆盖面逐步扩大。2000—2017年，全国科技馆从11座增长到192座，成为21世纪全世界科技馆数量增长最快的国家。2017年全国科技馆参观人数达到了 5700 万人次，比 10 年前增长了 1.7 倍，其中 2017 年中国科技馆和上海科技馆的参观人数就超过 300 万人次，另有 9 座科技馆参观人数超过 1000 万人次[4]。科技馆的建设与发展，极大地改善了我国中西部地区和中小型科技馆的经费困难状况，促进了欠发达地区公共科普服务的均等化。

（二）"科教兴市行动计划"在重庆市全面铺开

重庆市人大五届一次会议精神明确提出，"全市要全力实施'三大攻坚战''八项行动计划'，以实际行动抓好落实，实现新作为"。唐良智市长在参加重庆市政协五届二次会议时专门强调，实施创新驱动发展战略，提高公民科学素质至关重要，要从娃娃抓起、从老百姓身边做起，一定要做好科技普及教育，建设更多公益性的科技馆。重庆市科协在传达学习市"两会"和中国科协"两会"精神时，也明确提出，"要紧扣全市工作大局，为打好'三大攻坚战'和实施'八项行动计划'提供科技人才服务、学术引领服务、科学普及服务、科学决策服务、创新文化服务""根据中央决策部署，按照市委五届三次全会要求，实施好'八项行动计划'……实施科教兴市和人才强市行动计划"。这些都表明，"科教兴市行动计划"已作为全市行动纲要，在全市全面铺开。随着重庆市区县科技馆的兴建，建立重庆市现代科技馆体系，增强与整合科技馆的科普资源开发、集散和服务功能，成为未来重庆市科技馆行业发展的必然趋势。

（三）重庆市区县科技馆建设逐渐兴起

重庆市辖 26 个市辖区、8 个县、4 个自治县（合计 38 个县级行政区划单位）。截至 2018 年，重庆市已建成的区县科技馆共 5 所，拟建科技馆（含建设中）的区县 4 所。在实施科技助力精准扶贫和乡村振兴工程中，重庆市科协筹集专项资金，与区县共同建成了 25 个乡村科普馆、38

个农村学校科技馆，在 18 个深度贫困乡镇建成了共享科技馆[5]。但受经济、政策、社会、历史等因素影响，重庆市区县科技馆在建设、运营和管理等方面存在建设经验不够、管理保障机制尚不健全等问题。随着科技的进步，社会经济建设的发展以及对科学教育的不断重视，各地尤其是西部地区新建、改造科技馆的热潮还将持续。因此，经验较为丰富的省级科技馆有必要、也有义务起好模范带头作用，摸底重庆市区县科技馆建设中存在的问题、困难、需求和相关经验，对区县科技馆的建设、经营、管理等提供必要的指导和帮助。

二、重庆地区科技馆发展中面临的挑战

受地方经济发展等多种因素制约，重庆地区科技馆等科普基础设施还相对薄弱，远不能满足公众对科普资源的需求，重庆市科技馆体系的建设进程任重而道远。

（一）中国科技馆体系建设仍在探究阶段，尚无成熟经验可循

科技馆体系由中国科协于 2012 年 11 月首次提出，并组织中国科技馆、中国科普研究所、清华大学相关人员对其进行了系统研究[3]。关于科技馆体系建设研究的内容目前还不多。已有研究也主要集中在科技馆科普展览和资源等方面的建设与开发，对于科技馆的运营与管理、制度保障措施等涉及较少。2013 年，中国科协提出中国特色现代科技馆体系的构想，中国科学技术馆也开展了中国特色现代科技馆体系"十三五"规划研究，其中对科技馆体系的基本概念及构成、功能定位、面临的挑战等作了详尽的阐释和分析，但还存在一些问题。一是虽然提出建设中国特色科技馆体系非常必要，但对科技馆应如何建设、运营和管理研究得还不够深入；二是目前行业内虽有 2007 年发布的《科学技术馆建设标准》，对科技馆的建

设有一定的要求和规范，但对科技馆内容建设的标准尚属空白；三是虽然强调科技馆能力建设，建议地方加快新建、改建和扩建科技馆步伐，鼓励特色或专业科技馆建设，但对科技馆建设的经费投入及来源、改扩建的标准等研究成果相对缺乏。

（二）重庆市区县科技馆内容建设投入不足，缺乏科普资源开发与创新能力

重庆市作为西部地区唯一的直辖市，于 2009 年才建立了第一座省级科普场馆，2015 年重庆市万盛科技馆建成开放，这标志着重庆市第一所区县科技馆正式亮相。随后，陆续有江津科技馆、大足科技馆等区县科技馆建成开放。但是，由于缺乏建设经验，还存在区县科技馆人才队伍建设还不够、专业素质有待提高、保障机制不够完善等问题。此外，在建设管理中难免出现展览内容雷同、展教形式单一、科普活动开发不足等问题，导致区县科技馆科普活动、展品研发等科普资源的创新与开发方面能力不足，重视程度不够等现象极为普遍。

（三）重庆市区县科技馆尚处于起步阶段，场馆间协同效应还有待完善

由于重庆市区县科技馆建成时间较晚，数量较少，导致科普公共资源分布不均衡。加之全市区县科技馆建设处于起步阶段，"新馆效应"犹在，一是使得各科技馆间以及科技馆内容展览、教育活动之间缺乏协同和沟通交流；二是区县科技馆对于省级场馆在场馆建设运营和管理、资源开发（包括科教活动、课本课程研发、展览设计等）等方面需求还不够迫切；三是由于没有建立区域行业协会组织，对全市科技馆的业务指导和行业管理还存在不足。

三、重庆地区科技馆创新发展的途径

（一）发挥省级科技馆的"龙头"作用，建设符合地区实际的科学有效的管理机制

努力打造建设以重庆科技馆为主体、以区县科技馆为基础、以特色馆为补充的全市科技馆体系。中国科协党组成员、书记处书记束为提出，"在实践中形成了中国特色现代科技馆体系的物质基础，但尚未形成一套与之相适应的、科学的运行管理机制，体制机制落后于科技馆事业发展"。实体馆是中国特色现代科技馆体系的依托与核心，重庆科技馆是区域科技馆体系的"龙头"和主体，重庆科技馆有责任与义务为各地各级科技馆的建设提供指导和帮助，搭建科普建设、资源与服务共享平台，在互利共赢的基础上，打破地域限制，建立共享机制，提高科普资源的利用率和社会效益，提升科普服务水平。

（二）做好全市调研，着力解决主要问题

紧密围绕中国特色科技馆体系建设总体目标，结合区域发展不平衡的实际，做好重庆市科技馆建设、运营管理、制度机制、资源供给等方面的实地调研，摸清区县科技馆建设发展的瓶颈，有的放矢，集中解决科技馆建设中的突出问题。在场馆建设方面要把科技馆当作"教育机构"来建设，避免"重场馆建设、轻运营管理""重展轻教、以展代教"等倾向或现象。以实体馆带动流动科技馆、科普大篷车、学校科技馆、数字科技馆等的建设与发展。

（三）注重区域科技馆专业人才队伍建设

在科技馆体系建设过程中，机遇与挑战共存，只有抓住机遇，充实

自身，才能从容迎接挑战，实现长足发展。人才则是科技馆建设的中坚力量，要加快全市科技馆体系建设，势必要在人才队伍建设上下功夫。一方面，要积极组织参加行业举办的各类培训、论坛以开阔眼界，与重庆高校合作培养科普专门人才，与企业深度合作开展科普展教资源研发，逐步建立科技馆专业人才培养体系，不断提升区县科技人才自身的理论水平和业务能力；另一方面，要树立创新意识。注重从科技馆自身发展实际出发，在展品、功能、制度、活动等相关方面鼓励创新，倡导创新，在创新中不断前行。

（四）积极组建全市科技馆行业专业委员会

各场馆加强自身能力建设，建立健全组织机制，在自我赋能的过程中，创新模式，积极组建重庆地区的科技馆行业专业委员会。委员会组成人员包括地区科技馆场馆、中小学校科技馆、社区科普活动中心、高校科学教育研究中心等与教育相关的多类型机构和单位。以重庆科技馆数字科技馆为载体，提供全市科普交流平台，辅助 QQ 群、微信群，整合市内公共科技服务资源，分享成员单位在科普普教育先进理念、展品展项维修保养、技术革新、科普活动、场馆运营管理、市场运作等方面的丰富经验。

四、结语

区县科技馆是基层人民群众提升科学素质的重要阵地、丰富精神文化生活的重要场所、展现科技文化成果的重要平台。加快重庆市科技馆体系建设，对于推动全市科普公共服务均衡发展、提高科普基础服务能力和水平、提升公民科学素质具有十分重要的意义[6]。目前，重庆市科技馆体系建设的探索尚处于起步阶段，如何建设符合地区特色的科技馆体系，发挥重庆科技馆的"龙头"作用，辐射带动基层科普设施建设、运营和管理，科普资源的研发、集成与共享等，都是未来体系建设研究的重要内容。虽然可遵循的经验不多，但随着全市区县科技馆建设热潮的不断涌现，以中国特色科技馆体系建设为指导，因地制宜地创新发展重庆市科技馆体系建设，是全市科技馆建设发展的必然选择。

参考文献

［1］我市发布 2018 年公民科学素质调查主要结果［EB/OL］.［2018-12-14］. http://www.cqast.cn/htm/2018-12/14/content_50192211.htm.

［2］齐欣. 建设中国特色现代科技馆体系　助力公共科普服务公平普惠［EB/OL］.［2017-09-07］. http://www.kjgbbs.com/forum.php?mod=viewthread&tid=28288.

［3］"中国特色现代科技馆体系'十三五'规划研究"课题组. 中国特色现代科技馆体系建设发展研究报告［R］.

［4］殷浩. 推动中国特色现代科技馆体系的创新升级，助力公共科普服务的公平普惠［J］. 中国博物馆，2018（2），47-48.

［5］重庆科技报. 依托科技智力资源　市科协助力脱贫攻坚［EB/OL］.［2018-07-10］. https://www.cqrb.cn/html/kjb/2018-07/10/02/content_207178.htm.

［6］重庆市人民政府办公厅关于印发加快建设区县科技馆实施方案的通知（渝府办发〔2019〕99 号）［EB/OL］.［2019-10-18］. http://www.cq.gov.cn/publicity_zqsrmzfbgt/kjjy/kj/602726.

过程。在新时代，提高科普工作效率，增强公民科普获得感十分必要。公民只有在科普活动中有较强的获得感，才能积极主动汲取科普知识，提高自身科学素质。

2. 促进科普事业发展的重要途径

增强公民的科普获得感有助于提高当前我国科普事业的感召力和生命力。公民参与感不强，不能在科普工作中提高公民的认同感和积极性，是我国当前科普事业发展面临的重大问题。

要想攻克这一难题，科普工作人员必须切身为公民考虑，准确把握在科学普及活动中公民的诉求和期待，用公民关注的事件、接受的方式、理解的语言来打破科学普及工作的困境，促进科普事业健康快速发展，最终实现提升全民科学素质水平的伟大目标。

3. 科学技术发展应用的必然趋势

科学普及是将科学技术大众化、应用化、普遍化，用以开发智力、提高素质、培养人才、发展生产力，促进社会的物质文明和精神文明，是科技创新的前提和基础。科技的发展也给科学普及工作带来了更多更有效的手段和工具，随着 VR/AR、3D 全息投影、大数据、云计算等技术在科普工作中的广泛应用，公民在科普过程中的体验感增强，获得感提高，科普工作的效果也将得到提升。

二、公民缺乏科普获得感的原因分析

通过以上分析，我们了解了公民科普获得感在科学普及过程中的重要意义，但目前我国公民的科普获得感还比较缺乏。笔者通过网络问卷调查和访谈的方式，从个性到共性分析了公民在科普活动中缺乏获得感的五大方面原因：

（一）信息化能力欠缺

伴随着信息化的飞速发展，"互联网+"已经融入各行各业、各个领域之中，面对时代的变化，科普工作理应与时俱进发生变革。但在实际工作中，科普信息化传播矩阵建设的进程较慢，与科技的快速发展不协调。部分科普工作者安常守故，在思想上不重视科普工作方式的革新，仍然是空洞地传播文字材料，最终导致公民缺乏对科普内容的直观感受，自然没有收获知识的满足感、体验感和获得感。

（二）科普内容不够活泼

目前，科普中国、人民网科普频道、光明网科普频道等国内顶级科普网站和各成员单位的科普资源已经与时代接轨，内容丰富完整，可是仍存在严肃有余而活泼不足的现象。我国科普工作的对象不只是集中在校的学生，更多的是离散的公民，如何通过生动活泼的科普内容吸引他们的关注，依然值得科普工作者深思。因此在工作中，科普工作人员不能只思考给公民传输什么内容，更要关注公民想要了解什么、当下热点是什么，将两者结合起来，才能提高公民的兴趣，充分调动公民的积极性。

（三）工作形式较为单一

目前各类科普主题活动的形式较为传统，各单位、企业、团体和社区等主要还是通过创建科普宣传栏与科普宣传示范基地、设立科普画廊、结合科技馆、科普大篷车巡展及利用媒体宣传等传统形式开展科普活动，活动形式比较单一，内容不够丰富，与广大民众的互动性不强，对公民尤其是青少年缺乏足够的吸引力。公民缺乏对科普活动的兴趣，自然也就没有科普获得感。

（四）科普资源整合不够

虽然我国科普工作根据实际情况对科普资源进行了整合，但是依旧存在一些问题。一是利用率不高，科普资源比较分散，相当数量资源尤其是优质科普资源处于闲置状态，部分科普教育基地和科普场馆的利用率不高。二是效益发挥不足，科普创建效益、科普成果转化以及创建成果推广、利用等方面还不够，特别是农业技术推广与当地经济产业融合、结合上有待加强。三是共联共建不紧，科普工作与学校的教育资源、科研机构的科技资源等联系不紧，对潜在的资源利用不够。科普资源没有有效利用在公民身上，公民的科普获得感自然就相对缺乏。

（五）工作合力有待增强

一是协作不够。各行各业的科协组织、团体、协会等协作不够，尚未形成大协作、大联合的良好格局。二是队伍建设有待加强。科普力量偏弱，队伍管理不够完善，在充分发挥专兼职与志愿者队伍的互补作用方面有待加强，科普队伍的专业结构、人员素质也有待优化和提升。三是纳入财政预算的科普经费尚未达标。[3]

三、增强公民科普获得感的路径思考

基于上述原因，如何能增强公民的科普获得感，提供全民科学素质水平，可以从以下 5 个方面入手：

（一）加强科普工作信息化建设

一是建好资源平台。加强与国家、省级等各平台有效对接和资源共享，提升本级科普服务平台功能，拓展科普信息传播渠道，充分利用网站、微信、移动客户端、移动屏媒等渠道传播科学知识。

二是突出个性特色。强化"互联网 + 科普"理念，充分利用新媒体平台传播的放大效应，努力打造出具有当地特色的科普栏目。

三是加强媒体合作。传统媒体具有长期积累下来的品牌号召力，新媒体具有灵活、时效性强、受众面广的优势，利用传统媒体和新媒体的互补效应、优势互融，是新时代科普宣传的重要途径和渠道。

四是利用现代工具。利用 VR/AR、3D 全息投影、人工智能、大数据等先进信息化工具赋能科普工作，尤其是在科普场馆建设中的应用。

五是做好基础信息化。将"科普中国"资源推荐给每个单位，教会科普工作者使用好科普资源，加强基础科普 e 站建设，推动社区和科技类社会组织积极承担科普信息化建设工作，与各级科协科普信息化工作无缝对接，形成有益补充。

（二）丰富科普内容，表现形式更灵活

科普工作的目的在于指导实践、服务生活。全面提升科学素质工作需与产业发展、文化传播、区域合作等重点工作相结合，努力拓宽科普工作的载体、提升科普工作实效。

一是推进科普与产业相结合。一方面，提升产业工人素质，加快构建产业创新发展服务综合体，为重点产业和企业提供员工科普和技能培训等服务；另一方面，加快发展科普关联产业。

二是推进科普与旅游相结合。积极推进科普旅游和特色科普小镇创建工作，深挖科技旅游融合资源，制作发布科普旅游地图。

三是推进科普与文创相结合。围绕科普重点工作和重大活动，加大政府购买科普产品和服务的力度，引进培育一批科普产品创作、设计、展示的文化创意企业，开展科学传播跨界创新。[4]

四是推动科普与游戏相结合。如科普游戏《肿瘤医师》《纳木》《微积

历险记》《电是怎么形成的》等可对疾病预防、环境保护、微积分、物理的相关知识进行科普，起到提升科学素养的作用。让孩子有选择性地接触科普类游戏，提前"预习"一些未来课堂上将学习的知识，有趣又有益。[5]

（三）公众参与科学，科学拥抱公众

在当代，随着科学自身发展的需要与科学组织形态的变化，科普逐渐由"公众接受科学""公众理解科学"发展到"公众参与科学"的形态中。

当代的科技创新中，由于公众的广泛介入，科技创新与科学普及在许多方面形成了无缝对接：公众既是科学知识的受众和传播者，也是科技创新的参与者，同时还是科学成果的受益人和分享者。

在现代公众的日常生活中，各种学习、生活、工作的工具逐渐智能化，科技含量越来越高，"生活科学化、科学生活化"的趋势愈发明显。在公众参与理解科学的同时，科技工作者也需要理解公众，理解公众的价值旨趣、情感诉求与生活方式。因此，加强科普两极之间的相互理解必要而有益，新时代的科普不仅要让"公众参与科学"，同样也要求"科学家理解公众"。[6]

（四）加强资源整合，走产业化、市场化、社会化之路

一是要广泛动员相关企业走"产业科普化、科普产业化"的路子，鼓励相关企业创建科技传播馆、产业科普馆。引导知名高新技术企业大力开展产业科普工作，让科普与科技产业结合，给科普工作更多的应用场景。

二是要充分重视和尊重市场在资源配置中的决定性作用，与各领域的龙头企业合作开展科普创新发展的理论和实践探索。例如，与腾讯公司、字节跳动公司、百度公司等知名科技企业合作建设科普频道、专栏，与线下大型结构通过联合举办高端科学普及圆桌会议、人工智能学堂、科普导

游研习班等，推动科普创新发展。

三是要面向全国科普示范地区、科普教育基地、科普带头人，设立长期支持的科普项目，充分发挥他们的作用、体现科普社会价值。积极探索社会动员、整合资源的新机制，如粤港澳大湾区科普联盟、科技馆联盟和科普新媒体联盟。[7]

（五）加强保障，为科普工作提供支撑

一是支持科协工作，加大科普投入。科普投入是促进科普事业发展的必要保证，也是衡量一个区域内科普资源的重要指标，建立多渠道、多元化的科普投入机制，保障科普工作顺利开展。

二是推动科普立法。如广东省制定《广东省科学技术普及条例》，深圳出台了《深圳经济特区科学普及条例（草案）》，拟对接受科普的中小学生实行学分制，要求小学阶段应保证学生在校期间每周至少1个课时的科学实践活动，科普教育累计分还可能加入中考成绩。科普教育从娃娃抓起，是全社会的共识。青少年是国务院《全民科学素质行动计划纲要》确定的四类重点人群之一，青少年科普是全面实施素质教育的重要内容，是提高公民科学素质的突破口。

三是加强对科普产业支持。企业对科普基地捐赠可扣除所得税，广泛动员企业走"产业科普化、科普产业化"的路子，鼓励企业创建科技传播馆、产业科普馆，把具备科普功能和科普条件的企业产品展示馆认定为科普基地，给予适当的补贴，引导知名高新技术企业大力开展产业科普工作，让科普与科技产业结合，给科普工作更多的应用场景。

参考文献

［1］央广网."科技三会"隆重召开，习近平发表重要讲话［EB/OL］. http://news.cnr.cn/native/gd/20160530/t20160530_522275637.shtml，2016-

05-30.

　　[2]刘鹂. 大学生思政课获得感提升路径探究[J]. 新生代·上半月，2018，1（12）.

　　[3]三明市人大常委会调研组. 关于科学技术普及工作开展情况的调研报告[R]. 福建省三明市：福建省三明市人大常委会，2016.

　　[4]全民科学素质行动. 信息化科普引领新时代科普工作"潮流"[EB/OL]. http://www.kxsz.org.cn/content.aspx?id=5178&vvid=9，2019-06-19.

　　[5]叶晓楠，高一帆，赵娜，等. 科普中国让创新成果可感可知[N]. 人民日报海外版，2018-10-09（6）.

　　[6]郭唫. 崭新科普：从理解科学走向参与科学[EB/OL]. http://www.sohu.com/a/313661544_612623，2019-05-13.

　　[7]全民科学素质行动. 以"四化"助推科普创新发展. [EB/OL]. http://www.kxsz.org.cn/content.aspx?id=4966&lid=14，2019-05-06.

公共图书馆提升科普服务质量的对策研究

重庆图书馆　王　婷

摘要： 公共图书馆加强科普服务是法律赋予的基本义务，也是满足人民精神文化需求的应尽之责。在新时代科普工作中，公共图书馆要找准自身功能定位，共建共享科普资源，创新传播方式方法，构建支撑保障体系，高质量供给科普资源和服务。

关键词： 公共图书馆；公共服务；科普服务；高质量

科技创新、科学普及是实现创新发展的两翼。没有全民科学素质普遍提高，就难以建立起宏大的高素质创新大军，难以实现科技成果的快速转化[1]。中共十八大以来，党和国家高度重视科学普及，将公民科学素质建设作为一项基础性社会工程，实施全民科学素质行动计划，公民具备科学素质的比例从 2010 年的 3.27%、2015 年的 6.20%，逐步提高到 2018 年的 8.47%。然而，在很多实际问题上，一些不科学的观念和行为普遍存在，时常暴露出科学精神、科学知识和科学方法上的欠缺，其中不乏受过高等教育的知识分子，亦可能无法辨识反科学、伪科学的流言和谣言[2]。我国科普工作仍然任重道远，特别是进一步加大科学知识普及力度的同时，更需要注重倡导科学方法、传播科学思想、弘扬科学精神。

2002 年 6 月颁布实施的《中华人民共和国科学技术普及法》明确提出，"图书馆等文化场所应当发挥科普教育的作用"，以法律形式确立了图书馆在科普工作中的地位。公共图书馆是一座城市公共文化服务的核心。

从机构视角看，公共图书馆具有知识保存、文献信息组织与传递等诸多职能；从用户视角看，实现公民信息的富裕化、参与教育活动和促进个体学习活动是图书馆的三个重要职能[3]。作为政府兴办、财政支持、面向社会公众开放的公益性文化教育机构，公共图书馆承担了传承中华文明、提高国民素质、推动经济社会发展等职责使命，发挥了公共文化服务的主渠道和主阵地作用。当前，人民日益增长的美好生活需求对精神文化提出了更高要求，公共图书馆如何更好履行新时代公共文化服务职能、深化拓展科普服务，在培育科学文化、提高科学素质、增强文化自信方面体现更大价值，成为需要深入研究的现实问题。

一、公共图书馆参与科普具有独特优势

公共图书馆馆藏丰富，功能齐全，设施完备，流量充足，能发挥海量资源和专业服务的优势作用，较好地满足社会公众对知识和信息的需求，是推动大众学习、全民阅读的重要补给站。

（一）公共图书馆为科普教育提供资源供给

图书馆是知识宝库和集散中心，拥有丰富的图书资料和数字资源，一般还配有电子阅览室，可以满足社会公众不同的阅读偏好。每年财政稳定持续投入购书经费，确保及时更新图书资源。以重庆图书馆为例，重庆图书馆是大型综合性公共图书馆，建筑面积5万余平方米，设有中外图书、报刊、各类纸质文献、电子文献等借阅室及为少儿读者、视障读者专门设立的借阅室，还有展览厅、教室、学术报告厅、多功能厅。目前馆藏460多万册（件），365天全天候开放，还开设了主城"一卡通"通借通还服务，并在全市街道、社区、学校等场所开设图书流通点47个。科技类与社科类图书的比例大致为4∶6，科技图书以知识性、普及性为主，以专业性为辅，能较好地满足一般社会公众的知识需求。

（二）公共图书馆为公众科普提供活动场所

到图书馆借书看书受到越来越多群众的积极响应和广泛参与，图书馆已经成为人流量大、受众广、传播快的科普宣传阵地。以社会公众需求为导向、以公共图书馆为阵地、以优质资源为依托、以科普服务为内容，推出多样化、特色鲜明的科普服务产品，面向社会公众提供一堂堂"公开课"，具备了流量和空间的现实可能性。比如，重庆图书馆在西部地区率先实施免费开放，打造了重图讲座、重图展览、童话森林读书会、童心视界、视障人士服务等多个具有广泛影响力的服务品牌，在加强公民科学素质建设方面发挥了积极作用，获批成为全市首批"重庆市科普教育基地"。

（三）公共图书馆为科技成就提供展示平台

在政府部门和社会各界的大力倡导下，图书馆界特别是公共图书馆，举办全民阅读、图书推广、科普宣传等系列活动，依托全国科普日、专题展览等工作机制，主动推介各种科普经典图书，策划开展集知识性、互动性、趣味性于一体的科技传播活动，邀请相关领域的科技人员开展知识讲座，让高大上的前沿科技走近"寻常百姓"。比如，重庆图书馆积极参与2019年全国科普日、科技活动周等活动，综合采用 3D 立体科普图书展、重图 VR 全景漫游、少儿科普万花筒、3D 科普眼镜体验等多种形式，全面展示中华人民共和国成立 70 周年以来科技发展取得的巨大成就，进一步激发了社会公众的科技意识和科学素养。

二、当前科普工作中存在的一些问题

公共图书馆具有开展科普的资源和优势条件，但其科普功能未能充分发挥，实际工作中还面临一些现实困境。

（一）科普读物借阅量不足

近年来，公共图书馆采取专题书架、新媒体平台、策划活动等各种渠道推广优秀科普作品，推介获奖科普图书。然而，我们很容易发现，很多科普读物实际上叫好不叫座，有馆藏量无借阅量。一方面，移动互联网时代，带来了人们阅读习惯的变迁，很多人依赖手机、平板电脑等移动端设备，迅速获取相关信息，专门去图书馆找书的情况越来越少了；另一方面，一线图书馆员接待读者关于查询科普图书的咨询量很大，说明相当部分读者对于科普图书认知不足，或者图书馆对科普图书的有效读者范围细分不足，导致读者面对书架上琳琅满目的书籍，往往无从选择，不知怎样精准找到所需的图书。

（二）科普活动覆盖面不足

定期举办科普活动对于公共图书馆的科普教育至关重要，图书馆科普活动往往会吸引大量的参与者进行参与学习[4]。公共图书馆利用各类纪念日、活动日、活动周、活动月等契机，结合国家形势要求、当地发展需要，通过讲座、论坛、展览、科学会、故事会等形式，整合各类社会资源，不断拓宽科普活动渠道，扩大科普活动的认知度和影响力，成为推动经济社会发展的重要渠道。但是，认真对参与群体作进一步分析后可发现，科普活动的受众相对固定，不能体现全民参与、普遍受益。比如，重庆图书馆不定期举办重图讲座、重图展览、童话森林读书会等科普活动，活动时间一般定在周末，活动宣传形式一般为张贴海报，活动场地为416个座位的学术报告厅、200个座位的多功能厅，以及800平方米的展览厅、多间教室，受到时间、空间和推广手段限制，实际可吸引和容纳的人数相对有限，且受众多为青少年及其家长，有效覆盖面相对不足。

（三）科普体验参与性不足

一般而言，公共图书馆在书刊借阅、讲座、论坛等科普服务方面相对成熟，而在拓展科普服务的过程中达到的效果不尽如人意[5]。迄今为止，西方科学普及之所以做得比较好，一个很重要的原因就在于这些国家不仅重视科技知识结构体系的培育，而且还注重实践体验带来的潜在收益[6]。反观国内的一些公共图书馆，还处于灌输式教育阶段，让科学普及有时候显得比较单调呆板，难以产生预期的效果。比如，重庆图书馆在提供科普展览服务方面，受到展示空间和展示产品的限制，展示手段上主要以传统的文字、图片、实物等静态陈列为主，展示内容上专业性有余、通俗性不足，展示产品上互动性不足、体验性较差，对公众难以产生较强的黏性和吸引力。

（四）科普队伍专业化不足

科学普及是专业的事，专业的事应由专业的人来干。科技人员更有能力把相关原理和成果阐释清楚，是科普工作必需的倚靠力量，而科普工作却不能纳入科技人员的职称评定或绩效考核，影响了他们参与的积极性和主动性。目前，图书馆员和大学生志愿者承担了具体的科普服务职责，科技人员特别是知名的科学家往往难以邀请，他们都是挤出时间志愿做科普，公共图书馆最缺乏的专业资源就是一支优秀的科普工作队伍。比如，重庆图书馆的馆员主要扮演了信息检索、整理资料、图书分类的角色，而所学专业为自然科学类的馆员相对较少，可专职从事科普知识咨询服务的人员不足。

三、推动科普服务高质量发展的对策建议

图书馆是国家文化发展水平的重要标志，是滋养民族心灵、培育文

化自信的重要场所[7]。公共图书馆应突出公益性，体现社会性、群众性、时代性，将科普教育与业务工作有机融合，拓展和深化公共文化服务职能，促进图书馆事业全面发展。

（一）共建共享科普资源

引入优质资源，加大中外优秀科普读物的引进力度，举办科普图书征集、科普创作大赛等活动，有条件的图书馆可引进优质学术数据库，丰富广大群众利用公共图书馆获取各类文献的渠道。联手资源开放，加大与科技馆、博物馆、企事业单位图书馆、中小学校等合作力度，积极进驻楼宇、园区、商圈、市场或较大的企业，主动融入当地的党群服务中心、科普教育基地，以及党员远程教育，联合建立"图书馆＋"模式，重点开展"进机关""进农村""进社区""进学校""进企业"等科普活动，不断缩短社会公众与公共图书馆的距离。拓展服务网络，加强网格资源配置，建立以省、市（县）图书馆为骨干力量、以镇街文化服务中心为基本阵地、以社区（村居）便民服务中心为基层站点的三级科普推广服务网，推行"一卡通用、通借通还"、建立流动图书馆等做法，把公共文化资源和服务下沉到网格，让科普服务精准投送到千家万户。

（二）创新传播方式方法

加强网上科普，推动公共图书馆信息化建设，坚持传统文献资源库与数字资源库并重，构建基于大数据、云计算技术的文献资源管理和数字化服务平台，积极链入各大科普网站、社交自媒体、科普 LED 显示屏等，努力提供高效快捷的资源检索和信息资源服务，提高科学知识的传播速度和覆盖广度。增强科技体验，及时跟进社会热点和前沿科技，结合虚拟现实等展示技术、科学实验等手段，使科技传播变得无比高效、充满乐趣，让社会公众获得浸入式实践体验机会，直观感受科学知识真谛，对其科学原理、科学方法和科学结果有更加深切体会。强化重点人群，以培育科学精神、人文精神为重点，举办全民阅读、图书推广等系列活动，用优秀、有益、生动的科普作品吸引未成年人，积极参与科技"三下乡"，将科普工作融入各类书展、讲座、论坛、技能培训等服务工作和读者活动中，加强对视障人士等特殊群体的关爱，有效落实公共图书馆对重点人群的科普教育职能。

（三）构建支撑保障体系

建立志愿服务力量体系，广泛积累人脉资源并建立专家资源库，积极吸引科技人员、大学生、离退休教师等志愿者群体参与科普服务，培养和招聘一批具有专业技能、专业素养的图书馆员，形成一支以科技志愿者为主力、图书馆员为主体的专业化科普工作队伍。建立多元投入保障体系，稳定并适时增加财政投入，探索建立公共图书馆与社会资本合作新模式，创新科普运营模式，让科普工作迸发出新的活力。建立正向激励工作体系，出台公共图书馆开展科普教育、科普人才职称评定、科研项目、科普创作等系列政策措施，通过签订合作协议、人才参与服务等加强联盟共建，通过共同开展活动、做强科普品牌等推进活动共联，通过整合盘活信息、阵地、文化、服务等实现资源共享，推动公共图书馆科普教育向高质量发展。

四、结语

建成更高品质的民生幸福城市，需要公共图书馆的服务为城乡居民带来精神享受和愉悦体验；全面建成高水平小康社会，也需要公共图书馆对全民修养的底层铺垫和深层引导[8]。公共图书馆从事科普教育，不仅是法律赋予的基本义务，还是满足人民精神文化需求的应尽责任，理应充分发挥独特优势作用，结合自身日常业务工作，创新科普服务方式，高质量供给科普资源和服务，不断提高全民科学素质，为建设社会主义文化强国、世界科技强国再立新功。

参考文献

［1］习近平：为建设世界科技强国而奋斗［EB/OL］.［2016-05-31］. http://www.xinhuanet.com/politics/2016-05/31/c_1118965169.htm.

［2］让科普之翼更为有力——纪念改革开放40周年系列评论［EB/OL］.［2018-12-14］. http://www.stdaily.com/index/kejixinwen/2018-12/14/content_739032.shtml.

［3］高梦楚. 欧洲文化之都发展与图书馆建设［D］. 北京：北京大学，2014：36-37.

［4］王湖立. 公共图书馆现代科普教育思考［J］. 图书情报，2018（2）：25-26.

［5］胡滨. 面向科普服务的图书馆与科技馆合作模式初探［J］. 情报探索，2015（7）：103-105.

［6］邵天骏. 科普需以实践体验为依托［EB/OL］.［2017-05-12］. http://www.stdaily.com/kjrb/kjrbbm/2017-05/12/content_542870.shtml.

［7］习近平给国家图书馆老专家回信［EB/OL］.［2019-09-09］. http://www.gov.cn/xinwen/2019-09/09/content_5428592.htm.

［8］陈慰.“文化之都”建设推进城市公共图书馆服务体系之刍议［J］. 图书与情报，2019（1）：41-46.

新形势下如何发挥
反邪教协会在社会治理中的作用思考

重庆市反邪教协会　韩　琳

摘要： 反邪教协会作为党领导下的群众组织，是党和政府在反邪教工作中联系群众的桥梁和纽带，是凝聚公众参与反邪教斗争的重要社会力量。长期以来，反邪教协会在开展反邪教警示教育、理论研讨、网上斗争、教育转化等方面取得了显著成绩。受党和国家机构改革的影响，反邪教工作职能进行了重新划分，作为社会组织的反邪教协会面临着新的机遇和挑战。本文将结合重庆市的反邪教协会发展情况，认真研判面临的形势，充分剖析存在的短板和不足，从而提出对反邪教协会工作的对策建议。

关键词： 反邪教协会；社会治理；作用；思考

中共十九大报告指出：打造共建共治共享的社会治理格局，完善党委领导、政府负责、社会协同、公众参与、法治保障的社会治理体制，推动社会治理重心向基层下移，实现政府治理和社会调节、居民自治良性互动。中共十九届四中全会《决定》进一步完善了"共建共治共享"的社会治理制度，突出"建设人人有责、人人尽责、人人享有的社会治理共同体"。作为社会组织的反邪教协会，在国家治理体系中将承担政府转移出的反邪教工作职能，在募集社会资源、提供公益服务、缓解社会矛盾、促进国际交流、繁荣文化事业等方面发挥社会治理职能。

一、当前反邪教工作面临的形势

经过 20 年的不懈努力，反邪教斗争取得了决定性胜利。虽总体形势平稳可控，但反邪教斗争形势依然严峻。鉴于邪教问题的长期性、复杂性和艰巨性特点，反邪教工作也成为党和政府丝毫不能松劲的重要工作。

（一）各级党委政府高度重视

2017 年 5 月 12 日，习近平总书记对反邪教工作作出重要批示，总书记指出：反邪教工作是维护国家安全的一项重要工作，也是争取人心的一项重要工作，事关人民群众切身利益，事关社会和谐稳定。各级党委和政府要担负起政治责任，加强组织领导，重视队伍建设，加大保障力度，狠抓责任落实，扎扎实实把反邪教各项工作做实做好。习近平总书记的重要批示精神，从党和国家事业发展全局的高度出发，明确提出了反邪教工作的性质定位、工作重点和责任要求等，为做好新形势下的反邪教工作，提供了根本遵循。

近年来，从中央到地方的党政部门都高度重视反邪教工作，相继出台《关于加强和改进新形势下反邪教工作的实施意见》，落实各级党委主要负责同志为反邪教工作第一责任人，加强组织领导，定期听取工作汇报，切实将反邪教工作纳入国民经济和社会发展总体规划，置于维护国家政治安全和社会稳定工作大局中去统筹谋划。

（二）机构改革形势下的反邪教工作

2018 年 3 月 19 日，中共中央印发了《深化党和国家机构改革方案》，将中央防范和处理邪教问题领导小组及其办公室职责划归中央政法委、公安部。调整后，反邪教工作职能发生重大转变：政法委在反邪教工作中的主要职责有 3 项：协调指导、分析研判提出政策建议、协调处置重大突发性事件；公安机关的主要职责有 2 项：收集情况分析研判、依法打击邪教。

结合政法领域全面深化改革的背景，进一步明确各相关部门的工作职责，推动各部门把反邪教作为义不容辞的政治责任，就要紧紧围绕推进国家治理体系和治理能力现代化，充分发挥党的领导和社会主义制度优势，进一步创新和完善"共建共治共享"的邪教治理体制。为积极适应反邪教机构改革后的新要求，进一步强化反邪教工作的社会治理职能，各级反邪教协会必将承接政府转移的有关职能，进一步发挥社会组织的优势。

二、重庆市反邪教协会面临的问题和不足

重庆市反邪教协会成立于 2001 年 2 月，是在重庆市科协领导下，由全市科技界、社科界、宗教界、法律界、新闻界等社会各界有志于反对邪教人士自愿组成的地方性、非营利性社会组织。协会工作接受市委政法委和市民政局的业务指导和监督管理。近年来，在市科协和市委政法委的共同推动下，协会实现了各区县反邪教协会建设全覆盖，进一步壮大了全市反邪教工作的社会力量。但因各地情况各异，反邪教协会建设参差不齐，在反邪教工作方面还存在一些问题和不足。

（一）协会基础薄弱

在组织建设方面，虽然各区县都成立了反邪教协会，但协会的人力物力财力都很单薄。一是管理体制方面，协会大多数设在科协，少数设在政法委，基本为联合办公，拥有独立办公场地的协会较少。二是用人方面，协会工作人员多为兼职或聘用，且专业人才缺乏。具体工作人员专业素质不高，业务能力不强，大多是懂而不专，专而不精。三是工作经费方面，来源均为财政拨款，且预算十分有限，一般从科协科普经费或政法委专项

经费中列支，拥有专项工作经费的协会凤毛麟角。

（二）作用发挥不够

尽管基层协会都已成立，但因起步较晚、基础薄弱，在作用发挥上缺乏主动性和积极性。一是在整合社会资源、发动社会力量共同治理邪教方面，不够主动积极，存在单打独斗的情况。二是对待工作避重就轻。大多协会在反邪教宣传方面工作成绩突出，但在理论研究、网上斗争、教育转化等难点工作上成效不明显。

（三）工作创新不够

一是创新意识不够。面对新形势新问题，思路不够开阔，思想不够解放，创新意识不强。二是工作方式方法单一。很多协会惯用行政手段开展工作，工作方法传统、简单，不接地气，工作成效不明显。三是工作不够大胆，创新魄力欠缺。因为反邪教工作的敏感性，导致宣传工作中"只做不说，多做少说"的情况依然存在。

三、新形势下开展反邪教工作的思考和建议

邪教治理需要顶层设计，发挥党委政府的领导组织作用，更需要从基层抓起，需要反邪教协会等社会力量的主动参与，强化政治引领，抓实宣传教育，建好人才队伍，发扬人文关怀，从而将邪教问题消灭于萌芽，化解于基层，打造反邪教"共建共治共享"的社会治理格局。

（一）坚持党的领导，以习近平新时代中国特色社会主义思想引领反邪教工作

历年来的反邪教工作斗争实践证明，中国共产党的领导是做好反邪教

工作的基础与根基所在，党政组织共同领导是做好反邪教工作的保障。反邪教协会要深入贯彻学习习近平新时代中国特色社会主义思想，紧密团结在以习近平同志为核心的党中央周围，增强做好反邪教工作的决心和信心。

一是发挥党建核心作用。积极推进"基层党建＋反邪教"工作模式，织密基层党组织网络，逐步完善"镇街—村居—网格"三级组织架构，把党组织和党的工作的覆盖面延伸到社会治理的每个末梢，充分发挥基层党组织防范邪教渗透的"第一道防线"作用，加强基层反邪教组织网络建设，构建防邪拒邪的大环境。二是健全党组织反邪教机构。坚持党建带会建，严格落实反邪教工作责任制，落实专（兼）职工作人员，切实抓好本单位、本系统的反邪教工作。强化各级党组织反邪教工作责任，落实反邪教工作措施，彻底打通反邪教工作的"最后一公里"，减少邪教滋生的土壤，挤压邪教生存的空间，防控邪教滋扰破坏活动，夯实反邪教基层基础，切实把邪教问题管住管好。三是充分发挥党组织在反邪教工作中的引领示范作用。各级党组织要加强对党员干部的教育，引导广大党员识别邪教本质、认清邪教危害，自觉抵制邪教、远离邪教侵蚀，同时管好身边的人，坚决抵制各类邪教活动的渗透，坚决拥护中国共产党的领导，永远跟党走。

（二）丰富活动内涵，推进宣传活动品牌化特色化

反邪教警示宣传教育活动始终是反邪教工作最有效的一种方式，是不断提高广大人民群众防范和抵御邪教能力的基础。然而，随着科学技术的发展，各种邪教组织也在利用新技术新手段不断变换宣传方式，欺骗蛊惑群众，给反邪教宣传工作提出了新的挑战。因此，我们必须转变宣传理念，创新宣传方式，不断增强反邪教警示宣传教育的政治性、针对性和有效性。

一是加强宣传阵地建设。要注重发挥基层活动室、图书室、科普画廊、宣传栏、楼宇显示屏等基础设施的优势，适时更新宣传内容，营造反邪教宣传的浓厚氛围。积极探索在校园、监狱等地建立反邪教警示教育基地，开辟宣传教育的固定场所。二是打造宣传活动品牌。以"防范邪教宣传日（周、月）"活动为品牌，继续创新开展反邪教宣传进机关、进乡村、进社区、进学校、进企业、进家庭、进宗教场所，不断提高群众识邪辨邪拒邪的意识和能力。三是丰富宣传活动内涵。联合政法、科技、教育、文化、卫生等部门共同开展活动，将反邪教宣传与科普宣传、普法宣传、扶贫攻坚等工作相结合，充分利用"三下乡""全国科普日""全国法治宣传日"等活动契机和重大节假日，面向群众开展经常性的宣传活动，将宣传教育日常化、长期化。要把反邪教宣传教育与加强社会主义核心价值观的宣传教育紧密结合起来，引导群众辨别是非善恶、真假美丑，着力培育"崇尚科学、远离邪教""做文明人、办文明事"的良好社会风尚。四是创新宣传形式和载体。要结合不同对象和群体的思想实际，组织开展一些群众喜闻乐见、便于接受的宣传活动，组织开展无邪教村镇、无邪教社区、无邪教企业等各类创新活动，吸引群众广泛参与，使人们在潜移默化中受到教育，提高基层群众对各种迷信、伪科学和邪教的辨别能力和对反动政治言论的判断能力，从而筑起抵制邪教的有效防线。注重创新制作反邪教微电影、微视频、微动漫等形式新颖的宣传资源，进一步充实宣传内容。五是构建立体化反邪教宣传格局。在坚持传统媒体反邪的基础上，牢固树立"互联网＋反邪教"思维，充分利用网站、微信、微博等新媒体平台，驳斥谣言、以正视听，加强舆论引导，充分发挥网络信息文化在反邪教斗争中的助推作用，着力构建全方位、多层次、宽领域的宣传格局。

（三）加强队伍建设，促进反邪教队伍专业化现代化

事业要发展，人才是关键。要做好反邪教协会工作，必须努力抓好

三支人才队伍建设。一是加强基层反邪教干部队伍建设。有计划地组织理事、会员等参加政治业务培训和学习交流，提高协会工作人员的政治素质和业务水平。定期组织开展反邪教系统干部培训班，提升基层反邪教干部队伍的专业化、规范化和标准化水平。二是加强专家队伍建设。在宣传、教育、科技、宗教、司法等领域选育人才，建立反邪教专家资源库，通过项目合作等形式，开展理论研究，进行学术交流，分析探索新形势下国际、国内邪教滋生变异的趋势、特点和规律，寻求解决对策，为党和政府进行反邪教决策提供科学依据。三是建立反邪教志愿者队伍。探索创新打造反邪教志愿者队伍品牌，大力培育一批类似于"老马工作室""平安嫂""妈妈喊话队"等特色品牌，特别是从政治素质高、业务能力强、社会责任感强的退休教师、公务员、军人等群体中发掘力量，将反邪教宣传、信息收集、教育转化等功能融入其中，充分发挥民间组织在基层反邪教工作中的天然优势。

（四）发扬人文关怀，推进反邪教工作社会化群众化

习总书记指出：反邪教工作是维护国家安全的一项重要工作，也是争取人心的一项重要工作，事关人民群众切身利益，事关社会和谐稳定。反邪教工作说到底是做"人"的工作，这就要求我们在工作中必须坚持群众路线，一切依靠群众，一切为了群众，充分调动人民群众的力量，打好防邪反邪的人民战争。坚持"标本兼治、重在治本"的方针，积极配合政府有关部门，发扬人文关怀，积极参与"回归社会工程"。一是在帮教阶段运用合作调查式关怀，加强与邪教徒的情感沟通，取得邪教徒的信任，使其吐露实情，协助教育转化工作的顺利进行。二是在日常生活中给予关爱式关怀，紧紧围绕社区居民各个层面的需求，改善服务水平，丰富文化生活，支持就业创业，完善反邪教工作的预防机制，真正把反邪教工作做到群众的心坎上，排除他们的后顾之忧，不给邪教组织留下可乘之机。通过

日常走访、随时关注、时时留心，主动为易感人群提供帮助，提高其认同感和归属感，将邪教因素扼杀在摇篮里。三是运用融入式关怀，可以帮助转化后的人员与住地居民的交流、交往、交融，挖掘出他们身上的正能量，增强他们为社会服务的责任感和使命感，使他们真正回归社会、回归正常生活。此外，利用春节、端午、中秋等节假日，为易感群众、邪教受害群众送知识，送技术，送生活必需品，让他们切实体会到党和政府的温暖，增强他们对美好生活的向往和追求。

参考文献

［1］侯庆振. 当前我国邪教活动的新特点［J］.科学与无神论，2018（6）.

［2］张翁敏. 构建和谐社会视域下的反邪教斗争［J］.高校后勤研究，2016（5）.

［3］刘援朝，洪解亮. 中国邪教问题及防治对策研究［M］. 天津：天津科学技术出版社，2009.

［4］本书编写组：党的十九届四中全会《决定》学习辅导百问［M］. 北京：党建读物出版社，学习出版社，2019.

提升创新人才凝聚能力

2019 重庆英才大会成功举办、一炮打响

重庆市科协调研组

2019 年 11 月 9—10 日，由重庆市委、市政府主办的 2019 重庆英才大会，在重庆悦来国际会议中心成功举行。11 月 18 日，市委常委会专门听取了英才大会有关情况的汇报，市委书记陈敏尔指出："首次英才大会办得很成功，一炮打响，各方面工作都做得很好。"市委副书记、市长唐良智认为这次英才大会"既有传统做法又有重庆特色，有气势有规模有实效"。

一、大会总体情况

2019 重庆英才大会着眼"近者悦、远者来"，主题鲜明，内容丰富，精彩纷呈，相比往届规格更高，规模更大，成效更好，开创了重庆市人才交流活动的新纪录。

一是突出了高端引领。陈敏尔书记亲临会场宣布大会开幕，并会见中外重要嘉宾。全国人大常委会副委员长丁仲礼出席开幕式并致辞，第十一届全国政协副主席王志珍莅会指导。中国工程院党组书记、院长李晓红，中国科协党组书记、常务副主席、书记处第一书记怀进鹏，中国侨联党组书记、主席万立骏等 13 位国家部委领导专程出席。唐良智市长全程出席开幕式和嘉宾演讲，并致开幕词。18 位市领导出席开幕式及相关活动。180 余名全球知名科学家、国际组织负责人、大学校长、行业领军人物、

独角兽企业负责人等重要嘉宾，1.5万余名优秀人才带着技术、成果、项目参会，参与人数是2018年的3倍。

二是突出了开放包容。大会以贯彻习近平总书记关于人才工作重要论述和视察重庆重要讲话精神为主线，精心举办"会、论、谈、演、赛"等36项活动，活动数量是2018年的2倍，为重庆高质量发展招才引智，聚势赋能。"会"有质量：在嘉宾主题演讲中，11名国内外名家作主旨报告，带来一场思想与智慧交融的盛宴；举办中外知名大学校长圆桌会，来自英国、德国、新加坡等9个国家的13名海外知名大学校长，以及13名国内"双一流"高校校长深入交流，与复旦大学等6所知名高校达成合作意向；首次举办独角兽企业重庆峰会，26家独角兽企业负责人来渝洽谈，7家与重庆市达成合作意向。"论"有层次：举办城乡融合发展学术报告会和大数据智能化、量子信息技术、大科学装置建设论坛等学术交流活动，82位院士和众多专家围绕发挥"三个作用"提出建议200多条。"谈"有人气：首次采取开放式和封闭式两种形式举行高层次人才洽谈会，策划举办"千名博士重庆行"暨高层次人才洽谈会，开设大数据智能化和企事业单位、博士后科研流动（工作）站等招聘（收）专区，组织全市600多家单位拿出9400多个岗位揽才，包括清华大学、北京大学等知名高校的1200余名博士，共计7000余人参加洽谈。"演"有干货：举办农业科技专家助力脱贫攻坚专项活动，市内外100多名专家开展技术路演、成果展示暨现场咨询等活动，与14个区县签署合作协议26项；人才项目路演洽谈活动让洽谈项目供需更加对路、对接效果更加明显。"赛"有新意：在北京、上海、广州和武汉举办4场国内复赛，在北美、欧洲、新加坡举办3场海外复赛，遴选35个项目来渝落地转化，为创新创业创造者展示才华、实现梦想搭建良好平台。

三是突出了科协特色。怀进鹏书记在大会开幕式上亲自授予中国科协国家海外人才离岸创新创业基地牌匾，为重庆会集全球人才智力资源带来新的契机,将助力重庆两江新区产业转型升级。王志珍等 20 余名女科学家出席"女科学家与智能时代"专题论坛和两场"女科学家走基层——进校园"专场学术报告会,探讨女科学家在共创智能时代、共享智能成果中的责任和担当。中国科协 2019 年海智计划联席会暨基地工作会在重庆召开,240 余名代表共同探讨建立更为理想、高效、健全的海智工作机制。充分发挥重庆市院士工作服务中心作用,举行"院士在重庆"座谈会,20 余名院士为重庆发展提出了大量富有含金量的新路径、新方法、新思路。同时,《课堂内外》杂志社承办"青少年成长成才发展论坛"和"第四届高校——高中教育发展峰会",100 余名教育专家探讨未来英才成长成才培养路径。

四是突出了务实高效。坚持既办好会又办好事,给八方英才提供精细极致服务,受到中外嘉宾由衷赞叹,一大批人才项目落户重庆,让重庆的"朋友圈"更大,美誉度更高。国际知名专家、斯里兰卡总统高级能源顾问莫罕·莫纳什尼可持续发展应用研究中心、中国科学院李应红院士专家工作站落户两江新区。中国工程院董家鸿院士团队与巴南区合作共建三甲医院和研发机构。法国科学院、德国国家科学院、欧洲科学院院士埃里克·韦斯托夫受聘西南大学家蚕基因组生物学国家重点实验室。大会现场签约引进紧缺急需优秀人才 608 名,是 2018 年的 2.8 倍;项目 227 个,是 2018 年的 1.4 倍,涉及资金 571 亿元;开辟人才引进"绿色通道",一次性签约引进博士 211 名(海外 65 人),达成意向 1100 余人;1100 余名优秀人才和 300 多个项目正在对接洽谈中。大会多方位宣传重庆英才计划,推出 5 年遴选支持高层次人才 2000 名、团队 500 个的优惠政策,发布首批重庆英才计划入选名单,并在闭幕式上为入选代表隆重颁证,营造了识才爱才敬才用才的浓厚氛围。84 家国内外媒体编发宣传报道近 2000 篇(条),累计阅读(收看)量超 2 亿人次,特别是《光明日报》头版刊发、《重庆日报》头版转发《重庆:开放高地成人才磁场》,引起强烈的社会反响。

总之，这次大会丰富了学习贯彻习近平总书记重要论述的实践载体，搭建了聚智汇力的宽广舞台，打造了全市统一高效的聚才平台，架设了服务内陆开放的合作桥梁，展示了重庆"近者悦、远者来"的人才发展环境。

二、市科协牵头筹办的主要做法

市科协全体动员，全员参与，全力以赴，树立不一般的追求，下足不一般的功夫，实现不一般的效果，留下不一般的印记，打赢打好了筹办攻坚战，出色履行了组委会办公室的职责。

（一）聚焦靶心抓策划

2019年1月，市委、市政府正式确定大会由市科协牵头筹办后，我们迅速收集上海、深圳、宁波、杭州等地举办类似会议的成功经验，启动大会总体方案设计。2019年4月，习近平总书记亲临重庆视察后，我们赓即紧扣"近者悦、远者来"，着眼聚焦海内外英才，聚力高质量发展，谋划了"会、论、谈、演、赛"等36项活动，提交市委、市政府审定，筹备召开了动员部署会。同时，首次设计大会LOGO，开办大会官网，创作大会主题曲，拍摄大会宣传片，举办新闻发布会，让本次大会更加聚焦总书记重要讲话精神，更加聚焦人才，更加聚焦全市中心工作。

（二）发挥优势抓邀请

在中国科协的关心、帮助、支持下，我们充分发挥科协组织人才荟萃、学科齐全、联系广泛的优势，与中国科学院、中国工程院、中国社科院深入对接，借助世界顶尖科学家协会、国际技术转移协作网络等组织力量，既立足国内又放眼全球，既瞄准自然科学领域又瞄准人文社科领域，向全球顶尖的专家、国际组织负责人、行业领军翘楚、商界的知名领袖、政界的重要人物广发"英雄帖"，180 余名重要嘉宾大多由市科协邀请，让本届大会重要嘉宾数量更多，知名度更高，影响力更大。

（三）集中力量抓执行

2019 年智博会后，我们华丽转身，把筹办工作作为一号工程来抓，集中人力、精力、心力打好英才大会筹办攻坚战。坚持每周党组会听取汇报，研究问题，做到今日事今日毕。成立综合协调、邀请接待、主要活动、大会宣传、后勤安全、机动 6 个工作队，将科协所有机关干部、抽调人员 120 人编入各队，实行党组成员分工督导，确保筹办工作事事有人抓、人人有事抓，精细极致推进各项工作。

（四）注重细节抓协作

坚持科协能办的事情自己办，不能自己办的事情就抓住关键细节点，列出清单争取相关部门支持配合。制定筹办工作责任分工表，对各活动承办单位、各工作队、各分项活动具体任务实行清单式管理。专门致信各区（县）委书记、区（县）长，得到他们的高度重视和大力支持。主动衔接市委办公厅、市人大办公厅、市政府办公厅、市政协办公厅，统筹做好市领导出席活动的安排。会同宣传、网信、公安、财政、市政、交通、应急、信访、卫生健康、市场监管等相关单位，做好新闻宣传、安全保卫、经费保障、接待服务、信息化建设、志愿服务、后勤保障等工作，确保大会既精彩热烈，又务实高效、平稳有序。

（五）善始善终抓后续

大会圆满落幕后，我们认真落实市领导指示要求，全面梳理论坛、峰会嘉宾的核心观点，及时汇总各类会议成果，将院士、专家学者、企业家等的思想、观点、建议转化为切实可行的工作举措。及时召开总结会，全面总结本次英才大会的情况和经验，编辑大会资料册，做好经费结算，向相关部门发出59封感谢信，同时启动谋划2020重庆英才大会，力争把2020重庆英才大会办得更好，为重庆发挥好"三个作用"聚智汇力。

三、主要体会

市科协能够成功牵头筹办这次大会，主要得益于四个方面的强大支撑。

市委、市政府的高度重视，为科协组织赋了能。市科协牵头承办英才大会，是市委、市政府对科协组织和干部的信任。陈敏尔书记亲自点题，亲自谋划，充分支持科协。唐良智市长担任大会组委会主任，多次召开专题会研究推进。市委常委、组织部部长胡文容，市政府副市长屈谦、熊雪亲自研究协调相关事宜，对筹办工作给予充分肯定。通过筹办这次会议，科协的政治性、先进性、群众性特点得到彰显，"为科技工作者服务、为创新驱动发展服务、为提高全民科学素质服务、为党和政府科学决策服务"的职责定位得到实化，真正实现了"看得见身影、听得到声音、发挥出作用"的目标。

中国科协的有力指导，为科协干部壮了胆。筹办英才大会这种综合性的大会，对科协来说是超极限的重大挑战。应对这种挑战，得益于中国科协的大力支持。怀进鹏书记专门会见了熊雪副市长，听取汇报，给予指导，专程出席大会重要活动，并为"离岸基地"授牌。束为同志专门听取了我们的汇报，主持会议研究同意命名重庆两江新区为"离岸基地"，并出席大会相关活动。中国科协办公厅、组织人事部、国际联络部以及中国女科技工作者协会积极主动作为，帮助邀请各界嘉宾来渝参会并策划相关活动，让我们增加了筹办大会的底气和胆识。

各方面的协同支持，为科协工作助了力。群团组织能把这样大规模的会议办得圆满、办得精彩，是党建带科建的生动写照。市委组织部的统筹力、市科协的执行力相得益彰，形成强有力的作战团队。各相关单位和区县通力协作，各负其责，形成各成员单位联动、区县和部门互动、整体协调推动的工作格局，让我们能有效整合协调各方资源，充分释放出集中力量办大事的组织优势。

科协干部的忠诚执着，让科协形象闪了光。办好这次大会，关键在人。科协干部发扬办大事、办大会的过硬作风，每个人都"心心无旁骛、精精益求精、狠狠抓落实、万万无一失"，变挑战为机遇、变压力为动力、变被动为主动，打了一场漂亮的攻坚战，展现了科协干部扛得住重活、打得了硬仗、经得住考验的优良品质。

下一步，市科协一定认真学习贯彻中共十九届四中全会精神，全面落实习近平总书记关于人才工作重要论述和视察重庆重要讲话精神，按照市委、市政府部署要求，在中国科协的大力指导下，充分发挥科协独特优势，进一步办好重庆英才大会，聚焦"近者悦、远者来"主题，提升大会国际化、高端化、市场化水平，高标准打造知名人才活动，唱响重庆英才品牌，让各类人才在重庆干得安心，住得舒心，过得开心，努力谱写新时代"聚天下英才而用之"的重庆篇章。

努力谱写新时代"聚天下英才而用之"的重庆篇章

重庆市科协党组书记、常务副主席 王合清

2019 年 11 月 9—10 日，2019 重庆英才大会圆满举行。相比往届，这次大会规格更高，规模更大，成效更好，开创了重庆市人才交流活动的新纪录，是一次牢记殷殷嘱托、矢志感恩奋进的人才盛会，广聚天下英才、推动"近悦远来"的人才盛会，引领创新发展、服务内陆开放的人才盛会，展示重庆形象、唱响工作品牌的人才盛会。

突出了高端引领。市委书记陈敏尔亲临会场宣布大会开幕，并会见中外重要嘉宾。全国人大常委会副委员长丁仲礼出席开幕式并致辞，第十一届全国政协副主席王志珍莅会指导。中国工程院党组书记、院长李晓红，中国科协党组书记、常务副主席、书记处第一书记怀进鹏，中国侨联党组书记、主席万立骏等 13 位国家部委领导专程出席。市委副书记、市长唐良智全程出席开幕式和嘉宾演讲，并致开幕词。18 位市领导出席开幕式及相关活动。180 余名全球知名科学家、国际组织负责人、大学校长、行业领军人物、独角兽企业负责人等重要嘉宾，1.5 万余名优秀人才带着技术、成果、项目参会，是 2018 年的 3 倍。

突出了开放包容。大会以贯彻习近平总书记关于人才工作重要论述和视察重庆重要讲话精神为主线，精心举办"会、论、谈、演、赛"等 36 项活动，活动数量是 2018 年的 2 倍。"会"有质量：在嘉宾主题演讲中，11 名国内外名家作主旨报告，带来一场思想与智慧交融的盛宴；"院士在重庆"座谈会上，20 余名院士为重庆发展提出了大量富有含金量的新路径、新方法、新思路；举办中外知名大学校长圆桌会，来自英国、德国、新加坡等 9 个国家的 13 名海外知名大学校长，以及 13 名国内"双一流"高校校长深入交流，与复旦大学等 6 所知名高校达成合作意向；首次举办独角兽企业重庆峰会，26 家独角兽企业负责人来渝洽谈，7 家与重庆市达成合作意向。"论"有层次：举办城乡融合发展学术报告会、"女科学家与智能时代"专题论坛、大数据智能化、量子信息技术、大科学装置建设论坛等学术交流活动，82 位院士和众多专家围绕发挥"三个作用"提出建议 200 多条。"谈"有人气：首次采取开放式和封闭式两种形式举行高层次人才洽谈会，策划举办"千名博士重庆行"暨高层次人才洽谈会，开设大数据智能化和企事业单位、博士后科研流动（工作）站等招聘（收）专区，组织全市 600 多家单位拿出 9400 多个岗位揽才，包括清华大学、北京大学等知名高校的 1200 余名博士，共计 7000 余人参加洽谈。"演"有干货：举办农业科技专家助力脱贫攻坚专项活动，市内外 100 多名专家开展技术路演、成果展示暨现场咨询等活动，与 14 个区县签署合作协议 26 项；人才项目路演洽谈活动让洽谈项目供需更加对路，对接效果更加明显。"赛"有新意：在北京、上海、广州和武汉举办 4 场国内复赛，在北美、欧洲、新加坡举办 3 场海外复赛，遴选 35 个项目来渝落地转化，为创新创业创造者展示才华、实现梦想搭建良好平台。

突出了务实高效。坚持既办好会又办好事，给八方英才提供精细极致服务，受到中外嘉宾由衷赞叹，一大批人才项目落户重庆，让重庆的"朋友圈"更大，美誉度更高。中国科协国家海外人才离岸创新创业基地落地两江新区，中国科协 2019 年海智计划联席会暨基地工作会的召开，为重庆汇集全球人才智力资源带来新的契机。国际知名专家、斯里兰卡总统高级能源顾问莫罕·莫纳什尼可持续发展应用研究中心、中国科学院李应红院士专家工作站落户两江新区。中国工程院董家鸿院士团队与巴南区合作共建三甲医院和研发机构。法国科学院、德国国家科学院、欧洲科学院院士埃里克·韦斯托夫受聘西南大学家蚕基因组生物学国家重点实验室。大会现场签约引进紧缺急需优秀人才 608 名，是 2018 年的 2.8 倍；项目 227 个，是 2018 年的 1.4 倍，涉及资金 571 亿元；1100 余名优秀人才和 300 多个项目正在对接洽谈中。大会多方位宣传重庆英才计划，推出 5 年遴选支持高层次人才 2000 名、团队 500 个的优惠政策，发布首批重庆英才计划入选名单，并在闭幕式上为入选代表隆重颁证，营造了识才爱才敬才用才的浓厚氛围。84 家国内外媒体编发宣传报道近 2000 篇（条），累计阅读（收看）量超 2 亿人次，生动宣传重庆的好政策、好平台、好环境，进一步提升了重庆的知名度、美誉度。

市科协作为组委会办公室，全体动员，全员参与，全力以赴，自始至终做到"心心无旁骛、精精益求精、狠狠抓落实、万万无一失"，打赢打好了筹办攻坚战，出色履行了组委会办公室职责。下一步，我们一定认真学习贯彻中共十九届四中全会精神，全面落实习近平总书记关于人才工作重要论述和视察重庆重要讲话精神，按照市委、市政府部署要求，在中国科协的大力指导下，凝心聚力，守正创新，努力谱写新时代"聚天下英才而用之"的重庆篇章。

一是深化认识，全力提升英才大会的品牌价值。办好重庆英才大会是落实总书记视察重庆重要讲话精神的重要抓手，是展现重庆形象的重要平台，是推动"近悦远来"的重要载体。我们一定唱响重庆英才品牌，把办好重庆英才大会作为重中之重，以办好会促科协提质增效，使科协的政治性、先进性、群众性特点充分彰显，为科技工作者服务，为创新驱动发展服务，为提高全民科学素质服务，为党和政府科学决策服务的职责定位得到实化，不断提升英才大会"树重庆英才、育未来英才，聚市外英才、用天下英才"的综合效能。

二是持续用力，切实履行承办单位的光荣使命。作为重庆英才大会的承办单位之一，特别是 2019 年作为英才大会组委会办公室，市科协聚焦靶心抓策划，发挥优势抓邀请，集中力量抓执行，注重细节抓协作，善始善终抓后续，积淀了许多宝贵经验。我们一定把市委、市政府的高度赞扬和殷切期望转化为强大动力，继续发扬集中力量办大会的优良作风，立足高起点、宽视野，参与启动谋划 2020 重庆英才大会，聚焦"近者悦、远者来"主题，在活动策划、嘉宾邀请、项目合作、成果落地等方面狠下功夫，提升大会国际化、高端化、市场化水平，力争把 2020 重庆英才大会办得更加圆满、更加精彩。

三是发挥优势，充分释放招才引智的特殊功能。科协是党领导下团结联系广大科技工作者的人民团体，是科技创新的重要力量，全面落实科教兴市和人才强市行动计划是其应尽之责，抓人才工作是服务科技工作者的第一选择和最优路径。我们将打造更加优质的人才发展平台，建好院士专家工作站、海智工作站和中国科协国家海外人才离岸创新创业基地，充分发挥重庆市院士工作服务中心作用，广泛集聚重庆发展急需的高层次人才。坚持为科技工作者建家、靠科技工作者建家，既重视"智能"人才、又重视"技能"人才，既注重培养本土创新人才、又大力引进"高精尖缺"领军人才，让各类人才在重庆干得安心，住得舒心，过得开心。

四是健全机制，积极打造"近悦远来"的良好生态。英才计划与英才大会是重庆英才品牌的"两面"，政策与平台要同频共振，相得益彰。我们将大力实施科技社团办事机构实体化、服务会员精准化、学术活动常态化、社团管理信息化和党建工作规范化等"五化"建设，支持市级学会创建重庆英才·创新创业示范团队。建立科技工作者申报奖项项目的服务指导机制，发动各级各类科协组织积极申报重庆英才计划，让更多优秀人才和团队脱颖而出。加强创新文化建设，健全科技伦理治理体制，大力弘扬新时代中国科学家精神，营造良好的科研诚信、学风道德环境，让创新激情充分迸发，创业力量充分涌流，创造效益充分释放。

重庆市科技人才发展现状及对策研究

——以 R&D 人员为例

重庆科技馆　向　文

摘要：随着创新驱动发展战略的深入实施，以科技创新为核心的全面创新加速推进，科技人才成为经济社会发展的重要支撑。本报告通过调研重庆市科技人才中最具创新创造能力的 R&D 人员，分析其总量、结构、效能、环境和保障等方面的基本状况，查找出其存在总量占总人口比重较低、高层次创新人才缺乏、区域及行业发展不平衡、产出效能不够高等问题，建议构建科技人才培育体系、搭建科技人才发展平台、改进科技人才引进方式、畅通科技人才流动渠道、强化科技人才激励机制。

关键词：科技人才；R&D 人员；现状；对策建议

一、引言

科技是第一生产力，人才是第一资源，创新是引领发展的第一动力，是建造现代化经济体系的战略支撑。中共十八大以来，习近平总书记把创新摆在国家发展全局的核心位置，围绕实施创新驱动发展战略、加快推进以科技创新为核心的全面创新，推出了一系列新思想、新论断、新要求。中共十九大要求加快科技创新的步伐，抢占新一轮经济和科技竞争的战略制高点，建设世界科技强国。

长期以来，重庆市委、市政府高度重视科技人才对经济社会发展的支撑作用，先后制定了《重庆市中长期人才发展规划纲要（2010—2020年）》《重庆市科教兴市和人才强市行动计划（2018—2020年）》等政策文件，科技人才发展取得了显著成效。新时期，经济社会发展对科技创新提出了更多的需求，科技人才问题已经成为制约重庆科技创新工作开展的关键因素。机遇与挑战并存，动力与压力同在。接下来的几年将是重庆市立足"两点"定位、实现"两地""两高"目标、发挥"三个作用"的关键期，是经济从高速增长阶段转向高质量发展的攻坚期，是实施创新驱动发展战略、加快推进以科技创新为核心的全面创新的重要战略机遇期，也是科技人才实现跨越发展的黄金期。

二、重庆市科技人才发展现状

（一）总量稳步增长

重庆市科技人才总量，尤其是 R&D 人员规模，近年来不断增加，对全市科技、经济、社会的发展起到了重要支撑作用。2017 年，全市拥有 R&D 人员130227 人，比 2013 年增长了 55.55%，年均增速为 11.68%；R&D 人员全时当量达 77923 人年，比 2013 年增长了 48.11%，年均增速为 10.32%（图 1）。

高层次科技人才方面，2013—2017 年，高层次人才规模不断扩大。2017 年，有"两院"院士 16 人，增加 2 人；国家千人计划人选、国家中青年科技创新领军人才、国家科技创新创业领军人才等实现了倍增；国家万人计划人选 75 人，是 2013 年的 10 倍；国家有突出贡献中青年专家、国家杰出青年科学基金获得者、新世纪百千万人才工程国家级人选、享受国务院政府特殊津贴人员、市级百人计划人选增长幅度较大，形成了一支包括"两院"院士在内的 740 人的高端科技人才队伍（表 1）。

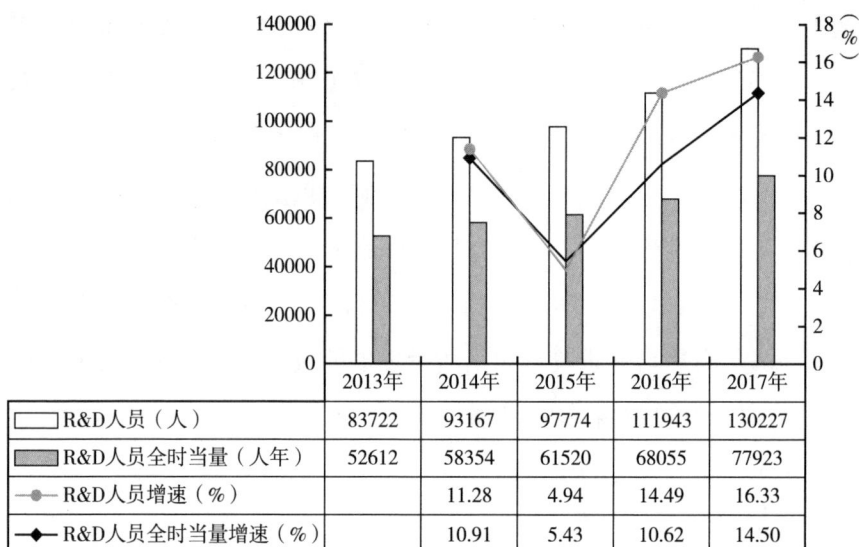

	2013年	2014年	2015年	2016年	2017年
☐ R&D人员（人）	83722	93167	97774	111943	130227
▨ R&D人员全时当量（人年）	52612	58354	61520	68055	77923
━●━ R&D人员增速（%）		11.28	4.94	14.49	16.33
━◆━ R&D人员全时当量增速（%）		10.91	5.43	10.62	14.50

图1　2013—2017年R&D人员及R&D全时当量人员规模

表1　2013—2017年高层次人才规模

类别	2013年	2014年	2015年	2016年	2017年
"两院"院士（人）	14	14	13	13	16
国家千人计划人选（人）	53	63	74	86	110
国家万人计划人选（人）	7	13	15	39	75
国家有突出贡献中青年专家（人）	62	71	80	85	85
国家杰出青年科学基金获得者（人）	32	35	37	41	43
新世纪百千万人才工程国家级人选（人）	95	95	104	104	110
国家中青年科技创新领军人才（人）	8	13	25	29	29
国家科技创新创业领军人才（人）	7	11	13	16	16
国家重点领域创新团队（个）	3	4	4	8	8
国家创新人才示范基地（个）	1	2	3	4	4
享受国务院政府特殊津贴人员（人）	2478	2478	2478	2588	2588
市级百人计划人选（人）	99	114	130	147	147
博士后流动站／工作站（个／个）	62/54	85/53	85/53	84/59	84/60
重庆市科技创新领军人才（人）	–	20	40	59	59
重庆市科技创业领军人才（人）	–	10	20	40	40
重庆市科技创投领军人才（人）	–	–	–	10	10

中共十八大以来，重庆市更加注重培育创新团队，2017 年重庆市国家重点领域创新团队为 8 个，比 2013 年增加了 5 个，增幅 166.67%；更加注重搭建创新平台，2017 年重庆市国家创新人才示范基地为 4 个，博士后流动站 / 工作站为 84/60 个，均实现较大幅度的增长；更加注重培养创新创业创投人才，科技创新领军人才、科技创业领军人才、科技创投领军人才，均实现了从无到有的突破，2017 年分别达到 59 人、40 人、10 人。

（二）结构不断优化

2013—2017 年，重庆市各学历 R&D 人员均呈现增长趋势，2017 年 R&D 人员本、硕、博毕业人才总量达到 88594 人，在 R&D 人员总量占比 68.03%，高于 2013 年的 53.65%，增幅为 14.38%。到 2017 年，博士毕业有 9631 人，较 2013 年增长了 3966 人，增幅为 70.01%，年均增长率为 14.19%；硕士毕业有 17907 人，较 2013 年增长了 5070 人，增幅为 39.50%，年均增长率为 8.68%；本科毕业有 61056 人，较 2013 年增长了 34637 人，增幅为 131.11%，年均增长率为 23.30%（表 2）。

表 2 2013—2017 年 R&D 人员学历分布（单位：人）

学历 / 年份	博士毕业		硕士毕业		本科毕业		其他	
	总量	增长率	总量	增长率	总量	增长率	总量	增长率
2013 年	5665	–	12837	–	26419	–	38801	–
2014 年	6040	6.62%	13049	1.65%	27027	2.30%	47051	21.26%
2015 年	6711	11.11%	14494	11.07%	28585	5.76%	47984	1.98%
2016 年	8142	21.32%	16102	11.09%	52917	85.12%	34782	−27.51%
2017 年	9631	18.29%	17907	11.21%	61056	15.38%	41633	19.70%

（三）效能持续提升

重庆市发明专利产出量和发明专利授权量等科技创新产出显著增长。2017 年，全市有效发明专利达到 22298 件，每万人发明专利拥有量达到 7.25 件，较 2013 年（7830 件）增长 184.78%。2017 年，全市获专利授权 34780 件，较 2013 年（24828 件）增长 40.08%。2017 年，全市高新技术企业工业总产值达到 7765.20 亿元，比 2013 年（2891.04 亿元）增长了 4874.16 亿元，增幅 168.60%。

（四）保障不断完善

2017 年，重庆市 R&D 经费内部支出为 364.63 亿元，比 2013 年的 176.49 亿元增加了 188.14 亿元，增幅 106.60%。研发投入 R&D 经费占全市生产总值 GDP 的比重从 2013 年的 1.39% 提升到 2017 年的 1.88%。截至 2017 年底，建成重点实验室、工程技术研究中心国家级 21 个、市级 653 个，为科技人才创新创业创造提供了经费支持、技术支撑和装备保障。

（五）环境不断优化

1. 政策环境

近年来，重庆市推进项目、人才、基地一体化建设，通过实施国家"千人计划""万人计划"；实施重庆英才计划，设置优秀科学家、名家名师、创新创业领军人才、技术技能领军人才、青年拔尖人才 5 个专项；出台引进海外英才的"鸿雁计划"，实施"外专海外高层次人才引进计划""高等学校学科创新引智计划"，以及一系列高端外国专家项目等引智项目；实施"高层次特殊支持计划""创新创业示范团队培养计划"项目，实施专业技术人才知识更新工程；出台深化职称改革的意见；制定出台科技成果转化股权、分红激励等政策，完善事业单位绩效工资政策；对事业单位招收高层次人才、急需紧缺人才增设考核招聘方式，实施"双千双师交流计划"；推行一系列科技人才发展政策，构筑起人才发现、培养、使用、评价、激励体系。

2. 创业环境

中共十八大以来，新增国家级研发平台 5 个、市级研发平台 182 个，创建院士专家工作站、首席专家工作室、技能大师工作室等培养平台 130 余个，建成国家级技术转移示范机构 8 家、中国创新驿站重庆站点 3 个。2017 年重庆市有效期内高新技术企业 1966 家、科学研究与开发机构 170 家、重点实验室 147 个、工程技术中心 527 个、新型（高端）研发机构 35 家、市级农业科技专家大院 123 个、星创天地 20 个、农业科技园区 22 个、生产力促进中心 45 个、科技企业孵化器 77 家。

三、科技人才发展存在的问题

（一）总量占总人口比重较低

2017 年，重庆市 R&D 人员占总人口的比重为 0.43%，在全国排名第 9 位，西部地区排名第 1 位（表 3），与北京、上海等有较大差异。各层次的高学历 R&D 人员在全国排名均较为靠后，博士、硕士、本科毕业人数在全国排名分别为第 17、18、17 位，高层次人才与北京、上海等地差异非常明显。

表 3　重庆市科技人才与其他区域比较分析（单位：人）

省（区、市）	R&D 人员总量	占总人口比重	占总人口排名	博士毕业	硕士毕业	本科毕业
北京	397281	1.83%	1	75091	85941	175468
上海	262299	1.08%	2	28182	43257	129743

续表

省（区、市）	R&D人员总量	占总人口比重	占总人口排名	博士毕业	硕士毕业	本科毕业
天津	165638	1.06%	3	10710	21394	87059
浙江	558573	0.99%	4	22024	51011	218566
江苏	754228	0.94%	5	37331	96082	309023
广东	879854	0.79%	6	33995	120610	334445
福建	207608	0.53%	7	10668	24551	91696
山东	500357	0.50%	8	22737	63242	241159
重庆	130227	0.43%	9	9641	18008	62011
湖北	235263	0.40%	10	18310	29428	108787
陕西	150793	0.39%	11	11760	30676	69933
安徽	228245	0.36%	12	12555	29792	96646
辽宁	146402	0.34%	13	15070	29079	68928
吉林	83505	0.31%	14	12358	22492	36602
湖南	205083	0.30%	15	14412	31909	98169
四川	241556	0.29%	16	18777	45982	110239
河南	266427	0.28%	17	10185	32467	112063
宁夏	17232	0.25%	18	1054	2606	7461
河北	185683	0.25%	19	7407	29995	85542
江西	99643	0.22%	20	4883	13701	42844
山西	78142	0.21%	21	5698	12585	38581
黑龙江	71321	0.19%	22	7677	16820	34471
内蒙古	48755	0.19%	23	2337	7158	23468
甘肃	40973	0.16%	24	4410	8778	19187
青海	9675	0.16%	25	603	1470	4569
云南	77584	0.16%	26	6019	13699	34868
广西	71954	0.15%	27	5901	17586	30813
海南	13486	0.15%	28	1394	2683	4480

省 （区、市）	R&D 人 员总量	占总人 口比重	占总人 口排名	博士 毕业	硕士 毕业	本科 毕业
贵州	52746	0.15%	29	2827	8572	22363
新疆	28835	0.12%	30	2597	7298	12089
西藏	2509	0.07%	31	299	1043	877

从 R&D 人员学历结构来看，2017 年，重庆市博士毕业人才仅仅占比 7.31%，远远低于北京（18.90%）、上海（10.74%）的占比，也比四川（7.77%）、陕西（7.80%）略低；硕士毕业人才占比 13.64%，低于北京、上海、四川、陕西的占比；本科毕业人才在博士、硕士、本科 3 个学历层次中占比最高，达到 46.99%，低于上海的占比，略高于北京、四川、陕西的占比（图 2）。由此可见，重庆市 R&D 人员仍以本科等中低学历的人员构成为主，博士、硕士等高学历人才缺乏。

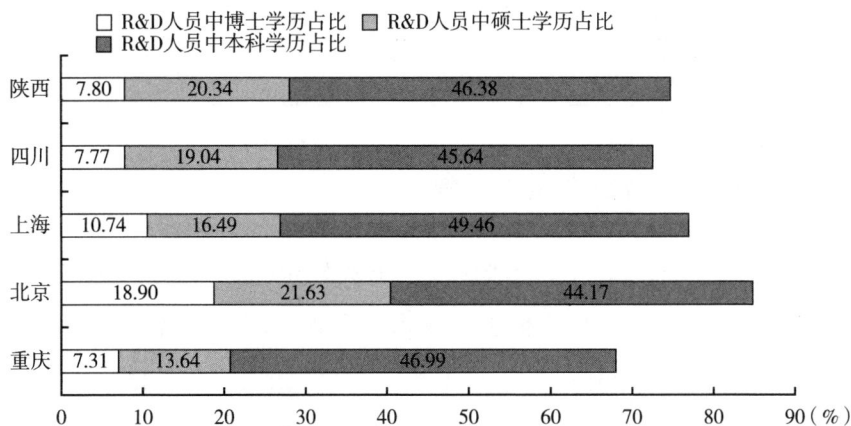

图 2　2017 年重庆市与其他省市 R&D 人员结构分布情况

（二）高层次创新人才缺乏

"两院"院士、国家千人计划人选、国家杰出青年科学基金获得者、国务院特殊津贴获得者等高精尖人才数量较少，特别是学科带头人、高新技术创新人才也不多，拥有量远远低于发达省市。2013—2017 年，重庆市入选中国工程院院士、中国科学院院士、长江学者特聘教授、杰出青年科学基金、青年千人计划、优秀青年科学基金 6 类高层次人才数量为 61 人，全国排名第 17 位，仅为排名第一的北京（1858 人）的 3.28%。目前，重庆市有"两院"院士 16 人、国家千人计划人选 110 人、国家万人计划人选 75 人、国家有突出贡献中青年专家 85 人、国家杰出青年科学基金获得者 43 人、新世纪百千万人才工程国家级人选 110 人、国家中青年科技创新领军人才 29 人、国家科技创新领军人才 16 人、享受国务院政府特殊津贴人员 2588 人。在"两院"院士数量方面，2017 年，北京是重庆的 48.3 倍，上海是重庆的 11.4 倍，陕西是重庆的 4.2 倍，四川是重庆的 3.7 倍，差距非常明显（表 4）。

表 4 2017 年重庆市与其他省市"两院"院士情况

地区	北京	上海	四川	陕西	重庆
"两院"院士	773	182	59	67	16

（三）区域及行业发展不平衡

从区域分布来看，全市 R&D 人员主要分布在都市圈，都市圈 R&D 人员占比始终排在第 1 位，但近年来占比呈现小幅度下降趋势，由 2013 年的 95.02% 下降到 2017 年的 93.39%。其中，主城九区 R&D 人员占比呈现下降趋势，但 2017 年 R&D 人员占比仍然超过 64%。2017 年，渝东北城镇群 R&D 人员为 7304 人，占比总量的 5.61%，高于渝东南城镇群（1.00%），均呈现出科技人才严重不足的特点（图 3）。

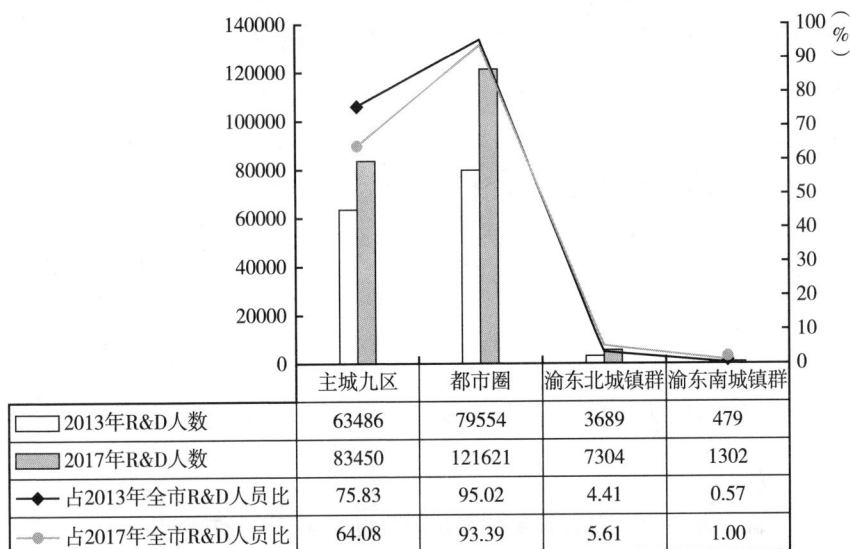

	主城九区	都市圈	渝东北城镇群	渝东南城镇群
2013年R&D人数	63486	79554	3689	479
2017年R&D人数	83450	121621	7304	1302
占2013年全市R&D人员比	75.83	95.02	4.41	0.57
占2017年全市R&D人员比	64.08	93.39	5.61	1.00

图3　重庆市R&D人员中科技人才区域分布

从行业分布来看，R&D人员主要集中在制造业。2017年，重庆市R&D人员制造业占64.77%，教育占19.58%，科学研究和技术服务业占9.56%，信息传输、软件和信息技术服务业占1.79%，卫生和社会工作占1.63%，建筑业占1.61%，其他占1.06%（图4）。

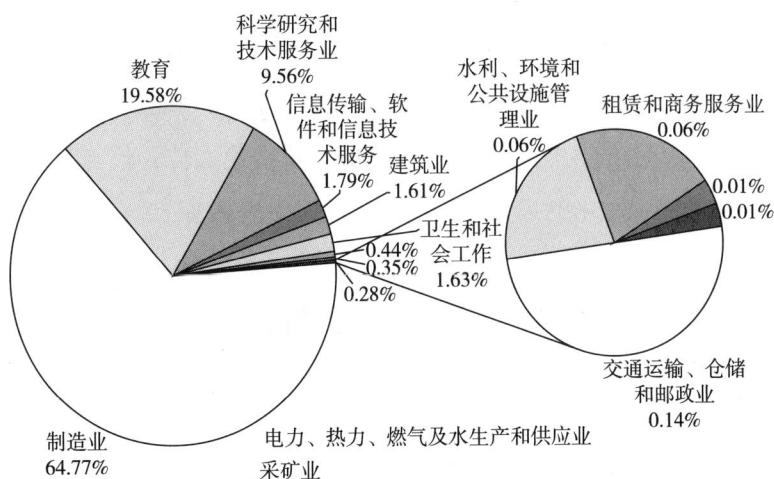

图4　重庆市R&D人员中科技人才行业分布

从执行部门分布来看，科技人才主要分布在企业，2017年企业科技人才占比总量的71.16%，较2013年（69.01%）上升了2.15个百分点；高等学校和研究与开发机构科技人才占比较小，且近年来呈现下降趋势，2017年较2013年分别下降了1.02个和2.38个百分点。

从行业分布来看，2017年光机电一体化、电子信息新材料、生物医药、新能源、环境保护等领域高新技术企业科技人才分别达到23707人、21131人、12197人、7452人、7358人和3100人，其他领域有39459人（表5）。总体表现为传统产业人才较多，战略性新兴产业人才较少。

表5　2017年高新技术企业科技人才行业分布情况

产业	光机电一体化	电子信息	新材料	生物医药	新能源	环境保护	其他领域
人才数量	23707	21131	12197	7452	7358	3100	39459

（四）产出效能不够高

科技人才效能可以用科技人才对GDP的贡献来体现。重庆市科技人才效能在全国一直处于较低水平。2017年，重庆市亿元GDP科技人才数为6.70人，居全国第10位，远远低于北京、上海等地。在西部地区12个省市中，重庆市的人才效能相对较高的，排在第2位，但与陕西省相比还有一定的差距（表6）。

表6　2017年重庆与全国其他省市人才效能对比

省份（市）	重庆	北京	上海	四川	陕西
GDP总量（亿元）	19424.73	28014.94	30632.99	36980.22	21898.81
科技人才总量（人）	130227	397281	262299	241556	150793
亿元GDP科技人才数（人）	6.70	14.18	8.56	6.53	6.89

区域科技人才的产出结果在一定程度上能够说明该区域的创新能力。与国内发达省市相比，重庆市的科技创新能力相对较弱。据《中国科技统计年鉴2018》统计数据显示，2016年国外主要检索工具收录重庆市科技论文数量为SCI6721篇、排名全国第16位，EI5021篇、排名全国第16位，CPCI-S1412篇、排名全国第18位；2017年重庆市国内专利申请数64648件、排名全国第16位，专利授权数34780件、排名全国第15位，有效专利数121604件、排名全国第15位。其中，高新技术有效发明专利数为2190件、排名全国第19位。由上述比较和分析可知，重庆市科技人才的产出效能亟待提升。

四、科技人才发展对策建议

重庆要实现2025年与建设国家（西部）科技创新中心相匹配的科技人才发展目标，需要进一步完善科技人才培育、激励体系，多种方式结合推动科技人才流动，加快建设科技信息共建共享平台、公共服务平台，优化创新的制度环境、市场环境和文化环境，营造尊重知识、崇尚创新、保护产权、包容多元的良好氛围，进一步激发科技人才的创新创业创造活力，为重庆立足"两点定位"、实现"两地""两高"目标、发挥"三个作用"提供支撑。

（一）构建科技人才培育体系

重庆市近年来的博士毕业生每年在1000人左右，研究生毕业每年在15000人左右。根据重庆市教委消息，2017年重庆市高校毕业生留渝就业比例为64.9%，到企业就业比例为73.83%，其中90%从事与研发无关的工作。根据预测结构分析，2025年科技人才发展要与经济社会发展相适应，现有存量与增量之间还存在17.3万人的缺口，按照2018—2025年每年毕业 20 万人计算，将会有 103 万人留渝就业，但从事研发工作的科技人才不到 8 万人，要弥补缺口还远远不够。教育对培养科技人才发挥着基础性和决定性作用，重庆市要坚持优先发展科技教育，为科技教育发展提供法律和制度保障，制定和实施各种优惠政策。

一是培养未来科技人才。深化教育体制改革，将科学教育纳入义务教育教学范畴，设立创新创业创造课程，持续开展青少年科技创新大赛、STEAM 大赛、机器人大赛，用好青少年科技创新市长奖，鼓励学生动手实践和发明创造，从小培养兴趣爱好和创新意识、挑战意识。调整高等教育学科布局，增强大学生的科学理论素养和创新实践能力。加大重庆人文历史教育力度，增强重庆高校毕业生留渝就业的意愿。

二是培养关键科技人才。大力培养能够解决核心关键技术的领军人才，在各行各业大规模培养高级技师、技术工人等高技能人才，注重培养一线创新人才和青年科技人才，加快形成领军人才、骨干人才、潜力人才等梯度人才体系。充分利用现有的国家实验室、工程技术中心等创新载体，将最优秀的人才吸引到基础性和战略性的科学和工程领域锻炼成才。加强新技术新方法的培训交流，鼓励科研人员积极参与国际国内学术交流，在交流合作中启迪智慧，碰撞火花。

三是培养行业科技人才。统筹产业发展和科技人才培养开发规划，加强产业科技人才需求预测分析，立足未来科技人才需求，完善高校布局和学科专业动态调整，增设支柱产业、战略性新兴制造业和现代服务业发展急需的专业，创建一批紧密对接产业链、创新链的"一流学科"。以高等院校为主体，进一步发展"产学研用"人才培养模式，推动研究生教育走进"工业实验室""科技小院"，加速研究成果的产业化，形成科技人才培养和科技创新相互促进的良性循环。发挥园区和企业对科技人才的集聚作用，鼓励高校、科研院所和企业构建产学研用一体化人才培养平台，培养更多实用型科技人才。

（二）搭建科技人才发展平台

目前，重庆科技资源共享平台已经上线运行，科技人才率先纳入了共享平台，但要满足科技人才的发展诉求，还需要在信息、技术、资金等方面匹配资源，因此需要加强科技人才信息共享平台、科技公共信息平台和公共服务平台建设，为科技人才的多元化发展提供支撑。

一是健全科技人才信息共享平台。依托市人力社保局开发的"蓝领云"人力资源综合服务平台，建设科技人才信息子平台，发布科技人才相关优惠政策，定期收集和发布科技人才供需信息，为科技人才就业和高校、科研机构及企业对科技人才的需求提供信息渠道。市经济信息委每年发布《重庆市十大新兴产业集群人才需求指导目录》，可在市经济信息委网站发布的同时通过本平台发布，扩大信息覆盖面，为满足战略性新兴产业人才需求提供渠道和支撑。市科技局可以根据以往信息对未来科技人才供求趋势进行预测，让求职者及时准确了解到未来各种职业的冷热情况，接受有针对性的培训或教育。

二是加强科技公共信息平台建设。依托高等院校、科研院所等公益性技术机构和科技型企业，以提高区域科技创新能力为目标，进一步加强科技公共技术服务平台的建设。一方面，依托重庆科技资源共享平台，加大对现有的大中型科学仪器设备、科技文献信息、科学数据资料等公共科技资源的整合力度，扩大科技资源的社会共享；另一方面，形成科学研究和技术攻关的整体合力，大幅度提高公共科研与服务能力，为产业和企业技术集成、产品设计、工业设计、技术检测、工艺配套等共性技术服务。

三是加强科技公共服务平台建设。建立能够为科技人才科学研究和科技创新提供全方位服务的科技服务平台。目前，重庆市科技公共服务平台建设取得了一定的成效，包括科技企业孵化器、公共技术研发平台和公共服务平台的建设等，但与北京、上海、成都等地相比较，尚有较大的差距，缺乏高端研发平台。充分利用重庆作为西部大开发的重要战略支点、处在"一带一路"和长江经济带的联结点上等战略叠加优势，抓住建设内陆开放高地、山清水秀美丽之地、推动高质量发展、创造高品质生活的机遇，进一步采取措施，加强科技公共服务。

（三）改进科技人才引进方式

一是优化引才创新创业环境。营造"近悦远来"的人才环境，坚持开放包容，进一步完善人才引进法律法规。依托重庆高新区和重庆国家自主创新示范区，聚焦信息、生命、资源环境、能源、材料、工程与技术六大领域，以重大科技基础设施为切入点，高起点建设重庆科学城。推动市内高等院校和公共科研机构的科研平台共建共享，引入市外、国外高等院校和科研院所优质平台资源，促进优势资源互补，将其在创新活动中产生的新知识应用于社会。依托重点工程建设、重大科技项目攻关，搭建适宜科技人才成长发展的良好平台，为科技人才提供更加优越的科研环境。结合产业发展需求，建设一批对全市主导产业和科技发展具有重大支撑作用的科研机构、研究型高等院校和创新型企业。

二是提高引才政策的灵活性。注重柔性引才，针对重庆市传统产业升级和战略性新兴产业发展对科技人才总量和结构的需求，加大引才力度，不拘一格引进急需的高层次科技创新人才。充分利用院士专家工作站、海智工作站等平台，柔性引进院士、国家百千万人才、领军人才、核心人才、高潜人才等紧缺高层次科技人才来渝兼职创业；通过大数据智能化、生物医药、新能源、新材料等战略性新兴产业领域的重大项目引才引智，与重庆市的科技人才共同攻克关键共性技术。组建产业技术创新战略联盟，搭建技术、产业和人才相结合的引才平台。注重以"商"引才、以"企"引才，推进招商引资及企业间的强强联合，实现科技人才与资金、项目的同步引进。注重以"情"引才，通过网络、媒体、新闻等，利用亲情、友情网罗本地及海外人才，建立常态化联络制度，以重大民族节日为契机，通过联谊、电话、短信等方式宣传重庆市的人才政策及急需人才状况，让科技人才更加了解重庆市的经济社会发展现状和引才政策，吸引他们赴渝创新创业创造。注重以"才"引才，形成人才集聚的马太效应和规模效应，通过本地人才构建更加广泛的人才人脉资源，吸引更多的相关人才集聚。

三是根据产业发展调整引才结构。科技人才能带动产业迅速发展，产业发展水平也影响着科技人才的集聚。当下是重庆经济保持高质量发展的关键期，战略性新兴产业发展速度加快，但目前产业集聚度不高、产业链不健全，因此要引进科技人才，还需要加快产业结构的优化升级，提高产业聚集度，加快培育壮大高新技术产业，接二连三，补链成群，构建起上下游相协调、横向互补发展的产业体系。加强产业与科技创新人才的互动，以项目吸引人才，靠人才促进产业，实现科技创新人才引进与产业发展的良性循环。

（四）畅通科技人才流动渠道

在全市营造尊重知识、尊重人才的氛围，倡导创新文化，激发创新活力。建立科技人才信息库，充分利用人才信息"大数据"，随时跟踪人才状况的变化，为科技人才的选用育留提供可靠依据。

一是搭建协同创新平台牵引科技人才流动。围绕技术引进、智力引进，组织实施引进消化吸收再创新和成果转化的重大科技项目。加强与中科院、清华大学、阿里巴巴集团、腾讯、华为等名校名企的全面合作，发挥"两点""两地"等战略叠加优势，借助中新（重庆）战略性互联互通示范项目，吸引国内科技人才资源集聚，通过协同创新平台实现与新加坡、美国等海外科技人才资源共享。

二是提升政府服务促进人才流动。政府应在已经实施的"一站式审批"基础上，为人才服务提供更加优质的全过程、全方位的服务，及时为科技人才流动排忧解难。建立完善的科技人才流动跟踪体系，及时了解科技人才流动中迫切需要解决的问题，为科技人才的顺畅流动提供合理保证。建立科技人才流动评价机制，及时发现问题、反映问题、解决问题，为党和政府制定相关政策提供科学依据。注重发挥老科技工作者协会、农村专业技术协会等社会团体凝聚科技人才的作用，提升社会团体承接政府转移或委托职能的能力，开辟科技人才服务经济社会发展的"第二战场"，让更多的闲置科技人才可以人尽其才。

三是依托产业引导科技人才合理流动。重庆市各区域都存在不同程度的人才缺乏问题，导致产业发展战略的实施受到限制。为了破解人才发展难题，市委市政府搭建了中国国际智能产业博览会、英才大会等引才平台，各区县也出台了相应的引才优惠政策。但是，各区域的科技人才发展问题仍然较为突出，需要针对各区域的重点产业发展特点对科技人才的需求，有针对性地对科技人才开发、培养、激励等方面进行政策支持，通过具有相对竞争优势的科技人才政策，有序引导市内各领域各行业的优秀科技人才流向渝东北、渝东南城镇群，并吸引东部发达地区和海外优秀人才到重庆就业。

（五）强化科技人才激励机制

一是健全科技人才评价机制。评价体系关系到科技人才的成长、晋升，要不拘一格降人才，打破"一把尺子量到底"的单一人才评价标准，破除唯论文、唯职称、唯学历"三唯"困局。创新科技人才评价机制，建立健全以创新能力、质量、贡献为导向的科技人才评价体系，形成并实施有利于科技人才潜心研究和创新的评价制度。优化科技人才的评价指标体系，坚持以品德、能力、业绩为导向，着力体现科技人才对推动全市科技进步和科技服务发展的突出贡献。

　　二是注重物质激励。科技人才薪酬作为最基础和最重要的激励措施，对科技创新至关重要。青年科技人才思维活跃、精力充沛，是科技创新的主力军，偏低的待遇难以让他们沉心静气搞科研，严重影响其创新积极性。建立健全高层次科技人才生活补助机制，设立高层次科技人才住房、交通、教育、医疗、通信等补贴制度。落实市政府特殊津贴制度等奖励机制，加大对突出贡献科技人才的物质奖励力度。实施更加积极的创新创业人才激励和吸引政策，推行科技成果处置收益和股权期权激励制度，让各类主体、不同岗位的创新人才都能在科技成果产业化过程中得到合理回报。

　　三是强化荣誉感召。建立鼓励创新、宽容失败的容错纠错机制，营造宽松的科研氛围，保障科技人员的学术自由。坚持用好重庆市科学技术奖、创新争先奖等表彰奖励政策，定期表彰全市杰出科技人才。积极推荐重庆科技人才、科技成果参与国家层面的评比表彰。适度加大对科技人才、科技团队和科技成果的宣传报道力度，增强科技人才的荣誉感、责任感和使命感，激发科技人才干事创业的内生动力。

重庆市合川区首次科技工作者状况调查报告

重庆市合川区科协调研组

摘要： 习近平总书记指出，创新驱动实质上是人才驱动，谁拥有了一流创新人才，拥有了一流科学家，谁就能在科技创新中占据优势。2018 年 11 月至 2019 年 10 月，重庆市合川区科协组织专家对全区科技工作者状况进行了调查、座谈、走访，分析本区科技工作者规模、密度、经济贡献率、学历构成、群体构成等方面的基本状况，查找出本区科技工作者规模较小、引进效果不理想、作用发挥不充分、发展环境不优、激励机制不健全等突出问题，建议创新引才方式、完善激励机制、创新育才方式、健全流动机制、强化人才服务，建设一支规模大、素质优的创新人才队伍，为本区建设提供坚强的人才支撑。

关键词： 合川区；科技工作者；现状；对策建议

一、合川区科技工作者现状

（一）科技工作者队伍规模持续扩大

2018 年，合川区科技工作者数量达到 3.72 万人，占重庆市科技工作者总量的 1.6%，科技工作者总量在 38 个区县中排名第 20 位。与 2010 年相比，数量增加了 1.23 万人，增长速度较快。按该趋势外推，2020 年合川区科技工作者总量将达到 4.12 万人（图 1）。

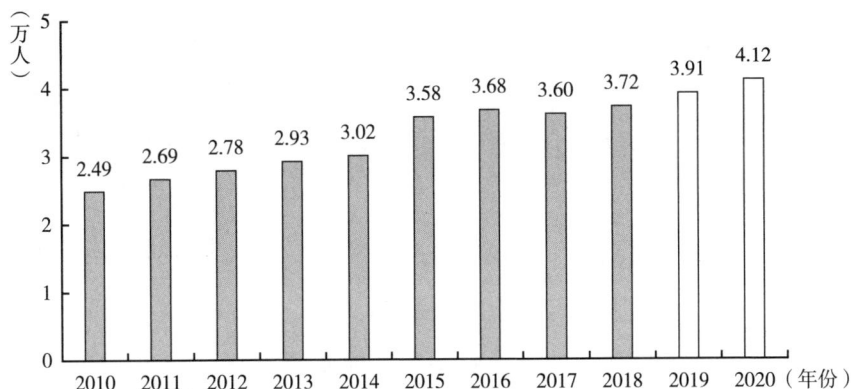

图 1　2010—2020 年合川区科技工作者数量

注：图中 2019—2020 年数据为趋势外推的预测值。

（二）科技工作者密度低于重庆市平均水平

区县科技工作者在就业人口中所占比例，反映了科技工作者的区县分布密度和集聚程度。2018 年合川区就业人口为 51.4 万人，每万名就业人员中科技工作者数量达 724 人，较 2010 年的 568 人提高了 27.3 个百分点，基本保持快速上升的趋势。但是，合川区每万名就业人员中科技工作者数量未达到重庆市平均水平（每万人 1323 人），在 38 个区县中排名第 18 位。

（三）科技工作者对经济发展的贡献不断提高

2018 年，合川区人均 GDP 为 50973 元，低于重庆市平均水平（65933 元）；与 2010 年相比，合川区人均生产总值增长了 30523 元，增长速度较快。在合川区经济快速发展的过程中，科技工作者的贡献不断提高。2018 年合川区每万名科技工作者产生经济效益为 13702 元，较 2010 年（8221 元/万人）提高 66.7%，增长速度在重庆市区县中排名第 9 位。

（四） 科技工作者中专业技术人员占比超六成

科技工作者是按光谱系列式分布的多层次、差异化的复杂群体，按职业可分为核心层、中间层和外延层。核心层和中间层是熟悉相关科学技术、具有自主创新能力的专业技术人员，外延层是从事科技应用、传播和管理的其他人员。2018 年，合川区科技工作者中位于核心层和中间层的专业技术人员占 64.3%；处于外延层的其他职业人员占比为 35.7%，其中国家机关和企事业单位负责人占比为 15.4%，生产、运输设备操作人员占比为 11.4%，办事人员、商业、服务业人员和农、林、牧、渔、水利业生产人员占比相对较少（图 2）。

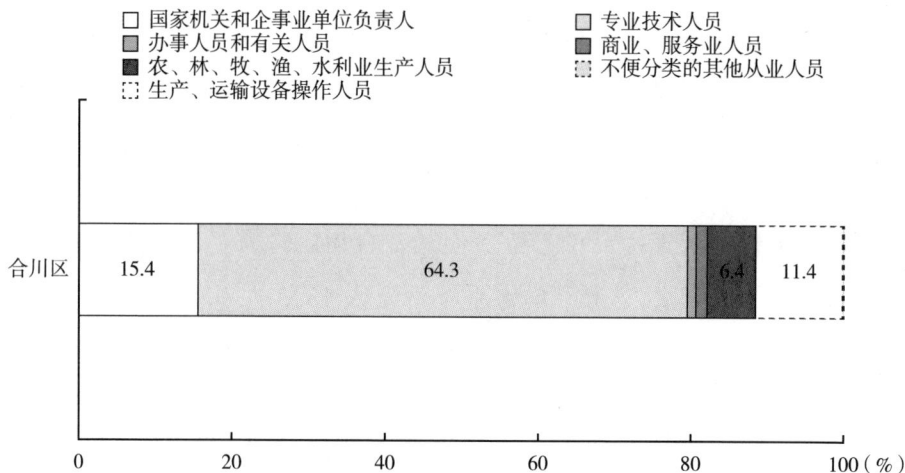

图 2　2018 年合川区科技工作者职业结构

（五）科技工作者以专科和本科学历为主

合川区科技工作者学历结构呈典型的金字塔形分布。2018 年，合川区科技工作者中 33.0% 为高中及以下学历，以从事企事业单位管理和工程技术辅助工作的人员为主；30.3% 为大学专科学历，31.6 % 为大学本科学历，构成合川区科技工作者队伍的主体；拥有研究生学历的科技工作者占合川区科技工作者总数的 5.1%（图 3）。

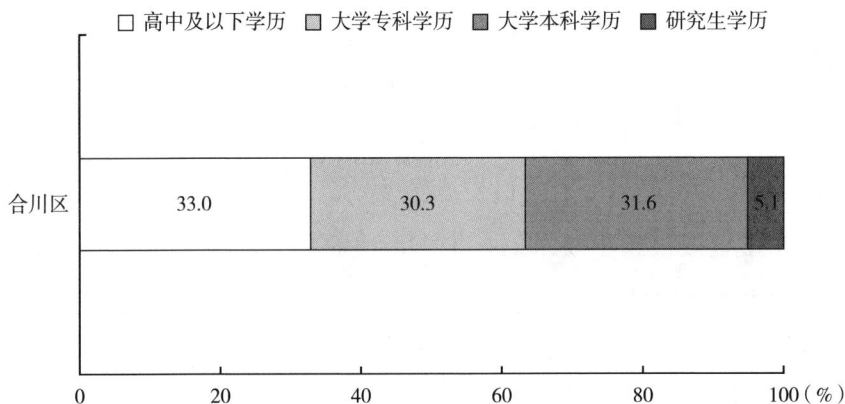

图 3　2018 年合川区科技工作者学历结构

（六）科技工作者高学历化趋势明显

2018 年，合川区近四成（36.7%）科技工作者拥有大学本科及以上学历，与 2010 年相比，合川区大学本科学历人员占比提高了 6.5 个百分点，研究生学历占比提高了 1.4 个百分点，高学历化趋势与重庆市整体水平一致。

二、合川区科技工作者队伍存在的主要问题

虽然近年来合川区科技工作者队伍建设取得了一定成绩，但仍然面临着规模较小、引进效果不理想、作用发挥不充分、发展环境不优、激励机制不健全等突出问题，不足以有效支撑本区深入实施创新驱动发展战略。

（一）科技工作者规模较小，缺口大

2018 年，合川区科技工作者总量为 3.72 万人，占重庆市总量的 1.6%，在 38 个区县中排名第 20 位。同时，合川区科技工作者占合川区常住人口的 2.6%，每万名就业人员科技工作者数量达 724 人，低于重庆市平均水平。以卫生系统为例，合川区卫生系统核定 3344 人，实有在编职工 2857 人，缺编 487 人，即使加上非在编的 2156 人，全区每千人拥有的执业（助理）医师仅 2.38 人，每千人口护士数为 2.64 人，距离重庆市"十三五"卫生计生事业发展指标要求的每千人口执业（助理）医师数 2.59 人、每千人口护士数 3.24 人仍有差距。

（二）科技工作者引进效果不理想

一是人才引进渠道单一。多数体制内单位只能依靠公开招录引进人才，缺乏人才引进自主权，许多专业水平高、工作经验丰富的人才被挡在门外，且每年招聘手续烦琐，时间长，很容易造成已通过考察的优秀人才流失。基层单位招录人才未设置服务期限，若录用的人员不报到，没有递补录取途径，只能空岗等待下一年招聘。二是产业一线人才难留住。合川区的待遇水平、发展平台与广州、上海等地相比并无优势，也无法完美对标重庆市主城区，引进和培养的产业一线人才易流失。此外，草街工业区等地理位置相对较偏，公共交通网络目前未覆盖，园区内生活设施不完善，也导致了一线技术人员的流失。

（三）科技工作者效能发挥不充分

一是科技工作者产生的经济效益较低。2018 年合川区科技工作者中专业技术人员占 64.3%，在 38 个区县中排名第 34 位。同时，每万名科技工作者产生的经济效益为 13702 元，在 38 个区县中排名第 24 位。与科技工作者数量接近的区县相比，合川区科技工作者发挥的经济效益低于长寿区、大足区、铜梁区、荣昌区、南川区，仅略高于潼南区。二是科技工作者供需不相匹配。企业和高校联合培养人才困难重重，尤其缺乏多学科背景的交叉型应用人才，高校人才培养专业不能完全匹配企业需求，亟待搭建权威合作平台。以农业部门为例，由于农业结构调整、新品种、新技术等因素影响，农业人才专业需求发生变化，现有人才专业与需求不平衡，缺乏水果产业高端人才、农业工程项目专技人才等。

（四）科技工作者发展环境不优

一是学习交流机会少。高层次人才（副高及以上职称或研究生及以上学历者）调查显示，45.3% 的高层次人才表示跟不上知识更新速度是目前工作中的主要困扰，38.7% 反映学术交流机会不多，制约科技创新高级人才的发展。在 40 岁以下青年高层次人才中，52.0% 反映缺乏业务 / 学术交流是其工作的首要困扰。二是科研经费投入不足。仅有 1.8% 和 0.6% 的高层次人才是因为合川科研条件好和创业优惠政策多而选择到合川工作。39.2% 的高层次人才反映科研经费投入较少，对高职称、高职务的高层次人才制约作用突出。三是科技资源获取不便。访谈显示，目前合川区缺乏科研基础设施共享平台，企业较难获知高校和院所的科研设备信息，制约产学研合作；医务人员缺乏文献信息共享资源，获取科技文献不方便。

（五）科技工作者评价和激励机制不健全

近五成（48.0%）高层次人才认为，人才激励机制不健全是科技创新高层次人才发展存在的主要问题。一是人才评价"唯论文"现象严重。目前合川区技术人员评职称时仍不重视专利等应用性成果和报告、业绩材料等岗位工作能力证明，人才评价"唯论文"的现象普遍存在。二是激励政策宣讲解读不够。45.3%的高层次人才表示对合川区科技创新高层次人才的各项优惠政策不太了解。40岁以下科技工作者中，67.5%的表示不太了解或完全不了解。近六成（59.8%）无行政职务者中对政策不太了解或完全不了解。三是应用型成果激励力度不高。对科技成果转化的收益政策未落地，目前对人才的激励仅限于实验室内，至于转化后的激励落实仍有"最后一公里"。

三、进一步加强合川区科技工作者队伍建设的对策建议

（一）创新人才引进方式，搭建人才引进平台

一是搭建统一人才供需信息平台。聚焦企业人才需求，推进招商引资与企业招才引智相结合，在企业引进人才的同时给予产业上的支持。搭建统一科技工作者供需信息平台，建立常态化联络制度，动态更新人才供需信息，统一人才需求信息渠道。二是健全人才引进机制。聚焦装备制造、医药健康、信息技术三大支柱产业对科技工作者的需求，引进产业发展急需人才，加强人才对产业的引领作用。聚焦人才实用技能，制定一套引进前、中、后的综合指标体系，注重人才后续发展，同时保持合理比例的中端技术人才，确保人才结构支持产业链可持续发展。充分利用国家高新技术开发区等平台、中新互联互通示范项目等优势项目，制定平台建设与人才队伍建设方案，发布项目人才需求目录。三是健全引才配套体系。统筹建设人才创业孵化园、人才创业基地等，为人才创业提供一站式、专业化、全方位的配套服务。根据人才特点，建立完善人才引进、使用、培养、激励等方面的分类管理体系。将引进的高层次、高技能人才作为重点联系服务对象，充分发挥科协等组织作用，提升人才学术交流、奖励推荐、权益维护等方面的服务质量。

（二）完善人才激励机制，激发人才创新活力

一是改进人才评价机制。根据不同专业类型、不同研究类型、不同岗位类型构建分类综合评价指标体系。充分发挥行业学会、协会的专业优势和技术优势，利用行业资源和行业平台评价人才，并建立人才评价专家库成员动态更新机制。结合合川区人才评价实际制定人才评价具体方案，确保改革政策落地见效。二是完善人才收入分配制度。优化财政科研经费的配置，提高基础性、公益性研究科技投入比例，采用稳定支持和竞争项目支持相结合的资助模式，加强财政科研经费在科研平台方面的投入力度。改革科研经费管理，完善财政科研项目经费管理办法，简化直接费用预算编制科目，劳务费预算不设比例限制，下放预算调剂权限。三是加强科技成果转化。建立"互联网＋"综合技术交易服务平台，找准科技成果与产业需求的有效对接点。推动高校和行业领先企业聚焦本领域共性技术短板，联合研发。成立科技产业化联盟和技术交易中心，动态收集科技成果待转化清单与企业技术需求清单，采用"一技一议"的方式，对接科技成果。联合高校院所、中介机构，建设一批科技成果转移转化人才培养基地，培养专业化人才。

（三）创新人才培育方式，完善人才资源结构

一是加强校企合作。打破高校与企业间的人才培养"边界"，推行学校教师与行业人才"双向交流"制度。通过校企共同实施重大项目、共建技术创新中心和重点实验室等，合作培养紧缺人才。组织高校、学会和企业联合建立示范性科技创新平台，建设一批公共研发中心和技能培训基地，集中打造人才培养公共平台。二是搭建进修培训平台。鼓励和支持科技社团、高校院所与互联网企业加大合作，建立完善网络在线公开课程，发展高质量、更具权威性的远程进修培训。构建多样化的进修培训平台，

根据不同科技工作者的特点，有针对性地制定进修培训课程，如面向高学历、高职称科技工作者举办小型、高端研讨班，面向基层一线科技工作者举办业务技能培训班，并向基层、一线、青年科技工作者倾斜。三是完善现代职业教育。优化学科专业结构，改变专业设置重复、课程模式雷同的现状，逐步推行"订单式"的课程体系。构建现代职业教育"立交桥"，探索中职、高职与应用型本科一体化人才培养模式。

（四）健全人才流动机制，优化人才资源配置

一是鼓励人才"柔性"流动。推进高校、科研院所、企业建立开放、流动、竞争和合作人才管理制度，实施人才与项目结合的柔性流动机制。加强知识产权宣传和普及，与人才订立合同，约定竞业限制条款和成果权益归属条款，协调双方权益。在科技计划和财政资助项目中，以项目为纽带，组建校、院、企综合研究团队，整合人才资源。二是搭建人才服务平台。建立科技人才产权鉴定与公证制度，对人才产权的构成和权属进行合理划分和鉴定，避免纠纷。发挥中介机构的作用，提高专业化和自主创新能力，加大人力、资本、技术等的投资，打造高水平的服务产品。发挥科协组织的作用，通过举办院士行、科技资源精准对接等品牌活动，搭建科技人才服务一线、服务基层的平台。三是破除人才流动障碍。给予新落户毕业生租房和购房补贴。完善人事档案管理制度，加快人事档案的社会化管理进程，实行统一的人事代理和专业化的标准管理。健全社保制度，缩小用人单位社保差距，鼓励企业根据工作需要为科技人才办理多种形式的补充保险，解决科技人才流动的后顾之忧。

（五）强化人才服务机制，改善人才发展环境

一是转变管理职能。强化政府公共服务、监督保障等职能，建立服务权责清单和负面清单，推动相关部门简政放权，利用市场化作用推动科技

人力资源发展。改进政府部门组织"项目评审、人才评价、机构评估"的方式方法，规范人力资源招聘、评价、流动等环节的行政审批和收费事项。二是重视信息管理。建立跨部门的协调机制，完善科技工作者信息统计、发布机制，建立科技人力资源信息服务平台。统一科技人力资源数据入库标准，从技术职称、承担项目等多角度研制可行性方案，推进数据库建设、数据标准化和数据共享。加强科技人力资源、科技计划项目、科研仪器等科技信息资源的集成，形成面向多个应用主体、涵盖多种信息产品的服务体系。三是提供优质高效的政府服务。加强科技政策的梳理、解读，绘制重点项目、资金申报流程图，帮助科技工作者知晓和申报政策支持。开展科技人才政策落实情况第三方评估，推动政策优化调整和落地落实。开展科技工作者状况调查，掌握科技工作者队伍基本情况，准确把握新形势下科技人才成长的特点和规律，发现并解决科技工作者在工作、生活等方面遇到的问题，提高为科技工作者服务的水平。

科技工作者创新创业现状与风险研究

中国科协创新战略研究院　　张明妍　邓大胜

摘要：为掌握科技工作者参与创新创业的意愿及顾虑，激发创业潜能，化解创新风险，本研究采用问卷调查和调研访谈相结合的方式，利用中国科协全国调查站点随机抽样选取 18629 位科技工作者进行问卷调查，并对 9 家科技型创业企业及孵化机构或联盟组织进行调研访谈。研究发现，科技工作者创业意愿较高，但创业行动因创新政策落实情况而异；科技工作者对离岗创业存在后顾之忧，需进一步破解政策难题和制度障碍，完善有利于创新创业的生态环境。

关键词：科技工作者；创新创业；风险；现状；影响因素

一、引言

推进"大众创业、万众创新"是实施创新驱动发展战略的核心内容，在我国经济进入新常态的形势下，进一步通过全面深化改革，激发科技人员的创新创业潜能，使其成为引领双创开展的主体力量，对提升双创的质量和水平，实现发展的动力转换和经济转型升级至关重要（张明妍等，2017）。在人才竞争激烈以及产业需求加大的情况下，对不少科技工作者来说，未来的出路或许不在科研院所，而是在社会所需要的地方。创业成为他们开启未来的风险与收益"双高"的路径，甚至是捷径（姜天海，赵广立，2015）。"大众创业、万众创新"要求破解当前政策难题和制度障碍，完善有利于创新创业的政策环境，建立符合科研规律和人才发展规律的体制机制，充分调动科技人员的创新活力和创业热情。在新创企业高失败率以及创业企业所处的快速变化的市场情况下，更好地理解科技工作者创新创业过程中碰到的主要问题和困难以及可能面临的风险问题，进一步提出促进科技人员创新创业的政策措施和风险防范措施，将有助于提高科技工作者创新创业的积极性，规避创业过程中的风险问题，提高创业成功的可能性，进而更好地促进科技成果转化，增进创新、就业与社会财富，促进国民经济的发展。

二、研究对象与内容

本研究以科技工作者为研究对象，主要针对从事专业技术和科研管理工作的科技工作者创新创业及其可能面临的风险情况进行调查。科技工作者包括来自高校、科研院所、企业等单位的科技工作者（潜在创业群体），也包括已经创业的科技工作者。

科技人员创新创业主要指"科研和工作之外的所有商业化活动""科学技术转向追求利润的过程""利用产生于学术机构的智力资本创建新企业"等（Louis 等，1989；Shane，2004）。具体形式包括产学研合作、大学衍生企业、学术/大学新创企业、学术成果和科技成果转化以实现商品化等。

科技工作者创新创业风险主要是指科技工作者在创新基础上进行创业活动的过程中所面临的风险，包括科技工作者实施创业活动可能面临的成本问题以及在创业过程中可能面临的创业不确定性或偏离预期目标的可能性及后果。对于已创业科技工作者来讲，创业风险主要是指在创业企业的成长和发展不同阶段，因为市场需求的多变、竞争环境的加剧、相关政策的变化以及新创企业自身的特点、创业者（团队）能力的局限而导致的新创企业的经营目标与预期不一致的可能性，以及由此所造成的相关负面的结果。而对于潜在创业者来讲，创业风险不仅指科技工作者从理性角度出发所意识到的创业过程中会遇到的上述潜在负面结果，还包括自身权益可能会受到威胁的负面影响。

三、研究方法

本研究采用问卷调查和调研访谈相结合的方式，考察我国科技工作者创新创业的现状、影响科技工作者创新创业积极性的因素、创新创业可能面临的风险等，客观反映当前科技工作者创新创业面临的困难和阻碍。本研究利用中国科协全国调查站点，采取随机抽样的方法，向科技工作者发放调查问卷，回收有效问卷 18629 份，重点了解科技工作者的创新创业意愿、创新创业氛围、风险及对双创政策的知晓情况和评价等内容。此外，实地调研了 9 家科技型创业企业及孵化机构或联盟组织，针对科技工作者创新创业的现状、面临的突出问题及创新创业风险开展调研。

四、研究结果

（一）科技工作者创新创业的现状

在近两年双创政策的引导下，科技工作者的创业意愿得到激发，但多数科技工作者"只见心动，未见行动"。调查显示，2013 年科技工作者中有创业意愿的人群比例为 26.1%，2015 年为 49.1%，2016 年为 51.3%。尽管大多数科技工作者有创业意愿，但多数人停留在观望等待阶段，2016年仅有 1.9% 的科技工作者"已经开始创业"。科技工作者作为"双创"生力军的作用还未被充分调动激发出来。

1. 科技工作者创业主要为实现个人价值，偏好知识技术密集型领域和团队创业方式

一是实现个人价值是科技工作者创业的主要动机。科技工作者中选择实现个人创业梦想和出于个人兴趣选择创业的创业者占大多数。调查显示，79.6% 的科技工作者认为创业是为了"实现个人价值"，34.7% 是为了"促进社会发展"，36.7% 是为了"满足个人兴趣"。有关"创业对自己是一种经历和兴趣，不在意成功与否"的调查中，53.1% 的创业者表示认可。

二是科技工作者创业偏向于知识和技术含量高的领域。调查显示，信息技术（28.8%）和互联网电商（27.2%）是科技工作者选择创业相对比较集中的领域。与一般的创业项目相比，教育培训（27%）、健康医疗（26.6%）、节能环保（25.9%）及农业产业（24.8%）是科技工作者选择创业相对比较活跃的领域。

三是团队创业是科技工作者创业的首选方式。无论是对于已创业的科技工作者，还是有创业意向的科技工作者，团队创业都是其首选的创业方式。调查显示，57.2% 已创业、60.6% 有意愿和 46.7% 有计划创业的科技工作者选择团队创业，21.8% 已创业、24.0% 有意愿和 26.9% 有计划创业的科技工作者选择个人创业，还有一些科技工作者选择加盟或家庭创业的方式参与创业活动。

2. 年龄、性别和政策知晓度影响创业意愿，所处环境创新创业氛围影响实际创业行动

一是青年和男性创业意愿更高。青年科技工作者更具创新创业潜力。调查显示，30 岁以下科技工作者有创业意愿的比例最高，为 57.9%，其次是 30～39 岁的科技工作者有创业意愿的比例为 55.2%，而 50 岁以上的科技工作者有创业意愿的比例最低，为 34.4%。男性科技工作者创新创业活力高于女性，男性已创业（2.5%）、有创业规划（9.2%）和有创业意愿（52.9%）的科技工作者比例远高于女性，而女性不想创业（44.1%）的比

例相对较高。

二是对创新政策越了解的科技工作者，创新创业意愿越高。调查显示，5.7%的科技工作者对双创政策非常了解，43.5%有所了解，通过比较不同状态的科技工作者对双创政策的了解情况发现，科技工作者对双创政策的了解程度越高，其创新创业意愿越强。不想创业、有创业意愿、有创业规划和已创业的科技工作者对双创政策表示了解的比例依次为42.5%、51.7%、67.0%和71.4%。

三是所处环境的创业氛围越浓厚，实际创业行为越活跃。调查显示，对于已创业的科技工作者来说，86.6%人认为所在城市或者地区已形成创新创业氛围，75.1%的人认为所在单位已形成创新创业氛围，明显高于全体受调查者所处地区和单位的创新创业氛围（73.8%，46.8%）。单位已经建设和计划建设众创空间的比例越高，科技工作者创业意愿也越高，不想创业、有创业意愿、有创业规划和已创业科技工作者单位已经和计划建设众创空间的比例分别为31.1%、45.1%、56.7%和62.5%。

四是非公有制企业的科技工作者实际创业比例更高。调查显示，创业意愿在不同属性的单位之间无明显差异，非公企业科技工作者有创新创业意愿的占53.3%，事业单位和公有企业的这一比例分别为49.3%和54.6%。但非公企业科技工作者实际创业的比例（4.4%）显著高于事业单位（1.4%）和公有制企业（1.2%）。访谈中，多数高校和科研院所的科技工作者认为"按照党政机关的管理方式管理事业单位，对大学和科研院所等学术机构干预过多"，特别是对副处级以上干部在企业兼职严格控制，使得很多科技工作者心存顾虑。

（二）科技工作者创新创业的风险

据统计，发达国家中小高新技术企业创业的失败率高达70%。调研中科技工作者也反映"十家创业公司，七个倒，一个活，还有两个会活得很艰难"。除了常规经营风险，科技创业往往面临研发落地难、产品更迭快、技术转化不确定等特殊风险。此外，我国科技工作者还可能受制于单位、身份等属性约束，从而对创新创业产生顾虑。

1. 科技工作者的离岗创业顾虑

一是岗位权益顾虑。很多单位对离岗创业人员的社保、档案等人事规定还不明确，个别地方将离岗创业按"吃空饷""在编不在岗"处理。科技工作者对于现有岗位主要有三方面顾虑：担心离岗创业后岗位不再保留（65.3%）；担心离岗创业影响职称职务晋升（45.5%）；担心离岗创业后相关岗位待遇会降低（43.6%）。

二是收益获取顾虑。来自科技部的统计显示，2014年全国5100家大专院校和科研院所，每年完成科研成果3万项，但其中能转化并批量生产的仅有20%左右，形成产业规模的仅有5%，这与发达国家高达70%～80%的成果转化率相去甚远。为了调动高校、科研院所科研人员的积极性、促进成果转化，我国实施了科技成果使用权、处置权和收益权的三权改革。据调查，仅有25.8%院所和28.3%高校的科技工作者所在单位进行了三权改革，并且52.7%认为"效果一般"。成果转化中，团队成员可取得的收益比例平均为37.8%，仅30.1%院所和高校科研人员反映科研成果转化收益可以达到"不低于50%"的改革目标。

三是绩效考评顾虑。科技工作者的评价导向多与论文挂钩，很少考量参与科技成果转化等创新创业活动的绩效。关于绩效考评的突出问题，57.6%的科技工作者认为"论文要求是硬杠杠"，其中高校和科研院所这一比例分别为74.4%和61.7%；53%科技工作者认为"考核评价标准过于单一，对不同岗位缺乏分类评价"。仅有35.5%的科技工作者反映其所在单位有针对科技工作者的分类评价制度。

四是违规违法顾虑。调查显示，来自高校和科研院所的科技工作者分别有69.9%和64.8%反映"按照党政机关的管理方式管理事业单位，对大学和科研院所等学术机构干预过多"问题突出。特别是对高校和科研院所副处级以上干部在企业兼职严格控制，许多担任行政领导的科技工作者对转化科技成果失去兴趣，唯恐跨入"国有资产流失"的雷池。

五是资金不足顾虑。创业初期，科技工作者普遍面临融资困境，73.9%的科技工作者反映缺乏资金、融资难是创业的主要阻力，89.8%的科技工作者表示没有享受过小额担保贷款及贴息。此外，科技工作者普遍担心经营中因短期现金流断裂带来的财务困境，49.0%的创业者认为资金流断裂是创业过程中可能面临的主要风险，36.7%的创业者会因为资金流断裂而退出创业。

2. 除常规的经营管理风险外，科技工作者创业还面临技术与政策风险

一是成果转化风险。从科技成果到商品化、产业化的过程通常并非一帆风顺，产品与市场需求脱节情况时有发生。美国布兹·阿伦和哈密尔顿公司根据51家公司的经验，归纳出新产品设想衰退曲线。从新产品的设想到产业化成功，平均每40项新产品设想约有14项能通过筛选进入经营效益分析；符合有利可图的条件，得以进入实体开发设计的只有12项；经试验成功的只有2项；最后能通过试销和上市而进入市场的只有1项。调查中，59.5%的科技工作者反映，在科技成果转化过程中，科技成果与市场需求脱节是最主要的问题，30.4%的科技工作者反映，在初创阶段遇到过技术无法实现应用的问题。

二是产品更新滞后或技术流失风险。随着科技发展社会进步，市场需求日趋多样，科技产品生命周期明显缩短，更新换代频率高，创新产品极易被更新的技术产品所替代。此外，由于技术凝结在产品性能中，随着产品投入市场，技术信息也更容易被其他企业模仿。技术流失现象在高技术领域最为严重，据统计资料显示，IT行业技术流失比例从1999年的45.2%剧增至2006年的87.5%。

三是创业环境风险。主要表现在两个方面：一方面，科技工作者对于

创新创业政策了解不足。仅有 48.8% 的科技工作者表示对国家加大高新技术企业扶持政策有所了解，32.6% 的科技工作反映了解国家支持创业担保贷款政策，27.6% 的科技工作者了解拓宽创业融资渠道的政策，37.4% 的科技工作者了解科研基础设施等向社会开放的政策。另一方面，双创支撑平台对科技工作者创新创业的支撑服务不足。实地调研发现，近几年众创空间如雨后春笋般迅速成长起来，一些地区把建设众创空间作为硬指标，或者通过政策优惠强行推出一些成长性较差、功能性较低的众创空间，众创空间等双创支撑平台建设的门庭冷清与科技工作者创新创业的刚性需求呈鲜明对比，有人甚至用"巢比蛋多"来形容当前的发展情况。调查显示，仅有 20.2% 的科技工作者认为双创支撑平台的专业服务能力很强，17.9% 的科技工作者认为双创支撑平台服务链条完整性较高，15.7% 认为创新创业场所经营活力较高，13.8% 认为经营成效较高。当前创客空间更多是为创业者提供物理空间，而在创业服务等软环境建设方面，还有很大的提升空间。

五、建议

针对科技工作者创新创业现状和风险因素，建议从体制、机制、法制多方发力，帮助科技工作者消除顾虑、化解风险。一是加强科技工作者创新创业政策宣传解读，搭建创新创业政策宣传服务平台，为科技工作者充分享受创新创业优惠政策提供咨询服务。二是加大创新创业政策落实力度，有针对性地激发科技工作者创业热情，多渠道引导、激励、支持广大青年科技工作者投身创新创业实践；加大力度扶持具有显著特色的、高知识和高技术水平领域的创业项目。三是营造宽松创新创业环境，从促进技术转移转化向合作式创新转变，以科技成果转化收益权政策为突破口，鼓励科技工作者以技术入股方式参与创新创业，推动技术资本化。四是建立科学合理的科技工作者评价机制，将科技成果转化从"可"或"应该"纳入绩效考核指标转变为明确纳入绩效考核指标体系中。五是发展科技保险业，完善资金支撑互助体系，发挥科技保险经济"减震器"和社会"稳定器"作用。

参考文献

［1］姜天海，赵广立. "众创"时代呼唤科技人员投身创业［J］. 今日科苑，2015（4），10–11.

［2］刘亚娟. 创业风险管理［M］. 北京：中国劳动社会保障出版社，2011.

［3］徐明. 创新与创业管理学——理论与实践［M］. 大连：东北财经大学出版社，2016.

［4］张明妍，王岩，马兴. 创业与经济发展的关系基于 GEM 的实证研究［J］. 技术与创新管理，2017，38（4）：393–417.

［5］Louis, K. S., Blumenthal, D., Gluck, M. E., et al. Entrepreneurs in Academe：An exploration of behaviors among life scientists［J］. Administrative Science Quarterly, 1989（34）：110–131.

［6］Shane, S. Academic Entrepreneurship. University spinoff and wealth creation［M］. Chehenham Northampton：Edward Elgar, 2004.

从站点信息看科技工作者服务路径

中国科协创新战略研究院　　于巧玲

摘要：为紧扣科技工作者需求探讨提升服务科技工作者的品质问题，本文对近几年科技工作者通过"全国科技工作者状况调查平台"渠道提供的站点信息进行了汇总分析，总结了九项科技工作者可改善服务路径的角度：完善科技工作者服务需求征集机制，建立科技期刊投稿平台，促进国家科技体制改革经验在科研单位间交流，助力产业技术创新战略联盟建设，参与科普设备行业标准制定，扩大企业科协的覆盖率，服务科技工作者尤其是企业科技工作者的职称评审需求，服务好乡村振兴科技工作者，保障科技教师权益以增进科技教育实效。

关键词：站点信息；科技工作者服务；需求

为科技工作者服务是科协组织的主要职责之一，从科技工作者的需求角度探究改善服务科技工作者品质的路径，更有助于从根本上做好科技工作者服务工作。"站点信息"是基层科技工作者向科协组织反映科技工作者需求、呼声、建议的"直通车"，具有及时、真实、持续反映的特点，通过"科技工作者状况调查平台"，基层科技工作者可以更为快捷、通畅地反映自身的需求和建议。近几年科技工作者每年通过平台反映的站点信息都在 3000 条以上，对"站点信息"的分析有助于科协从科技工作者角度提升服务科技工作者的品质。通过对各站点近几年上报的站点信息进行汇总发现，科协组织可以从以下角度做好服务工作，从而提升自身的服务品质。

一是完善科技工作者服务需求征集机制，充分发挥站点在反映科技工作者意见、建议和需求方面的桥梁作用。依赖于直接设立在基层科研单位的优势，调查站点在反映科技工作者呼声与建议方面发挥了重要作用，但对于站点未覆盖到的科技工作者的需求，调查站点还无法及时征集，建议在科协的网站或者微信公众号设立专门的服务需求征集通道，并结合大数据技术建立分析汇报制度，使科协能够联系和服务到更多的科技工作者，动态掌握科技工作者需求的新变化，更好地服务科技工作者。

二是充分发挥科协在学术环境服务方面的作用，建立科技期刊投稿平台。中国科协在净化学术环境、加强科研诚信和学风道德教育监督方面发挥了积极作用，例如在青年人才托举工程中，坚持学风道德优良的评价标准，开展科学道德和学风建设宣讲活动，加强对两院院士推荐（提名）的诚信审核等。同时，赝刊发文触雷事件在国家加强对学风问题整治的过程中频发，赝刊仍然是科技工作者难以避开的"地雷"。有站点反映，科技工作者在发论文时仅在辨认真伪期刊环节就要花费很长时间，以《教育研究与试验》为例，网络搜索就有若干条网址不同的主页，假冒期刊网站制作精良，真伪难辨，且在搜索排名靠前，很难甄别。科技工作者确定投稿方式真伪要通过网络、纸质刊物和电话联络多重保险。建议科协组织在加强学风教育监督的同时，建立科技期刊投稿平台，汇集和更新期刊投稿方式，为科技工作者"探雷""排雷"。

三是在科研单位间发挥促进国家科技体制改革经验交流的"交换机"作用。《深化科技体制改革实施方案》出台以来，国家在人才培养、评价、激励，科研经费使用，促进科技成果转化，营造创新环境等方面陆续制定和出台了众多配套政策，并在多地多单位进行试点改革与自主探索，众多科研单位对于改革也是跃跃欲试，但不知从何下手、如何下手。科协在科技体制改革的过程中做了大量调研与评估工作，试点单位经验的整理与推广对于其他科研单位有着非常重要的借鉴作用，科协应发挥好科技体制改革中的经验"交换机"作用，促进优秀改革经验的交流共享，加快国家科技体制改革步伐。

四是促进创新网络完全开放共享，助力产业技术创新战略联盟建设。完善企业为主体的产业技术创新机制，需构建涵盖国家实验室、高校科研平台在内的开放、共享、互动的创新网络，加大科研资源向社会特别是企业开放的力度。有高校站点反映，高校与企业之间搭建的信息共享平台缺乏市场化运作能力和资源整合能力，高校大量科研成果未在平台登记，信息共享功能发挥不足，高校与企业之间未能实现有效对接。应进一步发挥科协"绿平台"的创新资源共享作用，吸引更多高校院所和企业入驻，促进高校院所设备与企业共享；充分发挥院士专家工作站在产学研合作方面的作用，提高院士团队与企业技术需求的匹配度，合理控制单个院士专家工作站与联系企业的数量，推动建立以企业为主导、产学研合作的产业技术创新战略联盟。

五是参与科普设备行业标准制定，促进科普产业健康发展。科普产业方兴未艾，有站点反映目前科普设备招投标缺乏行业标准，国内专业从事科普设备和科技馆展品生产、科普场馆布展方面的企业较少，且很多展品不是标准件，质量价格参差不齐，缺乏验收的技术标准和评审专家，一般采用最低价中标法，不利于科普产业的健康发展。因此，制定科普设备生产、验收的行业标准，建立评审专家队伍十分迫切。应联合科技馆、自然博物馆等单位参与科普行业设备标准的制定与监督，利用人才库优势，建立专业的专家队伍和评价制度，促进科普产业的健康发展。

六是扩大企业科协的覆盖率，增加企业科技工作者的联系数量。有站点指出，目前企业科协数量与我国庞大的企业数量不相协调，科协在服务企业科技工作者方面联系面过窄。组建科协不受企业领导重视，企业科协增量缓慢，特别是在规模以上企业中所占比例还有很大上升空间。企业科协对自身的职责定位不清，仅靠科协支持的经费开展工作，科协与企业工作者联系不亲不紧。因此建议科协组织要加强与企业的沟通，提高企业领导对企业科协工作重要性和必要性的认识，进一步提高企业科协在知名企业中的入驻率，增强企业科协在服务企业科技工作者方面的作用，明确企业科协成立的标准和流程，在未建立企业科协的企业建立科协联系人制度，扩大科协在企业的影响力。

七是服务科技工作者尤其是企业科技工作者的职称评审需求。目前职称制度改革正在进行之中，科协重点关注的五类人群——工程技术人员、卫生技术人员、农业技术人员、高校教师和科学研究人员——所对应的职称评审制度也在分类改革和制定当中。有职称评审需求的部分企业科技工作者反映，目前对获取职称评审政策和信息的渠道还不了解，还有的存在档案遗失的问题不知如何解决。如何在变革中为科技工作者做好职称评审制度解读和服务，应成为服务科技工作者的一个内容。

八是服务好战斗在乡村振兴战线上的科技工作者，发挥科协在乡村振兴中的作用。有站点反映，目前乡土科技人才的管理现状是多头管理，多种抓法，农村技术人才的技能主要靠生产实践积累，后续更新跟不上，不能适应新型农业发展的需要，科技人员下乡科技扶贫发挥的作用有限，存在"走读"现象。科技工作者建议从以下几个方面服务乡村振兴人才：促进对乡土科技人才扶持资源整合，对其实现统筹管理，明确一种抓法，稳定发展方向；开展针对农村技术人才的专业培训，提升其抵御市场风险的能力；提高科研单位、科技人员与扶贫对象所需专业的匹配程度，对下乡人员实行分类考核，在考核中降低论文和专利的权重，增加驻村扶贫等指标。

九是保障科技教师权益，提高教师和学校的积极性，增强科技教育实效。有站点反映，目前基础教育中的科技教育存在走过场现象，学校参加科技教育活动的热情较低。由于部分学校对科技教育的重要性认识不足，科技教育被当成是现阶段的短期任务，科技教师难以发挥骨干作用，科技教育工作有名无实，校园科技节等活动多是为应付考评之用，学校并不愿参与市级以上的竞赛和评选。有站点建议，鼓励政府部门和科协组织设立科技教育专项，提高学校申报科技教育项目的积极性，同时加强学校之间的交流，促进教育经验的共享。对科技教师开展常态化培训活动，促进学校完善对科技教师的考核方式，制定科技辅导活动和其他教学活动的课时换算制度，提高科技教师的积极性。

站点信息是科技工作者反映需求和建议的直接渠道，定期对站点信息进行汇总分析，有助于掌握科技工作者的需求新动态，对科技工作者反映的新问题"对症下药"，进而提升服务科技工作者的品质。

重庆区县科技馆人才培训体系建设研究

重庆科技馆　叶　莉

摘要： 重庆市人民政府提出，用 5 年左右时间，加快区县科技馆建设，形成以重庆科技馆为龙头的现代科技馆体系。截至 2018 年年底，重庆市下辖 38 个行政区县中已建成科技馆 6 所，仅能覆盖主城 9 区及个别区县，整体覆盖率较低，因此加快推进科技馆场馆建设显得尤为迫切。现代科技馆体系离不开人才建设的现代化，特别是科教人员专业素质提升的可持续培训。重庆科技馆作为全国省级科技馆的行业龙头，对科技馆行业培训经验较为全面和丰富，如何依托重庆科技馆优质培训资源，引领区县科技馆人才建设，推动区县科技馆事业发展，还需要我们积极探索。本文从重庆科技馆的实际工作入手，分析基层科技馆在人才队伍建设方面的短板，针对培训需求、培训课程设计等方面提出优化培训环境、搭建学习交流平台、促进区县科技馆建设、发挥全市科技馆良好社会效益的意见建议。

关键词： 区县科技馆；人才培训；交流平台

2019 年 10 月，重庆市人民政府办公厅发布了《加快建设区县科技馆实施方案的通知》，提出力争 5 年左右的时间，推动形成以重庆科技馆为龙头、远郊区实体科技馆为基础的现代科技馆体系。截至 2018 年年底，重庆市下辖 38 个行政区县中已建成科技馆 6 所，仅能覆盖主城 9 区及个别区县，整体覆盖率较低，因此加快推进科技馆场馆建设显得尤为迫切。

人才队伍培训是单位建设的重要组成部分和核心内容，是开发现有人力资源和提升员工素质的基本途径，是增强科技馆社会效益、助推区域经济效益的重要手段。重庆科技馆作为全国省级科技馆的行业龙头，对科技馆行业培训经验较为全面和丰富，如何依托重庆科技馆优质培训资源，引领区县科技馆人才建设，推动区县科技馆事业发展，还需要我们积极探索。

本文从重庆科技馆 10 年来的实际工作经验入手，从全市层面分析如何以重庆科技馆为行业龙头，统筹规划区县科技馆，建立科普人才队伍培训体系，搭建学习交流平台，促进区县科技馆建设，为基层科技馆提供人力资源配置，发挥科技馆提升科学素质、丰富精神文化生活、展现科技文化成果的重要作用。

一、重庆市实体科技馆建设现状

截至 2018 年年底，重庆市建成 6 所科技馆（表 1），分别是重庆科技馆、万盛区科技馆、江津区科技馆、大足区科技馆、荣昌区科技馆、巫溪县科技馆。

表 1　重庆市实体科技馆概况

序号	名称	开馆时间	展厅面积	展品数量	科普影院数量
1	重庆科技馆	2009 年	30000 平方米	400 余件（套）	3 个
2	万盛区科技馆	2012 年	1000 余平方米	150 余件（套）	0
3	江津区科技馆	2017 年	3700 平方米	129 件（套）	0
4	大足区科技馆	2018 年	5400 平方米	245 件（套）	1 个
5	荣昌区科技馆	2018 年	1500 平方米	80 余件（套）	0
6	巫溪县科技馆	2017 年	1800 平方米	100 件（套）	0

重庆科技馆作为重庆市委、市政府确定的全市十大社会文化事业基础设施重点工程之一，2009 年 9 月建成开馆，建筑面积 4.83 万平方米，展览教育面积为 3 万平方米，展品数目达 400 余件（套）。重庆科技馆建成开馆 10 年，累计接待国内外游客 1800 余万人次，2014 年 3 月，参观人流量达 500 万人次，迈入全国省级科技馆前三名。其中"馆校结合"项目，在 2016 年全国科普场馆科学教育项目中，荣获唯一"特别奖"。重庆科技馆拥有展厅设计、展教辅导、科普影视等较科学较全面的科普场馆管理方式。

区县科技馆根据当地教育经济发展情况出资建设，建成数量不多，建成时间不长，建设规模较小，展教队伍配备较弱。基层科技馆中最大的大足区科技馆 2017 年建成，展厅面积 5400 平方米，展品 245 件（套），科普影院 1 个。

二、重庆区县科技馆培训体系面临的问题

（一）区县科技馆对人才培训重要性认识不足

按照加快建设区县科技馆要求，未建立科技馆的区县将抓紧落实。究竟怎么建，需要"人"来规划。同时，建成后的科技馆也需要"人"来"因材施教"。筹建期科技馆基层工作人员需要接受专业展览设计团队经验和能力培训。建成后的区县科技馆，需要承担科技辅导等工作职责，还需长期地进行自我提升。区县科技馆还需通过提升人员培训，加强对展品的开发更新，跟进社会热点，更好地融入学校科普教育，抓好群众的科学普及教育，提高公民科学文化素质。

（二）区县科技馆缺少学习培训资源共享平台

科技馆展览的质量好坏和水平高低，主要涉及自身展览设计团队的能

力和水平。重庆科技馆拥有筹建和开馆运营较为丰富而全面的资源。区县科技馆建设缺少相应的前期研究、展示内容设计、展示方式设计、馆校结合等经验。如何将优质资源输出辅助区县科技馆建设，还缺少一个科技馆体系培训资源共享平台。

（三）区县科技馆缺少培训师资配备和内容体系

培训系统内容和教师能力对培训效果起着至关重要的影响。基层科技馆，规模小，经费少，科教人员配置有限，博物馆学、教育学、物理化学等专业培训师资与课程开发存在一定的困难。区县科技馆缺少培训系统内容和师资，专门的研发人员持续学习受限，导致当地展览设施少，更新慢，不能及时捕捉社会热点。

三、重庆区县科技馆培训体系设计思考

（一）总体原则

重庆区县科技馆建设培训体系平台的总体原则是：建立定期学习型交流平台，设立互助互进、资源共建共享机制，将重庆科技馆成熟的培训资源输出，加快区县科技馆建设，发挥重庆科技馆龙头带头作用，加快推进重庆现代科技馆体系，进一步发挥科普场馆科学普及的科普功能，增强人民群众科学普及的获得感。

（二）设计思路

基于目前重庆市科技馆培训体系的现状，设计从培训需求、培训计划、课程和师资等方面提出优化培训环境，搭建学习交流平台，重庆科技馆引领、促进区县科技馆建设，为战略规划、组织效益、科教能力发展服务。

1.调查和分析区县科技馆培训需求

培训需求分析是采用科学的方法弄清楚谁需要培训、为什么培训、培训什么的问题，是培训活动的前提和基础。重庆科技馆结合筹建到运营以来的经验，认真考虑区县科技馆人员培训方面的问题。每年年底，对未建成科技馆的区县和建成开馆的科技馆进行需求调查，摸清基层科技馆人员培训方面存在的困难，将调查结果运用在培训计划中。

2.搭建科技馆体系培训平台

重庆科技馆体系培训平台根据加快建设区县科技馆的发展战略规划，以重庆科技馆经验为出发点，分析总结开馆以来的技能方法，根据发展目标制订培训计划。结合需求调查，按照科技馆筹建阶段和建成开馆阶段分别进行设计（表2）。筹建期主要涉及筹建工作资金、人员管理、前期研究、展示内容设计、展示方式设计等培训计划。开馆期主要涉及科技辅导、科普影视、科普活动等方面的培训计划。

每年年初，重庆科技馆根据计划确定具体培训时间，统筹建立共享共建的培训交流平台机制。原则上每年至少进行一次筹建期的培训和开馆期培训。

培训不同于教育，重点在于实用性知识或技能的学习，让基层科技馆人员受训完就能实操。课堂教学多采取案例分析、讨论法、答疑法等模式。培训方式主要是现场授课、体验实操等形式，配套网络授课补充。

表2 重庆区县科技馆体系培训内容和课程

发展阶段	培训内容	主要培训课程
筹建期	前期研究	理念和文献研究
	展示内容设计	展览总体规划、展览大纲设计等
	展示方式设计	概念设计、初步设计、深化设计
	筹建期工作培训	筹建资金管理、筹建期人员培训等

发展阶段	培训内容	主要培训课程
开馆期	科普辅导	馆校结合
		科技辅导员
		展品维修
	科普影视	科普影视放映维修、科普影视活动
	科普活动	科普日常活动、科普培训、临时展览
	其他培训	日常资金管理、科普志愿者等

3. 课程师资开发和实施

目前，区县科技馆发展主要包含筹建期和开馆期。重庆科技馆根据培训计划，负责设计培训课程（表2）、资料印刷等后勤、组织、实施等工作，肩负起责任担当的龙头工作。

针对筹建期主要设置：筹建资金管理、筹建人员培训；理念、文献研究；展览总体规划等培训课程。针对建成期主要设置：馆校结合、科技辅导员、展品维修；科普影视放映维修、日常资金管理、科普志愿者等培训课程。

师资方面，重庆科技馆可以依托现有优秀技术人员培养"培训老师"。展览技术部门负责筹建期的前期研究、展示内容设计等培训课程；展教部门负责科技辅导和"馆校结合"培训课程；科普影视部、活动部门分别负责科普影视培训、科普活动等培训课程。

4. 效果评估和结果运用

培训的评估和反馈是培训体系最后一个环节，也是很重要的一个环节。培训效果评估是对前一段培训工作效果进行估量，为培训成果的运用提供依据。评估包含课后测试、学员的反馈意见、学员课后跟踪等。根据不同评估情况，调整次年培训计划。

培训评估的结果运用应纳入对区县的考评规划中。区县积极参加培训将促进区县场馆建设的质量提升，有效发挥科普宣传作用，推进全市整体现代化科技馆体系建设。

四、结语

"先进带后进，大家一起大步向前进。"区县科技馆人才队伍的培训，是可持续发展不可缺少的组成部分，是全面提升核心竞争力的一项长期工程。以重庆科技馆为龙头，从"如何培训""怎么培训"以及"怎样提高培训"等方面思考，认真了解区县建设科技馆培训需求、设立培训平台、完善培训计划和内容，才能加快促进整体全市科技馆体系的共同进步。通过以重庆科技馆为行业龙头，统筹共享优质资源，才能获得预期的整体展览设计制作水平和质量，让全市科技馆获得良好的社会效益和持续发展。

参考文献

[1]中国就业培训技术指导中心.企业人力资源管理师（二级）（第3版）[M].北京：中国劳动社会保障出版社，2014.

[2]朱幼文.科技博物馆展览资源建设——"人"比"物"更重要[J].自然科学博物馆研究，2019（2）：20-27.

[3]陆源.科技馆科普人才现状和建设的思考[J].科技传播，2019（2）：3-5.

[4]郑念，王明.新时代国家科普能力建设的现实语境与未来走向[J].中国科学院院刊，2018（7）：8-12.

智能制造领域高技能人才培育研究

——以重庆市为例

重庆科技学院、重庆市创新文化研究中心　牟丽娇

摘要： 随着制造强国建设深入推进和大数据智能化产业蓬勃发展，智能制造领域的高技能人才瓶颈愈发凸显，人才培养存在着培养投入机制不科学、培养主体责任不到位、智能制造类专业设置滞后、智能制造领域"双师型"教师欠缺、尊重技能人才的社会氛围不浓等问题。为此，建议强化政策支持导向，优化学科专业设置，建设"双师型"师资队伍，全面提升企业参与积极性，营造尊重高技能人才的社会氛围。

关键词： 智能制造；高技能人才；队伍建设

近年来，随着以人工智能为代表的新一轮世界科技革命和产业变革孕育兴起，不论是全面布局"工业4.0"的德国、提出"工业互联网"概念的美国，还是正在建设制造强国的中国，"智能制造"都已成为核心要素，制造业智能化转型升级已是全球发展的大趋势、大方向，更是我国的国家规划和国家战略。智能制造，高技能人才是重要支撑，然而，随着制造强国建设深入推进和大数据智能化产业蓬勃发展，智能制造领域的高技能人才瓶颈愈发凸显。

本文运用典型调研法、调查问卷法、访谈法，重点筛选重庆市智能制造实力较强的5家企业、产教融合较好的3家职业院校、与智能制造高技能人才培育相关的3个市级部门和1家行业组织，并分别发放《重庆市智

能制造高技能人才培育调查问卷》，以人力资源领导及员工、智能制造高技能人才所在车间管理人员、智能制造高技能人才代表为重点调研对象，从不同主体、不同角度、不同层面，多层次、多维度地开展调查，共发放调查问卷 1000 份，回收 829 份，形成了系统、翔实的第一手资料，为本文实证研究奠定了基础。

一、智能制造给传统技能人才培养带来严峻挑战

（一）对传统技能人才就业岗位造成极大冲击

随着数字车间、智能工厂的逐步普及，诸多无须特别技能和专业知识或重复机械性的岗位未来最容易被取代。据联合国教科文组织预测，到 2020 年，人工智能将替代 20 亿个工作岗位，而这些岗位基本都是技能人才从事的工作。经济学家朱民研究指出，到 2035 年 95% 的生产线不再需要工人，50%~70% 的岗位将被机器取代。但另一方面，人工岗位减少的同时还会出现诸如"机器协调员"等一大批新兴岗位。如德国，到 2025 年，在信息和数据技术领域将会增加 96 万个新的就业机会，扣除削减的 61 万个组装和生产类岗位，德国将净增约 35 万个工作岗位[1]。因此，智能产业对高技能人才的需求不是减少了而是增加了。

（二）对传统技能人才能力素质提出新的更高要求

在工业 4.0 时代，一线技能工人不再是简单的操作者，不再仅限于掌握某项专业技能，他们面对的是团队化的工作方式、智能化的工作对象、数字化的工作流程，要求能根据需要随时设计、规划、控制、操作多个层面的复杂任务。他们除了要懂得制造技术，还要懂得软件技术，能够使用复杂数据，具备一定的产品设计与创新能力，能够进行跨文化交流协同

等。因此，在智能制造时代，企业一线员工必须是加工工艺的设计者、生产系统的管理者和设备技术的维护者，是能熟练掌握与运用现代信息技术和智能化设备技术的高素质技能人才。传统意义的蓝领和白领界限必将越来越模糊。

（三）对传统职业教育目标和定位提出新的挑战

智能制造时代，随着技能人才的职业转型和职业内涵变化，必然要求职业教育与之相适应。未来职业院校，必须要从培养掌握单一技能的人才转向培养知识型、创新型、复合型技能人才，从培养"机器的奴隶"转向培养"机器的主人"。未来职业教育不再是低端教育，而是一种既要懂原理，又要会操作的高端复合型教育，其工作环境和岗位将发生根本性改变。

二、智能制造领域高技能人才培养的主要问题

1. 培养投入机制不科学

智能制造领域高技能人才培养，技术前沿，设备先进，办学资质要求高，投入更大，成本更高。但目前重庆市技能人才培养仍以财政投入为主，投入单一且严重不足，职业教育经费占总教育经费的比例，远低于职业院校学生占总学生数的比例，职业教育社会化、多元化投入机制还未形成。调查发现，作为高技能人才培养主渠道的技工院校，2018 年全市投入仅约 14 亿元，其中，财政性经费就占 65%，其他渠道投入少，经费缺口较大。

2. 培养主体责任不到位

企业既是高技能人才的使用主体，也是高技能人才的培养主体，但是部分企业因担心培养成本较大、人才跳槽等，对高技能人才培养的积极性

不高[2]，往往想着高薪挖人，"去别人家的树上摘桃子"。部分企业重用轻培现象严重，企业内部组织的技能人才培训较少，外出交流学习考察的机会更少，技能提升慢，人才成长发展空间受限。调查发现，70%以上的智能制造企业员工偶尔或很少参加培训，其主要原因是企业提供的培训机会较少。

3. 智能制造类专业设置滞后

全市职业院校中开设智能制造类专业的不多，培养的智能制造类高素质技能人才较少[3]，导致全市大数据智能化战略实施所急需的高技能人才紧缺。调查发现，部分智能制造企业约51%的员工所学专业与从事工作相关度较低，高校或职业院校培养的技能与企业对人才的需求52%存在脱节问题，11%存在严重脱节问题。随着企业转型升级，制造业向数字化、网络化、智能化发展，企业对高技能人才的知识和能力提出了更高要求，由传统单一的操作技能转向更高的技术能力和综合素质，然而现有专业设置滞后，致使人才专业知识、技能结构、职业素养难以满足企业需求。

4. 智能制造领域"双师型"教师欠缺

随着人工智能技术的突飞猛进，原有的"双师型"教师在知识结构和能力素质上已不能跟上时代发展的要求，呈现出"发展性"落后，亟须进行再培训再提升[4]。同时，智能制造类"双师型"教师数量也不够，难以支撑快速发展的庞大智能产业需求。根据上海市教育科学研究院、麦可思研究院发布的《2017中国高等职业教育质量年度报告》显示，2016年"双师型"教师比例前100位的院校，"双师型"教师占专任教师的比例在84%以上。成都市要求各类职业院校到2020年"双师型"教师占专任教师的比例要达到85%，而调研显示，全市2018年高职专科院校"双师型"教师仅占专任教师的39%左右。

5. 尊重技能人才的社会氛围不浓

目前，社会大众的人才观还存在偏差，认为技能人才是"双手油污、浑身汗臭、收入低下"的代名词，对技能人才认同感不强，加之技能人才对社会的贡献与其政治经济和社会待遇不对等，调研显示，受访者认为薪酬不满意的占26%，认为薪酬一般的占52%，认为收入与贡献不匹配的占34%，认为收入与贡献严重不对等的占14%。"不愿办职业教育、不愿学职业技能"的社会现象仍不同程度存在[5]。

三、加强智能制造领域高技能人才培养的路径思考

1. 强化政策支持导向

建议紧紧围绕推动重庆市大数据智能化战略、全面实施智能制造领域高技能人才振兴计划，出台加强智能制造领域高技能人才队伍建设优惠政策，下定决心、千方百计加大财政经费投入，确保智能制造领域各类高技能人才发展重大项目顺利开展，相关技能大师工作室、实训基地等关键设施建设顺利推进；新增教育经费要优先向智能制造领域高技能人才培养倾斜；要按规定落实并逐步提升职业院校生均经费标准或公用经费标准。支持企业加大高技能人才培养力度，探索将一定比例的职工教育经费抵扣企业所得税。支持金融机构优先给予贷款支持，开发合适的多元融资品种。鼓励社会力量捐资、出资兴办智能制造领域高技能人才教育培训机构。支持行业、企业和社会组织建立智能制造领域高技能人才发展基金，为开展人才培养、技术攻关、创新交流、带徒传技等活动提供支持。

2. 全面提升企业参与积极性

按规定全面建立产教融合型企业认证制度，对进入目录的产教融合型企业给予"金融＋财政＋土地＋信用"的组合式激励，并按规定落实相关税收及其他优惠政策，厚植企业承担职业教育责任的社会环境。

3. 优化学科专业设置

核心是推动职业院校产教深度融合，与掌握前沿技术的一流公司合

作，如与京东、阿里巴巴、腾讯等知名企业紧密合作，共同制定专业标准，共同开发课程，共同推动教学。一方面增设云计算、大数据、人工智能、智能制造等新兴专业，另一方面加快机械工程等传统专业的转型升级，同时还应强化跨学科，甚至跨学校的专业设置，"强强联合"培养智能制造高技能人才。此外，建议市级有关部门统筹组建智能制造专业指导委员会，建立健全专业预警与动态调整机制。

4.建设"双师型"师资队伍

制定职业院校智能制造专业教师从企业有关人员中公开招聘的实施细则，明确职业院校高层次、高技能智能制造人才以直接考察方式公开招聘的具体办法。探索完善"固定岗＋流动岗"资源配置新机制，支持职业院校聘请产业导师，遴选、建设兼职教师资源库。聚焦"1+X"证书制度，实施职业院校教师全员轮训制度。

5.营造尊重高技能人才的社会氛围

认真贯彻关于提高技工待遇的意见，探索建立基于岗位价值、技能等级、业绩贡献的工资水平决定机制、正常增长机制和激励保障制度。大力推行企业首席技师制度，研究制定高技能领军人才激励办法，试行高技能领军人才年薪制和股权期权激励，设立高技能领军人才服务窗口，探索实行高技能领军人才在工会等群团组织中挂职和兼职，纳入党委联系专家范围。大力宣传高技能人才先进事迹，开展先进操作法总结、命名，推广绝招、绝技、绝活，制作教育纪录片，树立宣传典型，大力弘扬劳动光荣的社会风尚和精益求精的敬业风气。

参考文献

[1]未来十年工业劳动力结构将如何改变.CK365测控网.http://www.ck365.cn/news/9/42659.html.

[2]李耀平，郭涛，段宝岩.面向智能制造的人才培养策略[M].西安：

西安电子科技大学出版社, 2019.

　　[3] 周兰菊, 曹晔. 智能制造背景下高职制造业创新人才培养实践与探索 [J]. 职教论坛, 2016 (22).

　　[4] 王斌. 智能制造背景下地方本科院校应用型人才培养对策 [J]. 教育理论与实践, 2018 (18).

　　[5] 徐彬. 培养"双创"人才: 实施智能制造战略的关键 [J]. 人民论坛, 2018 (16).

提升创新发展支撑能力

国家创新治理体系中科技群团改革的差距和任务

中国科协创新战略研究院　黄　辰

摘要： 本文从新时代群团改革的社会背景出发，着重分析群团组织在我国社会治理体系中发挥的重要作用，从国家治理现代化视角看科技群团改革的必要性。以习近平新时代改革方法论为指导，深入探究科技群团改革存在的问题和差距，提出未来国家创新治理体系中科技群团在政治引领、发展规律、内外部治理、新社会形态下的服务机制以及国际开放合作等改革发展方向。

关键词： 科技群团；改革；国家治理体系

一、科技群团改革的背景

群团组织是人民和群众团体的统称。作为一个行政概念，在党的话语体系中，群团组织包括了人民团体和部分社会组织等。我国群团组织由中国共产党组建，是党联系群众的桥梁和纽带，帮助党联系群众，向党反映群众诉求，这也是群团组织群众性和人民性的重要体现。中国科协是中国共产党领导下形成的二十几个群团中的五大群团之一，是当代中国最具有代表性的科技群团。作为科技领域具有专业性特征并自我管理的群团组织，中国科协对于科技界内各个独立主体、对于经济社会发展、对于国家"人才强国""科技强国"战略，都有着特殊意义。

中共十八届三中全会提出全面深化改革总目标，即完善和发展中国特色社会主义制度、推进国家治理体系和治理能力现代化。中共十九大精神，将牢牢把握完善和发展中国特色社会主义制度、推进国家治理体系和治理能力现代化作为总目标，统筹推进各领域各方面改革，不断推进理论创新、制度创新、科技创新、文化创新以及其他各方面创新，坚决破除一切不合时宜的思想观念和体制机制弊端，突破利益固化的樊篱，为决胜全面建成小康社会、开启全面建设社会主义现代化国家新征程提供强大动力。

改革作为一项长期而伟大的事业，是历史进程中不断探索的重要举措。秉承"苟日新，日日新，又日新"的理想信念，我国经历了40年的改革开放，容易的、皆大欢喜的改革已经完成，新时代改革矛头必须指向深水区、攻坚区。改革总目标已从单纯围绕经济领域重心展开，转向系统性全域思考经济、政治、文化、社会、生态文明、党的建设和国防军队建设等各个领域。新一轮改革已不单单是曾经的摸着石头过河式自下而上的改革，而是通过系统设计，深刻把握共产党执政规律、社会主义建设规律、人类社会发展规律的一次自上而下的全面性改革。

群团组织改革的灵魂和主线是始终坚持中国共产党的领导，坚定不移地走中国特色社会主义群团发展道路，这是党基于群团工作的历史经验，也是改革开放以来的崭新实践，是做好新时期党的群团工作的指导纲领和基本遵循。2015年7月，中央发布了《中共中央关于加强和改进党的群团工作的意见》（中发〔2015〕4号文件），深化落实改革的总体设计、统筹协调、整体推进、督促落实，形成了集中统一的改革领导体制、务实高效的统筹决策机制、上下联动的协调推进机制、有力有序的督办落实机制，从事关党和国家事业长远发展、巩固党执政的阶级基础和群众基础的战略高度，指明了群团改革的方向[①]。

当今世界正处在百年未有之大变局之中，伴随我国经济社会发展由更

---

① 《中共中央关于加强和改进党的群团工作的意见》（中发〔2015〕4号文件）。

大转向更强，新时代对群团改革任务又提出新使命新要求。充分明确群团组织在新社会形态下的职责定位，全力发挥党的群团工作在社会治理中的作用，对服务国家经济社会发展具有十分重要的意义。

二、从国家治理现代化看改革必要性

国家治理现代化是根据国家建设的新发展，围绕公共事务处理，提升国家治理体系中参与主体的效能，重新调整参与主体之间的关系，强化国家治理能力。通过全面深化改革，积极推动党政、社会与市场的融合，增进彼此之间的有机化良性互动。

科技创新、社会组织和科技人员是现代治理的三大关键力量。一是科技成为现代治理体系和能力的核心要素。在科技深刻影响世界经济与社会发展的进程中，生产方式、资源整合方式等也随之不断变革，从企业组织模式的变化、现代化公司的出现，以及近年来异军突起的数字化平台企业纵横联合整合生产要素、控制产业走向、引领创新风向的能力不断增强，科技产业变革成为社会治理的显著变量、社会生产力跃升的核心驱动力，同时为治理带来诸多不确定性。二是科技群团越来越成为国家和全球治理体系中不可或缺的重要组成部分。大量活跃的科技群团，既是社会治理肌体中的活跃细胞，也在政府和市场之间架起桥梁纽带，是有机链接不同组织的血液，在科技创新和现代治理中具有不可替代的作用。三是科技人员越来越成为治理体系中最活跃的力量。随着科技成为治理体系和治理能力中的核心要素，科技人员作为知识生产、创造、应用的主体，广泛分布于各行各业，成为治理体系中最为活跃的一支力量。特别是在大量活跃的国际科技组织中，一批具有影响力的科学家肩负着国家使命和全球发展的双重责任，在重大议题中穿梭协调，构成国家软实力的重要基础。

科技群团与政党、国家、社会、市场都有着密切联系，向社会提供多样化的科技类公共服务产品，其双重属性在所掌握的技术和人才资源与传统体制机制之间创设了一种特殊的制度体系，构成了一套庞大而复杂的科技系统，这个系统既能通过自身组织体系整合社会力量，也能与各政府职能部门之间保持协同合作的工作机制，较好地承接了党委和政府的社会职能。因此，群团改革是国家治理体系和治理能力现代化的必然要求和重要政治任务。

三、科技群团改革的问题和差距

（一）深改意识不强，研究不深

由于长期在体制内运行，科技群团与党政机关有着相对应的政治架构，基本工作思路和改革思维上倾向"对上不对下"，行政干预程序烦琐，导致工作效率降低，工作存在内循环、封闭化等现象，行政官僚化运行机制和传统工作手段使科技群团对政治和社会的双重属性认识不够，对自身特点和内在发展规律把握不足，对国家创新体系建设中的功能定位不准，对"三型"组织建设所遵从的核心法则缺乏有效判断，偏离了原本作为群众性组织、社会性组织的角色定位。业务上尚未跳出传统组织力束缚，强"三性"举措照本宣科，缺乏有效探索，创新意识不敏锐，开拓进取精神不强，连接广大科技工作者的触角眼界闭塞狭窄，工作性质与瞬息万变的科技工作者多元化需求之间存在较大矛盾。

（二）基层组织建设亟待加强

基层是改革发展稳定的第一线，是各种矛盾和问题的集聚地。改革工作当前的"不适应"，主要原因在于科技群团基层组织松散、覆盖面窄、凝聚动员机制薄弱、吸引力影响力不足。科技群团在科技企业、高新技术园区、众创空间等搭建基层科技组织缺乏真招实招。对科技工作者的定位、甄别和筛选均不清晰，动员和服务机制淡化弱化。对功能型基层党组织的职责、定位和作用发挥存在困惑，未能有效发挥组织政治作用，引导青年科技工作者、企业科技工作者听党话、跟党走。在基层科技工作者中贯彻落实宣传、组织、统战等职责效果不突出。在凝聚奋斗力量、激发爱国热情、引导组织成员践行服务国家和人民重要使命等方面任重道远。

（三）市场机制下社会属性缺乏

随着社会资源的快速释放与流动，社会治理与社会服务日渐多元和专业化，科技群团社会属性与现代化市场机制脱节问题逐渐显现。科技群团工作缺乏追求绩效的企业家精神，不善于使用市场资源配置方式，利用平台整合各项要素的能力不足。在提供专业职业化公共服务方面显得捉襟见肘。以科普类服务产品为例，地方科普工作机制适应性不强，工作格局还仅停留战术层面，重内容而轻设计，科普要素进入新时代文明中心存在较大阻碍；地方科普产品不能满足市场多样化需求，产品推送过程中对客户的精准定位识别不够，产品缺少定制特色，内容推陈出新方式有待提升；地方科普信息化建设有待加强，在追求信息化手段的有效性上还存在拖延和滞后心态。科技群团社会属性消退、服务效率降低、群众活性减少，活动信息化程度和内容针对性难以满足日益多元的群团分化兴趣，最终导致与群众不亲不紧问题愈发凸显，自身发展也受到了极大限制。

（四）区域创新体系融合机制不健全

科技产业变革给国家创新体系提出新挑战新要求，科技与经济互动规律将新社会形态推向密集创新时代。科技群团改革思路还遵循以往单向线性创新驱动模式，尚未向多维复杂创新驱动模式转化。改革主体之间互动方式单一，治理边界融合机制不健全。作为开放型、平台型、枢纽型科协组织，对治理秩序、运转逻辑、权力架构和外在影响力的思考不深，发挥中心组织秩序决策能力薄弱，注意力单纯集中于内部治理，对外部链接考虑不周。

（五）学会治理结构和方式存在缺陷

地方学会治理与改革的观念意识不适应形势发展。有些学会仍然处于等待观望状态，因为能力不足、准备不充分，甚至存在惶恐心理，不愿积极服务企业创新。有些学会领导及工作人员没有意识到自身发展的紧迫性，等靠要思想严重，对于服务企业的意义和途径缺乏必要的认识。我国现行法律规定，登记管理机关和业务主管单位对学会实行"双重管理"，由于历史原因，"挂靠"情况依然普遍存在，主要倚仗挂靠单位支持开展活动，无主管、无挂靠办会落实难。很多学会办事机构、专职工作人员依旧是参照事业单位管理，体制僵化，活力不足，不会充分利用政策红利，比如在制定内部人员激励机制和措施方面，对现有政策分类、分层次制定相关制度缺乏有效利用，引才留才用才难现象普遍存在；专业化职业化学会工作人员队伍建设薄弱，人员专业素养不强，对科技群团相关法律法规和政策研究不够，理解不深，执行不到位。

四、下一步方向

（一）强化政治引领

围绕"强三性"，深入贯彻落实《关于加强党的政治建设的意见》，发挥科技群团政治作用。从知识分子是工人阶级的一部分、人才是第一资源的战略高度，加大政治动员、引领和教育工作力度，提高思想政治工作的精准度和有效性。及时把事业发展、重大任务、重点工作、资源配置中的有效做法上升为制度经验，引导广大党员干部不断强化制度意识，带头维护制度权威，做制度执行的表率，推动科技工作者积极参与国家和社会治理，提高"五位一体"总体布局和"四个全面"战略布局等各项工作能力和水平。以青年学生、中青年科技工作者、企业科技人员为重点，凝心聚力，扎实做好统战工作，激发爱国热情，引导人才践行服务国家和人民的崇高使命。通过群团效应提取公共利益，不断加强科技群团思想文化引领，巩固人才核心价值导向，厚植人类命运共同体人格。把中华民族优秀传统文化兼收并蓄，以中华优秀文化涵养社会，承载历史，昭示未来，创新伟大民族奋斗精神。

（二）完善内外部治理

产业变革驱动力带来科技群团主体互动方式的重构，群团治理边界出现重塑、消失和再确立。麦特卡夫定律下，要对"开放型、平台型、枢纽型"组织的治理秩序、运转逻辑、权力架构和外在影响力进行重新思考，发挥中心组织秩序决定能力，既要关注内部治理，又要考虑外部链接。要激活科技群团在政府、社会、市场之间形成的存量资产，利用组织拓展服务空间，汇聚人才、资本、技术、金融，在要素往来上发挥平台枢纽功能，积极参与社会治理，推动完善党委领导、政府负责、民主协商、社会协同、公众参与、法治保障、科技支撑的社会治理体系，建设人人有责、人人尽责、人人享有的社会治理共同体。

（三）把握规律定位

一是全面把握新时代背景下科技群团发展规律。随着群团改革、社会组织改革工作不断推进，群团发展形势在变，任务在变，工作要求也在变，要在准确识变、科学应变、主动求变方面不断下功夫。深入研究科技群团自身特点和内在发展规律，完善世界一流科技群团构建的理论支撑，全力推进科技群团党建业务融合发展，有效破解阻碍保障群众切身利益的难题，使科技群团在正确轨道上持续健康发展。

二是重新认识科技群团在国家治理体系和治理能力建设中的功能定位。伴随产业变革加速形成，科技、产业、经济与社会之间的要素屏障逐渐被打破，产学研领域快捷融合现象愈发明显，科技群团在未来国家社会治理体系中的角色定位仍不清晰。要针对科技群团作用机制不断开展破题研究，跳出传统组织力束缚的惯性思维，放大科技群团的无边界特点。不断思考有效团结服务广大群众的新型社会力量的形态、结构、工作理念和行使方式，不断磨合政府与市场之间的融合机制。积极参与服务国家创新体系建设的科技治理，集成科技界智慧，构建枢纽型链接学术共同体平台，完善科研领域的新型举国体制，深化前沿发展研判机制，探索短板攻坚、前沿探索的协同机制，瞄准世界科技前沿，遴选世界各国共同关注的重大科学问题，为经济高质量发展和人类繁荣进步贡献力量。

（四）探索服务机制

全球竞争带来了国家的快速发展，需要制度、机制快速变化，以适应新的社会形态。科技群团代表科技人员利益在国家内部治理体系中的服务机制将是未来凸显的重大问题，人民团体政治性也要在重大节点上发挥其独特性。科技群团需要在政府和市场之间形成一个能够跟执政党同心同德，并且能够有效服务群体的新型社会力量，服务机制既要围绕党委政府中心工作，又要满足群众切身利益和诉求。科技群团改革的核心是打造现代化组织体系，构建智能化、信息化、网络化组织体系。科技群团应该在经济社会中整合嵌入到区域和国家乃至世界创新系统中，体现其智能化；科技群团工作手段要信息化，运用大数据方法在数字化时代社会治理存在很多不确定性的情况下寻找确定性；科技群团结构要网络化，在政府、高校、企业、院所之间形成球形网络体系，打破垂直式组织体系生命力脆弱的困局。

（五）鼓励开放合作

把科技群团改革放在全球化大背景下谋划，加强科技群团开放合作创新能力，吸引和培养高精尖缺人才，提升使用全球创新资源能力，打造开放合作区域高地，参与和引导全球创新治理，优化开放合作服务环境。鼓励科技群团牵头在新兴科技交叉领域适时发起成立具有重大战略意义、重要国际影响力的国际科技组织或联盟，快速形成有效组织动员机制和工作模式，抢占未来科技竞争和国际治理的新高地。支持国际科技组织总部或分支机构落地中国，集聚国际科技创新资源，为我国的科技创新引入国际资源，提升全球视野。根据科技产业变革新形势，适时创设国际工程师奖、世界开源创新奖等奖项，增强我国科技界的国际话语权和影响力。积极主办和参加群团国际交流活动，支持通过交换、交流等方式与国外一流科技群团进行人才互通。以开放促进发展，以改革推动创新，以合作实现共赢，将科技群团全面融入全球创新网络，推动创新型国家建设。

参考文献

［1］辛鸣. 坚定不移全面深化改革［J/OL］. 人民网，2018-04-17/2019-08-27.

［2］穆虹. 正确把握全面深化改革的总目标和基本要求［J/OL］. 人民网，2018-10-08/2019-08-27.

［3］曲青山，刘荣刚. 习近平系列重要讲话精神研究综述［J］. 毛泽东邓小平理论研究，2017（1）：1-11，107.

［4］陈佳俊. 群团组织改革的路径与机制研究：基于历史经验的考察［J］. 中共杭州市委党校学报，2019（3）：72-78.

［5］康晓强. 论习近平的群团观［J］. 社会主义研究，2017（1）：20-26.

［6］何明华. 坚持马克思主义群众观和青年观运用互联网思维和技术打通服务青年群众的"最后一公里"［J］. 中国共青团，2015（9）：17-18.

［7］浮飞飞. 习近平群团组织治理思想渊源研究［J］. 新乡学院学报，2018，35（10）：1-3，8.

［8］赵凌云. 当代中国共产党人的历史方位与时代使命——学习习近平总书记"两个时期""两个半程"论断［J］. 政策，2015（7）：13-19.

［9］李威利. 转型期国家治理视域下党的群团工作发展研究［J］. 中国青年社会科学，2016，35（1）：75-80.

［10］路云辉. 习近平新时代改革开放重要论述的三大特征［J］. 特区实践与理论，2019（3）：5-9.

［11］陈洁. 新形势下党的群团工作创新研究［D］. 兰州：兰州大学，2017.

［12］杨春贵. 全面深化改革必须坚持正确的方法论［N］. 人民日报，2014-03-25（7）.

［13］许晓龙. 从"统治"到"治理"：中国行政思维的历史性嬗变［J］. 观察与思考，2014（6）：56-60.

［14］刘宏，李蓉. 略论习近平关于全面深化改革思想的哲学方法论［J］. 重庆科技学院学报（社会科学版），2019（2）：1-5. DOI：10.3969/j.issn.1673-1999.2019.02.002.

［15］中共中央关于加强党的政治建设的意见［J］. 前进，2019（3）：4-9.

科技社团服务创新驱动发展路径关键

重庆市产学研合作促进会　陈　洁　张　洁

摘要： 科技社团在促进科技创新、推动科技强国建设、突破科研工作瓶颈方面有重要的作用，应当加强科技社团的建设工作，着力明确科技社团的具体职能与发展规划，在强有力的资源配置下促进科技社团更好地履行服务创新驱动发展的作用，解决科技社团建设存在的具体问题。

关键词： 科技社团；服务创新；建议措施

一、科技社团服务创新驱动发展价值

（一）营造良好有序的科研氛围

科技社团可以梳理科技工作的得失，明确科技工作的方式方法，为科研人员创造良好的科技工作条件。第一，科技社团可以直接为科研工作提供信息支持，可以利用行业专家指导科技工作顺利进行。第二，科技社团还可以指明行业技术的发展方向，提供国内外的优质科技成果，促进本地区科技工作的顺利进行。第三，科技社团进一步响应国家技术创新的号召，可以按照国家的政策要求实现对科技工作的有效引导，达到推动科技进一步助力实现实用性创新目标。

（二）协调政府加大科研投入

科技社团不仅满足了科研工作的需要，而且掌握了大量的科技信息，可以更清晰地把握行业科技工作的脉络，有助于辅助政府制定科技工作政策，辅助政府机构出台提升科研工作水平的政策。科技社团可以运用掌握的大量技术信息辅助人大、政协等部门完成专业技术主题的调研工作，从而为公共政策的制定提供必要的服务。科技社团还可以根据科技工作的发展现状与未来需要，向政府提出意见建议，从而进一步优化政府的科技工作政策，提高科技工作的整体质量。

（三）激发科研人才的工作活力

科技社团在科研创新驱动发展中扮演着重要的角色，科技社团作为科学技术的社会组织，具有凝聚科技工作者、组织科技工作者有序参与社会实践、形成综合性的服务管理机制的作用。科研社团有助于提高科研工作的活力，可以根据科技工作者的需要提供各种信息、设备、人才、试验方面的条件，可以组织专家对科研工作者提出的理论问题与研究成果进行论证，也可以对科技项目进行评价，从而辅助科技工作者与企业进一步把握科技生产与技术开发的方向。科技社团在信息供给、科研人员培养、科技事业发展方面更好地激发了人才活力，辅助科研人员更顺利地实现科研工作任务目标，提高了科研工作的有效性与整体活力。

二、科技社团在运行中存在的问题

（一）成员数量有限

科技社团服务地方科技事务发展的关键在于组织吸纳科技工作者，进一步实现传统科技信息与组织开展科研活动的目标。由于科技社团的成员数量有限，科技社团未能形成良好的招新机制，因此不利于进一步发挥科技社团在科研活动中的引导作用。当前的科技社团普遍有较高的门槛，科技社团招纳新成员的机制不完善，新成员加入科技社团主要以邀请制的方式运行。一些基层科技工作者难有机会直接加入相关社团。还有不少科技社团对成员的要求较高，不仅要求缴纳较高的会费，而且对科技社团成员的学历、科研工作经历、论文质量等有较高的要求，这使得大量科技工作未能融入科技社团活动体系中。由于科技社团拓展能力不足，未能发挥科技社团的引领与信息交互作用，不利于推动科技社团的发展壮大。

（二）服务方式单一

科技社团服务社会的方式较为单一，不少科技社团缺乏有效的服务社会的能力，科技社团目前服务社会的主要方式为召开工作会议、组织开展专题研讨会、定期通报科技领域的新成果等。现有的服务方式明显落后于科技事务的发展速度，有较大的滞后性。不少科技社团还不习惯于运用互联网进行信息传递，没有组织专业技术力量对行业科技信息进行深入挖掘，无法为科研人员从事某方面的科学研究提供丰富的数据与信息支持。由于科技社团服务社会的能力不足，影响了科技社团工作的整体质量，降低了科技社团的工作质量。

（三）组织规模较小

我国现有科技社团的组织规模较小，仅国家级的科技社团有较强的社会影响力，地方科技社团的社会影响力较小，组织规模不大，很难在行业科技领域发挥技术指导与行业引导作用。国家未能加大对地方科技社团的指导培植力度，不能组织科技社团开展一系列有社会影响力的活动。地方科技社团也未能广泛地开展宣传工作，没有充分利用各级各类展会展示科技社团在学术研究、行业引领、科技创新方面的价值。由于科技社团的规模较小，无法吸引科研技术人员，没能更好地投入新的科研活动当中，制约了科研社团作用的发挥。

三、国外科技社团服务创新驱动发展的路径

（一）组织学术与商业展会

国外科技社团助推科技创新驱动发展主要采用学术交流会与商业展会的形式。每年定期举办学术交流会、系列性的网络研讨、小规模学科学术会议、科研教学人员假期学术交流会与技能竞赛等活动。这些活动为学术交流、科研成果转化提供了必要契机。例如，电气电子工程师学会每年举办 1800 余场学术会议，累计参会人数达到 50 万人，一些有政府背景的大会科研会议每场参与人数达到了万人。英美科技社团每年将科研学术会议以日历形式提前公布，通过电子邮件的方式提供提醒服务。学术交流会议主要以开放式会议为主。开放式会议可以扩大会议规模，资格审查相对宽松，进一步提升了科研主题的社会影响力。小规模的封闭式会议虽然参与人数较少，但是能够实现深入的业内交流，有力地吸引学术权威参会。企业大规模商业展会可以实现科技科研活动产业化，有助于提供丰富的营销机会，推动科研成果的有效转化，会员与非会员实现了相互交流，对科研项目推广意义重大。

（二）出版学术期刊

在信息化、数字化与大数据技术的影响下，科技社团普遍推出了自己的电子刊物，有科技社团背景的学术期刊在国外得到了蓬勃发展。学术期刊不仅有鉴定评价科研项目的作用，还可以实现与科技社团及其成员的隔

空对话，有助于号召社团成员围绕社会发展需要调整科研方向。例如，英美的一些大型科技社团普遍设立了期刊，英国皇家物理学会还有自己的出版集团，旗下的出版期刊多达 70 种。美国物理学会拥有期刊 13 种，美国科学促进会旗下的《科学》杂志是推动科技创新的重要载体。这些科研期刊大多为同行业的重要评价期刊。除部分印刷外，大量科技社团的期刊为电子出版物。随着期刊的快速发展，各科技社团建立了自己的信息数据库，海量的文献信息成为科研创新的重要条件，大量珍贵的数据资料满足了科研创新的基础需要，科研数据信息也成为科技社团会员的重要福利，有力支援了科研创新发展。

（三）服务社会科技力量

英美国家的科技社团为了更大限度地整合科技创新力量，更好地通过科技创新驱动社会发展，推出了大量服务科技人才的政策。科技社团依靠自身的信息与技术优势吸引优质的科技界专家入会，凡是科技社团成员均可以享受参与注册、订阅期刊、购买课程等方面的优惠。科技社团还为科研工作者与企业建立合作关系。目前科技社团提供的会员服务更趋向个性化，强调服务项目向全行业蔓延，注重建立科技社团会员间的互惠共赢机制，通过不断吸引优质会员加入的方式，更好地实现科技信息的共享。首先，英美国家的科技社团会员可以享受保险折扣，增加社团成员的保障性开支，通过社团与保险公司进行谈判，促进保险公司为社团成员提供优质的保险产品。其次，提高一系列的日常生活消费折扣，例如，英国皇家化学学会为成员提供酒店住宿、汽车租赁、法律咨询与其他方面的消费折扣。再次，社团与多家企业建立合作关系，围绕实验仪器设备、电子设备、出版商提供服务，社团成员可以更好地享受到与科研创新有关的费用减免，达到助推科研项目顺利实施的目的。最后，国外科技社团还在政府的扶持下设立科研奖励机制，对取得科技创新卓越贡献者给予必要的奖励，各科技社团都有自己的奖励基金，着力向贫困社团成员、有突出贡献社团成员进行资助奖励。

（四）发挥权益维护功能

英美科技社团还承担着维护会员权益的责任，科技社团从科学共同体的共同利益角度出发，设立了专门对接政府的沟通部门。例如，英国的科技社团设置了政策中心，美国的科技社团设置了政府关系办公室。英美科技社团通过政策中心向英国政府提出有关服务创新驱动发展的科学事业发展政策，促进政府优化科技发展战略，同时围绕着维护科技发展与产业创新争取本社团的共同利益。再如，为了推动科技事业发展、彰显科技事业促进社会创新的重要作用，英国皇家化学学会还会向欧盟举荐会员，美国科学促进会更会推荐权威专家进入美国的立法和司法部门参与政府相关工作。通过科技社团，英美国家放大了社会对科技发展的声音，力求通过谈判、建议、政策供给方式推动科技创新项目落实，满足了科学共同体的利益需要。

四、我国科技社团服务创新驱动发展路径拓展

（一）创新工作机制

有中国特色的科技社团要想更好地实现助推科技创新发展目标，需要进行服务理念与制度创新，形成优质的科技社团运转机制。第一，提高科技社团的造血能力，依托科技社团在行业领域的权威性与前瞻性优势开展科研项目的评审工作，运用一系列的中介服务、评审服务与咨询服务等方式，为各种科研项目与课题提供辅助性服务，进一步体现服务创新驱动发展的重要作用。第二，提高科技社团的柔性功能，促进科技社团的跨越发展，发挥科技社团在重大科研项目与地方工程建设项目的咨询与决策作

用，承担政府部分转移职能，基于专业性保障大型地方科研项目与科技成果的有效转化。第三，建立利益相关者协调机制，最大限度地开发与利用科技资源，依托科技社团的人力资源、相关会员、科技期刊、培训资金等为相关利益方提供优质的服务，构建多方合作的机制，促进科研项目成果转化，达到在服务创新中的深度互动效果。

（二）加强会员管理

科技社团服务创新驱动发展的关键在于提高服务社团成员的能力，不断更新服务科技社团成员的内容与形式，提高对成员的新合力与吸引力，达到凝聚力量促进科技创新的总体目标。第一，应当加大科技期刊的升级力度，加快筹建与完善科技资料数据库的步伐，大力建立科技数据信息资料库，满足科研项目的数据信息需要，丰富科技数据信息来源，实现科技社团深入联合，进一步推动各类科技信息的广泛共享。第二，组织承办有质量的科研讨论活动，沟通协商参与有官方科研机构背景的展会、学术研讨会议，注重提升科研活动的层次，在把握行业前沿发展趋势的基础上不断提高学术活动的质量，按照层级原则举办各种档次的科研活动。第三，加强会员的等级管理，严格科技社团会员会籍管理制度，对会员进行登记管理，尤其注重会员科技成果信息变化，运用科学化的会籍管理方式，更好地关注和服务会员的需要，在会员管理的过程中进一步贯彻国家对科技工作者要求，促进科技工作者积极创新。第四，提升会员福利待遇，提供种类各异的福利项目，运用特色多样的个性化服务，如通过保险、职业介绍、信用卡与免税服务促进科技创新。根据会员的科研工作与生活需要提供各种服务项目，及时拓宽服务工作内容，达到助推科技工作者顺利开展科技工作的目标。

（三）完成沟通机制

科技创新驱动发展的关键在于搭建科研机构与企业之间的桥梁，着力提高科技社团服务产业发展的能力。科技社团应当成为科技工作者与企业、社会、政府沟通的重要载体，起到为科技工作者发声的作用。第一，应当通过科技社团建立服务企业的机制，形成强有力的科研工作者与企业的沟通平台，提供适当的国内外企业信息，形成专业有效的信息技术交流平台，组织专家组深入企业考查，广泛征集科研工作者的意见建议，向相关问题反馈给政府的职能部门。第二，依托科技社团成立中介机构，围绕企业技术标准、产品目录促进科技项目的落地转化。通过科技社团为企业与科技工作者搭建桥梁，进一步运用科技社团协调企业与大专院校的关系，为科技项目的落地转化搭建必要的平台。第三，加强科技社团成员的教育与培训工作，促进科技社团成员取得企业需要的职业资格认证，着力给科技社团成员推荐与企业合作的机会，进一步推动和提高科技创新驱动发展的效率，满足科技工作者的成长需要。

结语： 科技社团服务创新驱动发展的关键在于整合各种资源，围绕科技创新，需要营造良好的舆论氛围与工作环境，满足社团成员开展科研工作的各种需要，依托政府扶持政策促进具体科研项目的顺利实施，进一步降低科研创新活动的成本，达到提高服务创新活动有效性的目标。

参考文献

［1］朱喆.科技社团资源依赖行为研究［D］.武汉：华中科技大学，2016.

［2］赵冬梅，孙继强.新常态下科技社团承接政府转移职能问题研究——以江苏科技社团为例［J］.中国科技论坛，2016（7）.

［3］邹慧，黄勇，李贞明.科技社团承接政府部门转移职能现状的研究［J］.江西科学，2017（6）.

［4］谭永生.推进科技社团承接政府转移职能的对策建议［J］.学会，2018（3）.

提升科技社会化服务能力

科技工作者谈重庆市提升创新驱动能力、深化科技体制改革的问题及建议

重庆市科协调研组

近日，重庆市科协组织人员深入科研院所、科技型企业调研，召开小型座谈会，组织科技工作者聚焦重庆市提升创新驱动能力、深化科技体制改革进行了研讨。现将科技工作者的意见建议整理如下。

一、关于引进培育科技型主导产业

（一）问题

一是新兴产业比重偏低。智能产业占整个工业的比重不到 1/4，传统产业占比仍超过 70%，尚难抵消传统产业下滑的趋势。新兴产业处于起步期，新能源汽车"大小三电"、机器人减速器及伺服电机等关键核心零部件本地化配套生产不足，产业链条有待完善。

二是科技创新与产业发展结合不紧密。知名高校院所较少，在与企业合作中，科研成果大多难以进行转化，服务产业发展的作用有限。

三是新兴产业发展基金支撑效果不理想。战略性新兴产业引导基金规模只有 200 亿元左右，对新兴产业发展的支撑作用不明显。中国科学院重庆绿色智能技术研究院负责人表示，一些高技术项目在重庆找不到资本，而到广东、上海、成都、西安、合肥等地能够较为容易地找到投资，部分

科技成果流失外地。

（二）建议

1. 建设战略性新兴产业集群

持续办好智博会、西洽会、英才大会等重要展会，不断提升展会的国内外知名度和影响力，增强对战略性新兴产业项目的吸引力。打造与"乌镇互联网""无锡物联网""贵阳大数据""天津人工智能""郑州传感器"类似的标志性产业项目，引导科研和投资方向。统筹全市各类资源，重点支持引进一批大数据智能化领域重大项目。统筹推进全市产业集聚区规划布局和空间拓展，加快形成集中统一高效的管理机制，差异化布局培育一批战略性新兴产业集群。

2. 强化产业发展科技支撑

针对重庆现在和未来发展亟须的几大支柱产业，整合市内外相关高校和科研院所资源，分别建立科技创新中心，深刻洞察世界科技和产业变革前沿趋势，前瞻性地提出未来竞争优势的攸关领域和重点布局；组织实施一批科技攻关项目，集中攻克一批卡脖子关键技术，推动产业经济爆发式增长和可持续发展。

3. 打造战略性新兴产业发展政策高地

加强市区、县两级政策系统集成，统筹配置财税、土地、金融、社保医疗、住房、教育等各类政府综合配套资源。强化市区、县联动，量身定制政策支持，市级资金主要用于重点平台打造，支持重大项目发展；区县（园区）资金主要用于改善基础设施、兑现招商引资项目优惠政策、降低企业成本。做大战略性新兴产业引导基金规模，探索国有资本投资、社会资本参与、平台专项支持等多渠道投入方式，强化产业发展资金支持。跟踪研究《重庆市以大数据智能化为引领的创新驱动发展战略行动计划（2018—2020 年）》等相关政策措施落实情况，根据国内外新情况、新变化，及时完善重庆市相关产业政策，提高政策的精准性和落实力。

二、关于加大科技型企业培育力度

（一）问题

一是高新技术企业数量偏少。2018 年，全市共有高新技术企业 2504 家，仅为同期四川（4330 家）的 57.8%、湖北（约 6000 家）的 41.7%、全国平均数（约 5800 家）的 43.2%。

二是总体科技投入较低。2017 年，全市研发经费（R&D）支出 364.6 亿元，仅为同期四川（637.8 亿元）的 57.2%、湖北（700.6 亿元）的 52.0%、全国平均数（4214.0 亿元）的 86.5%，投入强度比全国低 0.4 个百分点左右。

三是创新资源短缺。全市研发人员数量、在校研究生数量、孵化器数量、国家级重点实验室数量远低于四川、湖北、陕西等周边省份和全国平均水平。

四是科技型中小企业融资较难。由于缺乏土地、房屋等重资产，短期财务指标明显不优，所拥有的轻资产特别是知识产权难以作出专业权威、有公信力的量化评估，科技型中小企业普遍存在融资难题。

（二）建议

1. 提高企业创新内生动力

突出企业在科技创新中的主体地位，引导企业建立研发机构、开展研发活动、加大研发投入。提高企业研发费用加计扣除比例，将用于技术创新的研发费用加计扣除比例提高到 100%，将委外研发费用加计扣除比例提高到 90% ～ 100%。大力推进科技资源开放共享，重点推动高校、科研院所、大型企业的大型科研仪器设备、科学数据、科技成果等面向各类创新主体特别是中小企业开放。

2. 发挥政府引导基金作用

完善市政府创业投资引导基金管理制度和投资机制，引导"创业种子投资引导基金""天使投资引导基金""风险投资引导基金"重点投向科技创新、新兴产业等领域。探索成立重庆市科技创新信用担保基金，通过融资担保、再担保和股权投资等方式，为科技型企业和企业的科技创新提供信用增进服务。争取国家中小企业发展基金子基金落户重庆，采用市场化模式运作，重点支持种子期、初创期成长型中小企业的创新发展。

3. 加快科技创新平台建设

借鉴广东、河北等省做法，研究制定《重庆市科技创新平台体系建设方案》，建设领域布局合理、功能层次明晰、创新链条全面、具有重庆特色和优势的科技创新平台体系。高标准规划建设科学城，高质量建设环大学创新生态圈和各类科技园区，广泛凝聚科技资源和创新人才。

4. 强化企业家在科技创新中的重要作用

实施企业家职称评审直通车制度，科技型企业家可直接申报高级（含正高级）专业技术职称。大力弘扬爱国敬业、遵纪守法、艰苦奋斗、创新发展、专注品质、追求卓越、履行责任、敢于担当、服务社会的企业家精神，让全社会像尊重科学家一样尊重企业家，像尊重老师一样尊重企业老总。

三、关于推动传统产业转型升级

（一）问题

一是产品缺乏竞争力。重庆市装备制造、化工、医药等行业多处于价值链中低端，产品附加值低，部分企业处于想转型又不敢转型的尴尬境地。以汽车为例，产量处于全国第一，但 10 万元以下的汽车占 70%，单车价格仅为 8 万元，远低于全国 13 万元的均价，在我国消费升级的关键时期，汽车产量和销量急剧下降。

二是企业研发能力较弱。重庆市有研发机构的企业占全部企业的比重仅为 15%，有研发活动的企业仅为 27%，新产品占整个产值总规模仅为 26%。从创新成果的运用看，企业的技改投资仅占工业投资的 27%，仍有很多企业未摆脱"重量轻质"的思维，不愿更新工艺技术水平。

三是生产性服务业发展不足。从制造业角度看，目前重庆市急需工业设计、模具开发、样机生产、检验检测、科技金融、软件开发等共性技术供给，导致许多企业特别是中小企业实施技术改造较为困难。

（二）建议

1. 大力改造提升传统制造业

面向汽车、电子、装备制造等重点行业，深入实施智能制造工程，重点抓好企业互联网构建和智能工厂打造，推进传统制造业产业模式和企业形态创新，推动产业和产品向价值链中高端跃升。比如，推动汽车产业向绿色化、智能化、网联化、轻量化以及应用共享化转型，加快中高端乘用车新品研发投放；支持电子产业加快发展核心模组和零部件，延伸产业链条，夯实产业发展基础等。

2. 大力发展生产性服务业

按照发达国家两个 70% 的经济规律（服务业增加值占 GDP 的 70%，生产性服务业占整个服务业的 70%），提高生产性服务收入在企业总收入中的比重。编制关键共性技术目录，建立行业关键共性技术项目计划，加强行业关键共性技术布局，集中各类资源开展协同创新，突破制约行业发展的共性和关键技术。在中小企业比较集中的区域，结合区域产业基础和产业规划以及产业集群的特点，搭建区域共性技术服务平台，发展质量检测、设计服务和市场信息等生产性服务业，加快区域产业集群转型升级进程。

3. 强化政策措施保障

积极争取成为制造强国建设试点示范城市，争取工业和信息化部在重庆建设国家级工业互联网平台应用创新体验中心（西部体验中心）和中国工业互联网研究院重庆分院（国家工业大数据中心分中心），赋能重庆市制造业高质量发展。研究出台汽车电子产业发展规划及支持政策，把握汽车电子芯片发展机遇，促进汽车产业转型升级。研究出台促进摩托车行业高质量发展的专项支持政策，推动更多中高端产品在渝生产。

四、关于深化科研院所改革

（一）问题

一是全市 50 余家市属科研院所中，多数存在"小、散、弱"状况，人才规模普遍较小，主导产业和战略性新兴产业集聚的科研院所比较分散，自主创新能力和科技服务能力较弱。

二是科研院所均由委办局或国企主管，导致其支持仅来源于主管部门，由于"门户偏见"无法获得多渠道支持，多数科研院所运行困难。

三是公益性科研院所事业编制不足，难以引进高层次科研人才和团队；科研人员待遇普遍低于周边省市科研机构和重庆市高校科研人员，严重影响科研人员创新积极性，人才流失严重。

四是公益性科研院所体制机制僵化，缺乏市级层面的具体改革指导意见，严重制约了改革发展步伐。

（二）建议

1. 持续加大对公益性科研院所财政经费的稳定支持力度

市财政和市科技管理部门将公益性科研院所研究开发经费、技术服务经费、公共服务平台建设经费、人才引进经费、运行经费等纳入年度财政预算经费计划，并逐年提高投入比例，确保其健康稳定运行。预算内人头经费和绩效按目标编制数量核定拨付，并赋予自主安排和使用权。有关区县和市级部门加大技术服务购买力度，引导公益性科研院所积极开展公益性科技研发和服务产品的研究与应用示范。

2. 增加公益性科研院所事业编制

市编制部门根据不同类型公益性科研院所承担的服务职能，合理补充、调整事业编制。从事产业共性技术开发与应用的公益性科研机构，应增加一线科研人员事业编制（专技岗位），引进招聘国内外高层次科技人员落户重庆；从事技术服务等的公益性科研机构，应增加管理人员事业编制（管理岗位）。

3. 进一步改革公益性科研院所绩效总额考核办法

根据每年全市经济社会发展和职工收入情况，结合不同公益性科研院所对重庆市经济社会发展的贡献，采取"一所一策"方式，确定年度绩效总额。研究制定公益性科研院所激励政策，绩效由财政解决一部分，其余部分由科研院所自行解决，对作出突出贡献的高层次人才发放激励性报酬，不纳入单位绩效工资总量管理。放宽高层次人才绩效限额，允许科研院所试行高层次科技人才年薪制、协议工资制和项目工资制，建立有利于调动科研院所创新服务积极性的绩效总额考核办法。

4. 深化改革科研院所体制机制

研究制定《重庆市公益性科研院所体制机制改革实施方案》，指导公益性科研院所扎实有序推进改革。研究制定公益性科研院所成果转化、创办企业、兼职兼薪等方面的激励政策，推进科技成果产权改革，鼓励科技人员离岗创办企业，允许领导干部兼职兼薪，释放科研院所和科研人员的创新创业活力。支持转改制类科研院所利用其原有技术沉淀、设备、人才、场地等，引进战略合作伙伴，盘活现有创新资源。借鉴山东省科学院与齐鲁工业大学合并、实行一套班子两块牌子管理的做法，选择条件较好的公益性科研院所与市属高校融合发展，推动高校和科研院所做大做强。

五、关于引进培育科技人才

（一）问题

一是科技人才总量不足，特别是"两院"院士、国家千人计划、长江学者等高层次领军人才数量偏少，智能制造人才短缺严重。

二是科技人才培养平台薄弱，特别是中央在渝科研机构、高水平大学、国家级重点实验室数量较少，大科学装置缺乏。

三是人才政策"重引轻用"，缺乏类似"南粤突出贡献奖"和"南粤创新奖"的重大人才激励政策措施，缺乏明确的政策措施激励现有人才特别是高端人才充分发挥创新创业创造潜力。

四是人才产出效能不高，每百万元 GDP 的 R&D 人员投入远高于成都和西安，万人发明专利拥有量和发表的科技论文数量均低于全国平均水平。

（二）建议

1. 创新引才机制

大力引进或培育高端猎头机构，编制《重庆市引进高层次人才参考目录》，聚焦战略性新兴产业"靶向"引进在国内外有重要影响力的高端科技创新人才。高标准规划建设国家（西部）科技创新中心，加大引进知名高校和科研院所力度，加强院士专家工作站、海智工作站、海外人才离岸创新创业基地建设，争取引进或成立国家级学会和行业协会，争取依托重庆大学"超瞬态物质科学实验装置"建设首个大科学装置，集聚高端人才智力。加强"重庆英才计划"与重大科技计划、重大产业计划、各级人才计划衔接协同，适时开展"重庆英才计划"落实情况监测评估，提高人才政策竞争力。

2. 改革育才机制

建立院士带培制度，组织在渝院士或曾在重庆工作、生活过的院士固定带培院士后备人才，不断壮大院士队伍。研究出台《重庆市智能制造人才建设指导意见》，加快调整完善智能制造学科体系，建立智能制造人才培养标准，深入推动产教融合，建设智能制造人才队伍。加强中小学 STEM（科学、技术、工程和数学）教育，从源头上保障科技人力资源供应。建立科技人力资源监测体系，结合重庆发展对职业和技能的需求预测，提出科技人才培养方向和路径。加大高等教育和职业教育对外开放力度，提高中外合作办学的数量和质量，提升重庆市教育教学质量。

3. 完善激励机制

加强科研经费政策与财务政策的协调力度，开展科研经费政策措施落实情况专项督查，解决科研经费报账难等问题。加强科技成果转化政策与国资管理政策协调力度，制定国有技术类无形资产处置专项办法，允许市属高等院校、科研机构协议确定科技成果交易、作价入股的价格，提高成果转化效率。制定职务发明法定收益分配办法，允许国有企事业单位事先约定科技成果分配方式和数额，敢于让科技人员依靠独创突破和发明发现一招致富、一夜致富，形成强有力的价值实现和激励导向。完善以岗位价值为主体的工资制度，提高基础研究和公益研究科研人员基本工资在收入中的比重，建立具有竞争力的薪酬制度。

六、关于营造良好的科技创新生态环境

（一）问题

一是人才评价制度不合理，唯论文、唯职称、唯学历的现象仍然严重，名目繁多的评审评价让科技工作者应接不暇，人才管理制度还不适应科技创新要求、不符合科技创新规律。

二是学术不端行为屡屡发生，抄袭、剽窃、侵吞他人的学术成果，伪造或捏造实验数据，拼凑成果或将一项研究多处申报成果，不当署名、署名时论资排辈等学术不端的现象时常见诸报端，引发热议。

三是公民科学素质不高，虽然 2018 年重庆市公民具备科学素质的比例达到 8.01%，位居西南地区首位，但是仍低于全国平均水平 0.46 个百分点，而且城乡之间、区域之间的差距较大。

四是"双创"氛围不浓，缺乏全球性、国家级、专业化创新创业活动品牌，部分高校对创新创业认识不到位，创新创业载体虚化，活动形式单一，高校创新资源与市场需求对接不够，资源开放共享度较低。

（二）建议

1. 改进人才评价机制

以经济社会发展目标和科技自身发展目标为导向，创新人才评价机制，建立健全以创新能力、质量、贡献为导向的科技人才评价体系。根据不同学科领域、不同行业类别、不同层次人才的特点，按照分类、分层原则进行差异化评价。支持科研机构、用人单位通过市场机制和第三方开展多元评价。深入开展清理"唯论文、唯职称、唯学历、唯奖项"专项行动，建设全国一流期刊、一流学会，树立引导正确的科研价值取向。落实市委《关于推进市科协所属学会有序承接政府转移职能或委托工作的实施意见》，委托市级学会开展工程技术、工业设计等专业和非公有制经济组织等领域的专业技术人员职称评定。鼓励科技社团和行业协会加大科技创新团队和优秀科技人才表彰力度，推动科技人才从同行认可走向社会认可和政府认可。

2. 大力弘扬科学家精神，加强作风和学风建设

研究制定《关于进一步弘扬科学家精神加强作风和学风建设的实施意见》，引导科技工作者自觉践行、大力弘扬"爱国、创新、求实、奉献、协同、育人"12字新时代科学家精神，自觉崇尚学术民主，坚守诚信底线，反对浮夸浮躁、投机取巧，反对科研领域"圈子"文化，营造风清气正的科研环境。把弘扬科学家精神作为社会主义先进文化建设的重要内容，大力开展科学道德和学风建设宣讲教育活动，组织高校创作排演科学家主题话剧，组织媒体宣传一批优秀科学家，在全社会营造尊重科学、尊重人才的良好氛围。

3. 加强科学技术普及

充分利用现代网络信息技术和新媒体环境，加快推进科普信息化建设，打造重庆科普特色传播平台。加快推进区县科技馆建设，举办公民科学素质大赛，开展院士专家进校园行动，推动社区科普大学转型升级，为群众提供高品质科普服务。支持重庆科普文化产业（集团）建设，打造科普文化产业大数据中心和科普文化产业园区。成立和发展科普教育、科普研发机构，加大科普资源研发力度，力争到2020年，全市公民具备科学素质的比例超过10%，达到全国平均水平。

4. 提升人才集聚环境友好度

参照武汉光谷"青桐汇"、成都高新区"菁蓉汇"，打造重庆版的"悦来汇"，重点支持"知识青年"创新创业创造。加强科技工作者状况调查站点建设，开展科技工作者状况专项调查，设立科技工作者意见信箱，发

现并及时解决科技人才面临的困难问题。由相关部门统筹，根据科技人员层次，为其子女配备市内知名中小学校入学指标。抓好高新区、两江新区等创新发展引领区的城市交通、教育资源、园林绿化等配套设施建设，支持各区县按照职住平衡、就近建设、定向供应原则，在高校、科研机构、科技园区等人才密集区建设产权型或租赁型人才住房，打造人才集聚"洼地"。

5. 健全政策引导机制

参照广东、上海等发达地区做法，建立创新驱动发展工作考核指标体系，考核科技进步贡献率、战略性新兴产业增加值占地区生产总值比重、高新技术产品产值占规模以上工业总产值比重、技术自给率、全社会研发经费占地区生产总值比重、每万从业人员研发人员数量、每万人发明专利申请量和授权量、高新技术企业数量、科技自主研发平台建设水平、科技企业孵化器建设水平等方面内容，引导区县加快建设以创新为主要引领和支撑的经济体系和发展模式。发挥市科协、中国科学院重庆绿色智能技术研究院、中国工程科技发展战略重庆研究院、重庆科学技术研究院等科技智库作用，组织院士专家围绕科技战略、规划、布局、政策等开展专题研究，为全市提升创新驱动能力、深化科技体制改革提供智力支持。

我国创新政策落地评估
——基于6个城市调查数据分析

中国科协创新战略研究院　李　慷

摘要： 创新是第一动力，创新决胜未来。中共十八大以来，以习近平同志为核心的党中央高度重视科技创新。相关部门、地方认真贯彻落实习近平新时代中国特色社会主义科技创新思想，出台了许多鼓励创新的政策措施。本文基于6个城市的调查数据，摸清了创新政策的落实情况，探讨了影响创新政策落地的突出问题，并提出了创新政策进一步落实的建议。

关键词： 创新政策；突出问题；政策落实

从全球范围来看，在新的信息通信技术和全球化趋势日益发展的背景下，以模仿和应用为主的赶超模式已经无法满足各国科技发展的需要，传统的国家创新体系的构成要素正在发生新的变化。无论是国际多边组织的科技创新框架讨论，还是单一国家的创新战略，都同时关注到创新者个人作为连接多元创新主体的关键作用。实现颠覆性、引领性创新需要最大限度地激发全体人民的创新活力和创造力，人逐步成为国家创新体系的核心。

为激发广大科技人员的创新活力和创业热情，近年来，党中央、国务院及相关部门、地方政府出台了一系列政策措施，着力推动高校、科研院所、企业、众创空间和新型研发机构等各类主体开展创新创业活动。为掌握创新政策实施成效，本文调查了北京、杭州、南京、西安、武汉和合肥 6 个城市的科技人员和管理人员，分析创新主体的创新政策获得感。

随着我国推动创新步伐的加快，创新政策也逐渐得到了我国学者的关注，论文主要集中在创新政策衍变[1-2]、创新政策合理性评估[3-4]、实施效果评估[5-6]、创新政策影响力[7-8]、创新政策国际比较[9-10]等方面，以文献数据、调研数据为主，调查数据相对较少，也较少从创新主体角度评价创新政策。因此本文基于调查数据，从创新主体对创新政策的知晓程度、政策落地评价以及政策落地影响因素 3 个角度深入分析创新主体的创新政策获得感。

一、数据来源

本文使用的数据来自中国科协于 2018 年 4 月开展的相关调查，该调查选取了北京、杭州、南京、西安、武汉和合肥 6 个城市，调查对象涵盖高校、科研院所、企业（包括国有企业和民营企业）、众创空间、创业团队等各类机构的一线科研人员、科技管理人员和企业负责人，共完成有效问卷 655 份。

参与本次调查的样本分布基本合理，城市、机构类型等分布较为适当，对各类创新主体有一定代表性。从样本的城市分布看，西安市占 28.4%，北京市占 25.8%，南京市占 17.3%，杭州市占 10.8%，武汉市和合肥市分别占 8.7% 和 9.0%；从机构类型分布看，高校占 35.9%，科研院所占 19.7%，企业占 31.0%（国有企业占 16.9%，民营企业占 14.1%），众创空间或园区占 4.6%，创业团队及其他占 8.8%；从科技人员身份看，48.5% 为机构负责人，27.9% 为内设部门负责人，4.4% 为一般管理人员，11.9% 为专业技术人员，7.3% 为其他人员。

二、创新政策知晓情况

（一）创新政策关注情况

半数受访者关注创新政策，特别关注地方政府出台的、与人才评价相关的政策。43.8% 的受访者表示非常关注创新政策，5.5% 表示比较关注，50.7% 表示不关注。武汉受访者中 49.1% 表示非常关注创新政策，比南京高 13.7 个百分点。

地方政府出台的创新政策得到更多关注（78.7%），比例高于党中央、国务院及相关部委政策（60.1%）和本单位出台创新政策（56.1%）。从城市看，杭州受访者中 44.1% 关注中央层面出台的创新政策，比关注地方政府创新政策的比例低 38.3 个百分点。

从政策内容看，受访者最关注人才评价和激励（67.9%）政策，其次是科技经费管理（58.8%）、科技平台建设（44.4%）和科技成果转移转化（38.3%）政策。关注税收优惠（19.2%）、知识产权保护（16.0%）、科技金融支持（13.7%）、容错纠错机制（2.3%）、科技中介服务（4.8%）和市场准入（5.8%）政策的比例相对较低（图 1）。不同类型机构中，除人才评价、经费管理和平台建设领域创新政策外，科研院所受访者格外关注科技成果转移转化（52.8%）政策，园区受访者较关注税收优惠（43.3%）政策。

（二）创新政策了解情况

超七成受访者表示很了解创新政策。对于近年出台的创新政策，有 77.3% 的受访者表示很了解，9.2% 表示了解一些，仅有 13.6% 表示不了解。从城市看，南京（85.8%）、武汉（80.7%）超八成受访者表示很了解

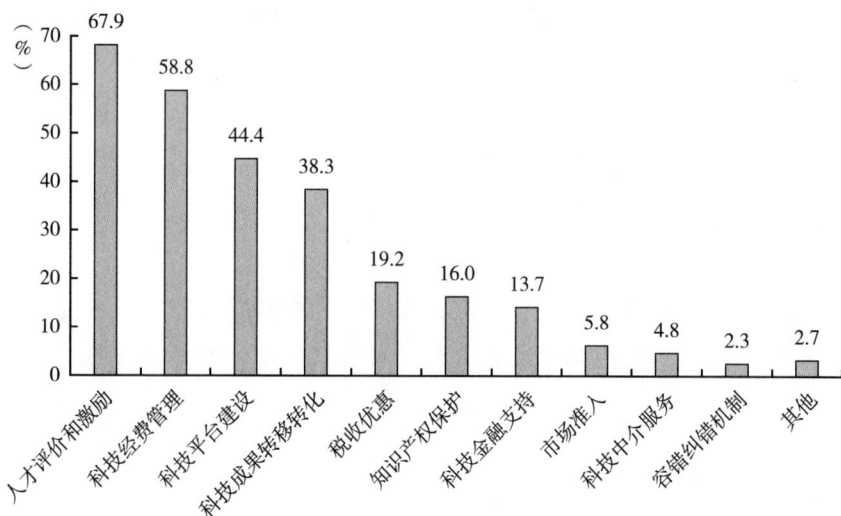

图1 受访者对各方面创新政策的关注情况

创新政策，分别比合肥高 21.4、16.3 个百分点。从机构类型看，国有企业
（84.7%）和园区（83.3%）受访者表示很了解创新政策的比例相对较高，
高校和科研院所占比分别为 77.0% 和 76.7%。

三、创新政策实施效果评价

创新主体对创新政策的实施效果评价相对较低，且城市差异明显。
55.4% 的受访者认为科技平台建设方面的创新政策没有效果，认为人才评
价和激励（53.3%）、科技经费管理（52.5%）、知识产权保护（52.5%）、
科技成果转移转化（51.3%）方面创新政策没有效果的受访者比例也
均超过五成。另外，约四成受访者认为市场准入（42.9%）、税收优惠
（41.7%）、科技金融支持（41.5%）、科技中介服务（40.2%）和容错纠错
机制（37.1%）方面的创新政策没有效果，比例相对较低（图2）。

杭州和合肥对创新政策实施效果评价相对较低。杭州受访者中认为科
技经费管理（67.6%）、科技平台建设（63.4%）、税收优惠（56.3%）、市

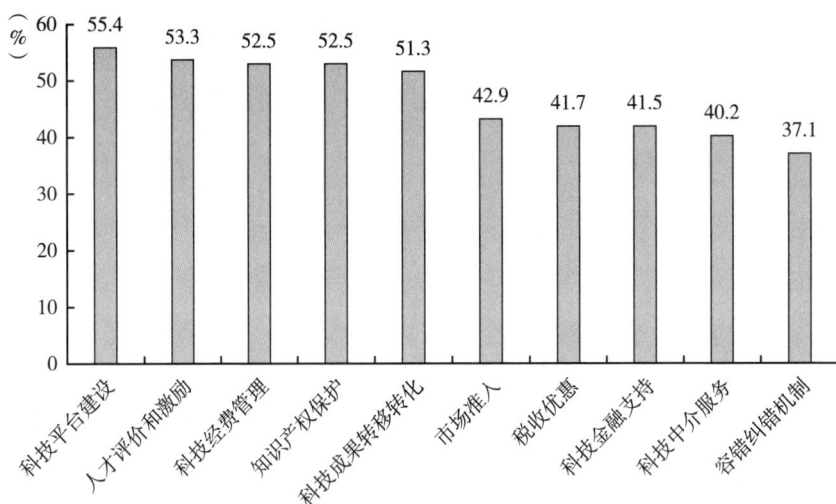

图 2　受访者评价各领域创新政策实施无效果的比例

场准入（53.5%）、科技金融支持（52.1%）、科技中介服务（50.7%）和
容错纠错机制（47.9%）方面创新政策没有效果的比例高于其他 5 个城市；
合肥受访者认为人才评价和激励（62.7%）、科技成果转移转化（59.3%）
和知识产权保护（59.3%）方面创新政策没有效果的比例高于其他 5 个
城市。

　　创新政策实施效果评价存在城市差异。北京受访者对科技平台建设
政策无效性反映最强烈（60.4%），对科技经费管理政策评价相对较高，
34.3% 认为科技经费管理政策很有效果或有些效果；杭州受访者对科技
经费管理政策无效性反映高于其他政策（67.6%），对人才评价和激励政
策有效性评价相对较高（36.6%）；南京受访者对科技成果转移转化政策
效果较不满意（56.6%），对人才评价和激励政策效果相对满意（35.4%）；
西安受访者中 51.1% 认为科技平台建设政策实施没有效果，比例高于其他
政策，44.1% 认为科技经费管理政策实施很有效果或有些效果，好评高于
其他政策；武汉受访者对科技经费管理政策无效性反映最强烈（56.1%），
对人才评价和激励（43.9%）和税收优惠（43.9%）政策有效性评价最高；

合肥受访者中 62.7% 反映人才评价和激励政策没有效果，认为科研经费管理政策实施很有效果或有些效果的比例相对较高（40.7%）。

四、创新政策落地的影响因素

（一）创新政策数量过多

据不完全统计，2013 年 5 月以来，中央层面出台促进创业创新的文件近 30 份，加上各地政府出台的文件，已经有几千条相关政策推出。对于近三年出台的创新政策，有 50.4% 的受访者认为数量太多，26.6% 认为适中，仅有 4.9% 认为目前的创新政策数量太少。从城市看，杭州受访者认为创新政策数量太多的比例相对较高（70.4%），其次是北京（58.0%）和合肥（52.5%）。

（二）缺少操作细则，涉及部门较多

五成受访者认为当地政府和单位在创新政策实施时遇到的主要困难是创新政策缺少操作细则（54.7%）和政策涉及部门多且难以协调（49.7%），相较而言，反映科技服务体系不健全（29.5%）、管理部门对政策的响应不积极（22.4%）、政策之间存在冲突（18.7%）、容错纠错机制尚未建立（13.9%）、政策本身不符合实际（12.1%）和执行新政策会带来不利影响（11.7%）的比例相对较低。

从城市看，创新政策缺少操作细则是北京（57.6%）、杭州（50.0%）、南京（64.0%）和西安（48.1%）政策实施的最主要困难，政策涉及部门多且难以协调是武汉（48.1%）和合肥（42.9%）政策实施的最主要困难。在 6 个城市中，杭州受访者反映政策涉及部门难以协调的比例相对较低（37.9%），合肥反映比例最高（52.4%）。

（三）创新环境存在短板

风险投资的可获得性和宽容失败的氛围仍是创新环境的短板。与其他方面的创新环境相比，北京（65.1%）、杭州（66.2%）、南京（61.1%）对宽容失败的氛围的好评度相对最低，西安（61.3%）、武汉（56.1%）、合肥（59.3%）则对风险投资的可获得性的好评度相对最低。

（四）诉求人才评价激励政策

64.7%的受访者认为最需要人才评价和激励方面的创新政策，47.8%认为需要科技经费管理类政策，40.6%认为需要出台科技平台建设类政策（图3）。从机构类型看，除了上述三方面政策，科研院所受访者中表示需要科技成果转移转化政策的比例为47.3%，高于其他机构；民营企业受访者中表示需要科技金融支持（32.6%）和税收优惠（31.5%）政策的比例相对较高；园区受访者对科技金融支持（56.7%）、税收优惠（43.3%）政策的需求较大。

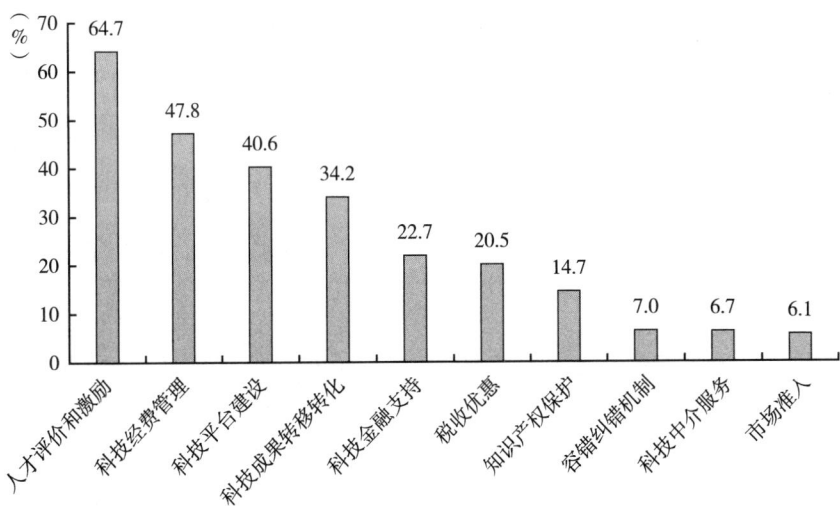

图3　受访者认为最需要的创新政策

五、建议

一是要重视各类创新主体的作用。创新的动力不仅来自国家提升综合实力和竞争力的需要，来自企业竞争的需要，来自学术界的科学家、科研工作者对于未知领域的求知探索，还来自普通科技工作者对依靠科学技术与创新实现美好梦想的诉求。归根结底，创新的不竭动力来自不安于现状、求知探索的个体。必须激发人的创新创业潜力，使之成为推动社会与国家创新发展的动力。因此，确立企业和大众在国家创新体系中同等重要的两大支柱地位，既要最大限度地发挥企业在技术创新体系中的主体作用，也要重视发挥高素质的创新人才的领军作用，同时要服务广大人民群众的创新创业活动。

二是要适当把握政策出台的频率和节奏，着力在细化和深化上下功夫。以人才评价和激励政策为突破口，坚持以能力和贡献为导向的评价标准，推动以增加知识价值为导向的分配制度落地。实行专业技术人才分类评价，确定科学合理、各有侧重的评价标准，为各类创新主体成长创造空间。扩大"人才双向流动"试点范围，支持更多科研机构和高等学校带着科研项目和成果，保留基本待遇，到企业开展创新工作。建立适应科研活动规律的工资结构体系，坚持绩效优先、兼顾公平的收入分配原则，合理确定科技工作者工资体系中稳定部分的比例。引导科研机构、高校根据自身特点设计绩效考核和绩效分配办法，扩大高校、卫生机构开展多点教学、多点执业试点范围。

三是要加强政策协同，把政策措施落实的重点放在基层。加大部门之间的协调力度，增强系统性，构建统一开放的政策空间和制度空间，在这个空间之下，所有针对创新活动的政策是统一的，不因人而异，也不因企业性质而异，确保创新政策面向人人的普惠性，决不允许以任何理由对中央政策层层截留。协调督促各地区根据当地实际及时调整相关政策法规，跟进出台配套措施，只能更宽松，更优惠，不能更严格，确保创新政策能落实能见效，避免政策上下一般粗，切实突破政策落实"最后一公里"的问题。

参考文献

［1］梁正.从科技政策到科技与创新政策——创新驱动发展战略下的政策范式转型与思考［J］.科学学研究，2017，35（2）：170-176.

［2］孙蕊，吴金希，王少洪.中国创新政策演变过程及周期性规律［J］.科学学与科学技术管理，2016，37（3）：13-20.

［3］张炜，费小燕，肖云，等.基于多维度评价模型的区域创新政策评估——以江浙沪三省为例［J］.科研管理，2016（S1）：614-622.

［4］赵莉晓.创新政策评估理论方法研究——基于公共政策评估逻辑框架的视角［J］.科学学研究，2014，32（2）：195-202.

［5］张弛.山东省科技创新政策实施效果评估［D］.济南：山东大学，2014.

［6］汪晓梦.长三角科技创新政策实施效果评估实证研究［J］.重庆科技学院学报（社会科学版），2018（6）：58-60.

［7］李晨光，张永安.区域创新政策对企业创新效率影响的实证研究［J］.科研管理，2014，35（9）：25-35.

［8］谢青，田志龙.创新政策如何推动我国新能源汽车产业的发展——基于政策工具与创新价值链的政策文本分析［J］.科学学与科学技术管理，2015，36（6）：3-14.

［9］李梓涵昕，朱桂龙，刘奥林.中韩两国技术创新政策对比研究——政策目标、政策工具和政策执行维度［J］.科学学与科学技术管理，2015，36（4）：3-13.

［10］蔺洁，陈凯华，秦海波，等.中美地方政府创新政策比较研究——以中国江苏省和美国加州为例［J］.科学学研究，2015，33（7）：999-1007.

推进中国科协第三方评估工作的几点思考

中国科协创新战略研究院　赵正国

摘要： 中国科协于 2014 年前后开始探索开展独立第三方科技评估工作，推动建立国家科技评估制度，已取得积极进展和显著成效。本文主要基于文献梳理和经验分析，阐述了中国科协第三方科技评估工作的进展成效、存在问题和推进建议。研究发现，中国科协开展第三方科技评估工作的政策支持体系和制度规范体系已经逐步完善。中国科协、中国科协创新战略研究院、部分全国学会分别受国务院办公厅、科技部、国家发展改革委等部门委托，承担了相关第三方评估工作，其中，2015 年"大众创业、万众创新"政策措施落实情况评估、2019 年《国家中长期科学和技术发展规划纲要（2006—2020 年）》实施情况评估具有一定代表性。中国科协开展第三方科技评估工作主要存在三方面问题：一是评估组织体系建设相对薄弱；二是对先进评估理论、方法、工具的掌握和运用相对不足；三是全国学会和地方科协第三方评估工作相对乏力。为进一步推进中国科协第三方评估工作，建议尽快设立中国科协第三方评估中心，稳步构筑科协系统第三方评估协作网络，深入开展第三方评估的理论、方法和工具研究，大力推动全国学会、地方科协积极承接第三方评估工作。

关键词： 中国科协；第三方；科技评估；问题；建议

一、中国科协开展第三方科技评估工作的政策支持和
制度规范体系逐步完善

（一）国家层面的政策支持

近些年来，国家层面出台的相关重要政策文件中对开展第三方评估工作和发挥科技社团在科技评估评价中的作用等提出了明确要求，国务院重视利用第三方评估促进政府管理方式改革创新，为中国科协开展第三方科技评估工作提供了政策保障和基本遵循。

2012 年 9 月，中共中央、国务院印发的《关于深化科技体制改革 加快国家创新体系建设的意见》中提出，"建立健全对科技项目和科研基础设施建设的第三方评估机制""发挥科技社团在科技评价中的作用"。

2014 年 8 月，李克强总理主持召开国务院常务会议时强调，要用第三方评估促进政府管理方式改革创新，要进一步扩大评估范围，对各项重点工作，都可以引入第三方评估。

2015 年 7 月，中共中央办公厅、国务院办公厅印发的《中国科协所属学会有序承接政府转移职能扩大试点工作实施方案》中将相关科技评估列为扩大试点工作的四项主要内容之一，并要求"充分发挥科技社团在科技评价中独立第三方作用，推动建立健全科技评估制度，提供宏观层面的战略评估……"

2015 年 9 月，在中共中央办公厅、国务院办公厅印发的《深化科技体制改革实施方案》中提出，"建立统一的国家科技计划监督评估机制，制定监督评估通则和标准规范，强化科技计划实施和经费监督检查，开展第三方评估"。

2016 年 3 月，中共中央办公厅印发的《科协系统深化改革实施方案》

中提出，"扎实开展第三方创新评估工作，树立品牌、扩大影响，发挥好对学会和地方科协的示范引领作用，服务创新驱动发展战略"。

2016年10月，中共中央办公厅、国务院办公厅印发的《关于建立健全国家"十三五"规划纲要实施机制的意见》中提出，"建立年度监测评估机制。……充分发挥国家'十三五'规划专家委员会工作机制作用，根据需要可委托开展第三方评估""完善中期评估和总结评估机制。……要充分借助智库等专业资源，全面开展第三方评估"。

2018年7月，中共中央办公厅、国务院办公厅印发的《关于深化项目评审、人才评价、机构评估改革的意见》中提出，"加强国家科技计划绩效评估。……绩效评估通过公开竞争等方式择优委托第三方开展，以独立、专业、负责为基本要求，充分发挥第三方评估机构作用，根据需要引入国际评估。加强对第三方评估机构的规范和监督，逐步建立第三方评估机构评估结果负责制和信用评价机制"。

（二）中国科协层面的制度规范

在国家层面的政策导向激励下，中国科协结合自身优势，通过深入研究，向有关方面提交了关于开展第三方科技评估工作和推动建立国家科技评估制度的专项报告，并陆续出台了相关工作方案和通则规范，为实际推进和有效开展第三方科技评估工作提供了制度保障和规范指导。

2014年12月，中国科协办公厅印发《中国科协创新评估组织体系建设方案》和《中国科协关于开展创新评估试点的工作方案》。前一方案明确了中国科协创新评估组织体系的基本构成（图1），并阐明了各组成部分的主要职责和组成人员。后一方案阐明了2014—2017年中国科协开展创新评估试点工作的工作目标、主要任务、实施原则、工作机制和基础保障。

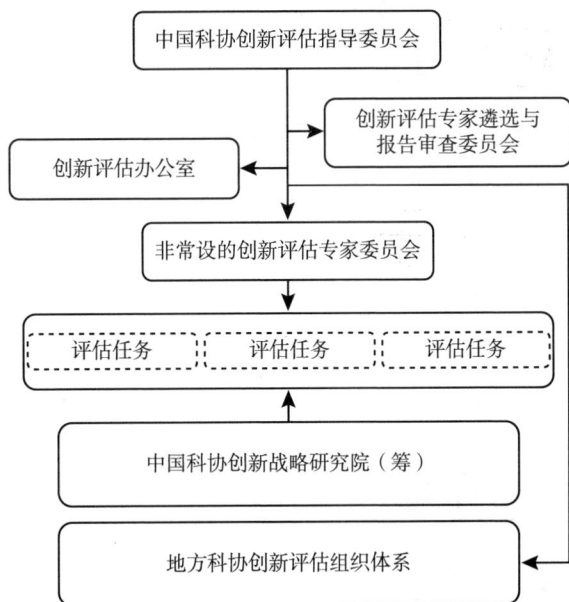

图 1　中国科协创新评估组织体系示意[1]

2015 年 9 月，中国科协印发的《中国科协关于建设高水平科技创新智库的意见》中提出，"高度重视创新评估在科技创新智库建设中的基础和牵引作用，……扎实推进第三方创新评估工作，建立符合创新规律和国家发展实际的评估理论、方法及技术体系，……服务创新驱动发展战略"。

2016 年 4 月，中国科协印发的《中国科协高水平科技创新智库建设"十三五"规划》中提出，要实施重大评估专项，坚持把组织开展第三方科技评估作为科协智库建设的战略重点，开展年度重大评估，加强评估组织体系建设，夯实科学评估方法基础，建立开放协同的评估工作机制。

2017 年 7 月，中国科协办公厅印发《科协系统第三方评估导则》和《科协系统第三方评估导则实施细则》。这两个规范文件由中国科协创新战略研究院研究制定并推动发布，旨在供科协系统科技评估执行人员和有关研究人员参考使用，助力加强科协系统开展第三方评估及组织能力建设的规范性和有效性。

2018 年 12 月，中国科协印发的《面向建设世界科技强国的中国科协规划纲要》中提出，"积极推动建立完善重大科技政策面向科技社团的意见咨询机制，鼓励开展第三方评估工作""开展党和国家重大政策落实的第三方评估，为科学决策提供参考依据"。

二、中国科协第三方评估实践工作成效显著

（一）已承担评估项目

伴随政策支持和制度规范体系的不断健全和持续完善，科协系统第三方评估工作取得了实质突破和明显成效。据不完全统计，中国科协、中国科协创新战略研究院、部分中国科协所属全国学会受托开展的第三方评估工作主要包括如下：

中国科协于 2015 年受国务院办公厅委托，承担"大众创业、万众创新"政策措施落实情况评估和基层公共医疗设施建设、使用和管理政策措施落实情况评估工作；受国家科技体制改革和创新体制建设领导小组办公室委托，承担职称改革和事业单位高层次人才收入分配激励机制评估工作；于 2016 年受中央人才工作协调小组委托，承担《国家中长期人才发展规划纲要（2010—2020 年）》实施情况中期评估工作；从 2016 年起，受国家发展和改革委员会委托，连续承担全面创新改革试验评估和国家双创示范基地建设与进展情况评估工作；于 2018 年受科技部委托，承担《国家中长期科学和技术发展规划纲要（2006—2020 年）》实施情况评估工作。

中国科协创新战略研究院于 2016 年受北京生命科学研究所委托，承担北京生命科学研究所绩效考评第三方评估工作；于 2017 年受国家知识

产权局委托，承担我国知识产权保护和运用政策落实情况评估工作；于2018 年受科技部政策法规与创新体系建设司委托，承担激发科技人员和科研机构积极性专题评估工作。

受科技部基础研究司委托，中国化学会承担 2014 年度化学领域国家重点实验室评估工作，中国物理学会承担 2015 年度数理领域国家重点实验室评估工作，国家遥感中心会同中国地理学会承担 2015 年度地学领域国家重点实验室评估工作，中国生物技术发展中心会同中国科协生命科学学会联合体承担 2016 年度生物领域和医学领域国家重点实验室评估工作，中国科协信息科技学会联合体承担 2017 年度信息领域的国家重点实验室评估工作，中国科协先进材料学会联合体、中国科协智能制造学会联合体分别承担 2018 年度材料领域国家重点实验室评估、工程领域国家重点实验室评估工作。

（二）典型案例

比较而言，在科协系统已开展的第三方评估项目中，2015 年"大众创业、万众创新"政策措施落实情况评估工作较具代表性，已取得良好反响。中国科协受国务院办公厅委托，于 2015 年 7—8 月组织专家对 2014年后国务院出台的"推进大众创业、万众创新"有关政策措施的落实情况进行评估，旨在调查分析相关政策措施的落实进展、政策工具的实施效能及值得关注的突出问题。评估过程中，中国科协动员 500 余位专家赴 20个省区市进行调研，通过遍布全国各地的 504 个科技工作者状况调查站点获取了 19000 余份调查问卷，动员 22 个省区市科协提交当地评估资料，并依托百度公司、阿里研究院、中关村科技评价研究院等专业机构提供数据分析支撑，通过科学运用案例分析、问卷调查和模型分析等方法，实现了"点、线、块、面"有机结合，为评估报告的形成提供了有力支撑。[2][3]评估成果受到国务院的高度重视，并得到李克强总理的充分肯定。[4] 李克强总理称赞评估成果"很实在、很真实",并将其作为"厚重的礼物,送给与会各位部长包括部门负责人"。[5]

此外,中国科协受科技部委托,于 2018 年 12 月—2019 年 9 月组织开展的《国家中长期科学和技术发展规划纲要(2006—2020 年)》实施情况评估工作也具有一定代表性。此项评估注重利用中国科协"一体两翼"、广泛联系科技工作者的组织优势,依托 516 个全国科技工作者状况调查站点、8 家全国学会(学会联合体)和 6 家省级科协,分别开展了科技工作者问卷调查、重点领域评估和重点区域评估。此外,还会同科技部,协调23 个相关部门和 31 个省(自治区、直辖市)开展了自总结评估,委托 9家国内知名研究机构开展了专项评估(研究)。评估过程中,各项目组实地调研 70 余次,召开研讨会 150 余场,广泛听取了各界意见建议。参与评估方案制定、工作实施和结论凝练的国内外专家达 800 余人(其中,院士近 80 人),完成了 20255 份有效调查问卷,形成了 300 余万字的报告和材料,为评估结论的形成提供了坚实的支撑。

三、推进中国科协第三方评估工作的思考建议

(一)主要问题

1. 评估组织体系建设相对薄弱

中国科协创新评估指导委员会、创新评估专家委员会、创新评估专家遴选与报告审查专家委员会、创新评估办公室等虽已成立,但常态化的良好工作机制还没有形成。中国科协创新战略研究院作为支撑机构,主要依靠其所属创新评估研究所承担日常工作,但该所目前的专职人员数量和专业能力不足以为相关重大评估工作的高质量开展提供充分支撑。地方科协评估相关组织体系建设尚未普遍开展,信息数据共享工作推进缓慢。

2. 对先进评估理论、方法、工具的掌握运用相对不足

在已开展的第三方评估工作中，基本都是"评估承担单位准备证据 + 专家判断"的惯常模式，采用的多是座谈交流、调查问卷、实地调研等通用方法，对先进评估理论的研究不够全面深入，对先进评估方法、工具的开发运用严重不足。创新评估项目通用的统计指标和调查指标体系、创新评估数据采集系统、创新评估数据平台等均未建立。

3. 全国学会和地方科协第三方评估工作相对乏力

按照《中国科协所属学会有序承接政府转移职能扩大试点工作实施方案》，全国学会开展相关科技评估主要在三个方面试点探索，即国家科研和创新基地评估、科技计划实施情况的整体评估和科研项目完成情况评估。截至目前，仅有部分全国学会（学会联合体）受科技部委托承担了国家重点实验室年度评估，其他两方面的探索还未有积极进展。地方科协承担的第三方评估工作多是参与中国科协牵头的项目，独立受地方政府委托开展的评估项目数量较少，尚不成气候。

（二）思考建议

1. 设立中国科协第三方评估中心，构筑科协系统第三方评估协作网络

依托中国科协创新战略研究院，设立中国科协第三方评估中心，为中国科协及其直属单位、全国学会、地方科协等开展第三方评估任务提供综合支撑服务。以中国科协第三方评估中心为核心，汇聚科协系统第三方评估相关特色资源，加快构筑科协系统第三方评估协作网络，推动形成组织化、规范化、民主化机制，促进科协系统第三方评估工作实现质的飞跃。

2. 深入开展第三方评估的理论、方法和工具研究

一是对已开展的第三方评估工作进行深入的案例分析和经验研究，形成一些可复制可推广的经验。二是通过课题委托方式，组织相关国内外知名研究机构，对中国科协开展第三方工作的理论、方法和工具进行全面系

统研究，形成适用成果。三是组织翻译、出版国外第三方评估理论、方法和实践研究方面的经典书籍，提供参考借鉴。

3. 大力推动全国学会、地方科协积极承接第三方评估工作

一是通过设立专项、推广经验、组织培训等方式助力全国学会和地方科协持续提高评估工作能力和工作水平。[6]二是以中国科协名义同科技部、国家发展改革委等相关部门和有关地方政府加强沟通协调，为全国学会、地方科协创造更多承担第三方评估工作的机会。三是创新组织模式和工作机制，更好发挥中国科协直属单位、全国学会、地方科协在中国科协承担国家重大第三方评估任务中的适宜作用。

参考文献

[1] 中国科协办公厅关于印发《中国科协创新评估组织体系建设方案》和《中国科协关于开展创新评估试点的工作方案》的通知. 2014, 12.

[2] 中国科协"关于推进大众创业、万众创新政策措施落实情况"第三方评估课题组."推进大众创业、万众创新"政策措施落实情况的评估 [J]. 科技导报, 2016, 34（10）: 61-68.

[3] 郭哲, 施云燕, 宫飞. 关于"推进大众创业、万众创新"政策措施落实情况第三方评估的汇报 [J]. 科协论坛, 2016（4）: 42-44.

[4] 中国科协致函感谢学会参加第三方评估 [J]. 城市规划, 2016（4）: 5-8.

[5] 周寂沫. 第三方评估开拓科协智库发展新途径 [J]. 科技传播, 2016（7）: 1-7.

[6] 边全乐, 周宪龙, 杨韵龙, 等. 关于加强科技社团第三方评估工作的建议 [J]. 中国农学通报, 2016, 32（26）: 194-200.

科技社团参与决策咨询的机制研究

中国科协创新战略研究院　董　阳

摘要：科技社团参与决策咨询机制区别于专家参与机制的一项重要环节就是组织利益的整合与表达，以形成一个系统化的政策咨询系统。基于此，根据科技社团的参与方式及内容进行划分，可以将科技社团的参与机制设定为两项主要指标：组织主导性和内容专业性。这两个维度的结合则构成了科技社团参与决策咨询的 4 种主要模式，即平台构建式、问题启发式、任务承接式、政治参与式。

关键词：科技社团；决策咨询；组织主导性；内容专业性

一、问题的提出

科技社团等专业组织的政策参与是国家与社会关系的重要构成部分，其参与类型反映了国家与社会关系的性质。一个完整的决策科学化体系，至少应当包括决策的科学支撑体系、决策的民主支撑体系和决策的责任支撑体系。而科技社团决策咨询就是三个支撑体系中的科学支撑体系。中国科协于 2011 年成立了决策咨询专门委员会，其中一项重要的职责就是"指导科协的决策咨询工作，对科技、经济和社会发展中的重大问题进行科学论证和提出建议"。由此可见，中国科协已经把决策咨询作为相关科技社团的主要职责。

因此，有必要对称打开政策黑箱，探索科技社团参与决策咨询的机制、方法和模式，从而有效地推进公共决策的科学化与民主化。

二、科技社团参与决策咨询的机制的维度建构

科技社团参与决策咨询的初衷是整合专家学者的资源，并构建政府与学界的交流平台，最终实现决策的科学化。当前的决策咨询参与模式往往集中于专家或研究机构的个体视角，聚焦于个体的选择，或是不同专家或机构所形成的政策咨询网络。然而科技社团作为一个组织性较强的群体，应该具有一定的利益聚合能力，并形成较为缜密的政策咨询系统和网络，从而有效地实现社团成员的政策参与。

组织网络可以提供信息、资源，从组织的立场出发，应当意识到，组织与其成员利益的联系，有两个不可分割的方面：一方面，组织代表个人利益，将其集中为集体表达，即将个体利益组织化；另一方面，组织应当妥善把握并控制这些利益，限制和规范其成员。这样才能有利于"小核心，大外围"的实现。

组织的利益聚合阶段完成之后，个人与组织便形成了一个统一体，已经"把科技工作者的个体智慧凝聚上升为有组织的集体智慧"，而政策咨询的另外一个主体——政府则渐渐显露形态。在界定政策制定过程中的政府和科技社团两大主体时，应当引入两个维度："组织主导性"和"内容专业性"，以更好地解释相关问题。

（一）组织主导性

组织主导性的维度主要是指科技社团在决策咨询过程中所采取的方式是主动或是被动，即科技社团主动进行议程设置还是借助政府提供的平台开展政策咨询。

在"国家—社会"的二元结构中，作为一种社会联合体，科技社团的

作用在于内聚公共知识并将其组织化，通过社会参与活动将这些多元意见传达到决策过程中。而科技社团的意见表达如何能够有效地对接国家的需求，则是一个值得探讨的问题。在决策的过程中，政府往往设置议程，或是提供政策咨询的参与平台，在这一情景下，科技社团的组织主导性通常较弱，充当了较为被动的辅助型角色；而某些情境下，科技社团率先发现问题，启发政府的决策过程，此时，科技社团的组织主导性较强。

当科技社团政策咨询的组织主导性强的时候，科技社团主动寻求参与政策过程的机会和途径。国家被看成是"利益竞争的公共舞台"，视为一个政治参与的场域，而科技社团则主动地发挥其社会中介的作用，构建国家与社会的纽带，寻求在社团成员与国家之间建立制度化的联系渠道，将分化的利益整合进体制可控制的轨道。科技社团的成员可以充分借助组织这一平台，发挥自身的影响力。社会的不同利益和意见可以得到有序的集中、传输、协调和组织，并用各方同意的方式进入体制，以便被决策过程有效地吸收。

当科技社团政策咨询的组织主导性弱的时候，国家以法团主义的视角，把科技社团参与政策咨询的机制视为一种政策制定体系，即通过协商将此类具有代表性的社会团体纳入政策制定过程。以科技社团为代表的政策咨询系统和网络被整合进政策制定体系中，成为一个子系统，当这个子系统与整个政策制定体系发生联系，它为这一组织所制约；与此同时，因为其参与模式与众不同，又重新获得了个性。科技社团基于政府所提供的平台，对不同要素和不同条件创新性地加以整合，重新配置各个要素，整合各方资源，把自身发展为一种"资源集合体"。

（二）内容专业性

内容专业性的维度则是指科技社团在决策咨询过程中所提供的政策建议的专业性程度，以及与本专业的相关性程度。

由于政策问题的复杂性，决策者需要专业群体提供专业知识和分析，然而，专家及科技社团参与决策咨询往往并不一定与自己的专业领域紧密相关，而是基于某个社会问题而提出相关建议和意见。当专业群体针对本领域的问题向公共部门提供相关专业性知识和分析时，这是一种答案导向的决策咨询模式。当专业群体针对本领域之外的社会问题提供建议时，这是一种问题导向的决策咨询模式，因为专业人士的参与往往能够吸引政府的注意力，从而起到一种议程设定的作用。参考多源流模式，根据内容专业性程度的高低，科技社团的相关咨询建议可以分别对应为"政策流"和"问题流"：

当科技社团政策咨询的内容专业性程度高的时候，其政策建议对于整个政策过程而言是一种"政策流"。科技社团及其成员在本领域丰富的知识储备和技能素质，将有效地弥补决策者对于该领域知识的欠缺，弥补决策者在处理该类问题的经验上的局限性。同时，决策者也需要专业人士或团队为其政策提供理论依据，实施政策论证，进而提升决策的科学性与政策的合法性。

当科技社团政策咨询的内容专业性程度低的时候，其政策建议对于整个政策过程而言是一种"问题流"。科技社团的专业性较强，然而对其专业领域之外的相关知识及议题，未必能够有效地开展学理上的研究和分析。但是，在社会生活中，科技社团及其成员也时常会参与一些非学术性的社会问题的讨论，并提出相关建议。在这样一种过程中，科技社团通过这些公共场合的讨论，将其理念渗透到公众话语之中，并开展互动，此时，其自身的"专家"色彩逐渐淡化，更多是以利益相关者或意见领袖的角色出现，往往会对议程的设置和议题的发酵起到重要的作用。

三、科技社团参与决策咨询的模式

综合上述两个分析维度，将组织主导性和内容专业性有机地结合起来，构成一个坐标系。表 1 中的两个维度分别代表组织主导性的高低和内容专业性的强弱，这两个变量都是连续的，这个坐标系中的 4 个象限分别代表 4 种类型的科技社团参与决策咨询的模式。

表 1　科技社团参与决策咨询的模式

		内容专业性	
		强	弱
组织主导性	高	平台构建式	问题启发式
	低	任务承接式	政治参与式

注：参考朱旭峰的"社会政策变迁中的专家参与模式"设计而成。

（一）平台构建式

平台构建式的咨询模式主要呈现出组织主导性高、内容专业性强的特征，其主要表现形式为：科技社团举办专业学术会议，邀请专家学者和政府官员共同参与，为学界和政界搭建沟通平台，从而实现二者的对话与交流。科协组织和科技社团通过主办相关学术会议，设定专业性的议题，会议的学术色彩浓厚，借助学术会议的平台开展决策咨询，因而内容专业性较强。

该种模式往往较多地应用于一些挂靠在相关政府部门的科技社团，如中国土地学会挂靠在自然资源部、中国环境科学学会挂靠在环境保护部。由于挂靠关系，此类社团通常掌握一定的行政资源，甚至具有一定程度的行政职能，其研究领域往往也与本部门、本系统的实际工作密切相关，能够有效地调动相关政府部门参与到其学术会议中来，为政府和学界构建交流平台，为其社团内的成员提供参与决策的机会与渠道。

（二）问题启发式

问题启发式的咨询模式主要呈现出组织主导性高、内容专业性弱的特征。这一模式的主要表现形式为：科技社团针对社会问题或危机事件建言献策。在某些社会事件发生之时，科技社团率先发现相关问题，并进行深度反思，从自身的专业视角出发，主动地进行议程设置，向政府提供相关政策建议，开展咨询服务。这种模式往往是问题导向的，更偏重对策研究，学术色彩较为淡化，因而内容专业性较弱。

该种模式是一种比较纯粹的决策咨询参与模式，科技社团的目的和方式都是十分明确的，就是运用政策研究的方式来解决与其专业领域相关的社会问题，主动地启发政府的相关政策议程，进而提升自身的社会影响力。

（三）任务承接式

任务承接式的咨询模式主要呈现出组织主导性低、内容专业性强的特征。这一模式的主要表现形式为：科技社团受政府的委托，承担相关政策论证工作。科技社团承接政府的委托项目是其开展决策咨询的最主要方式，多数的科技社团承担了委托项目。政府部门之所以将相关工作或项目委托给科技社团，是希望借助其专业知识为相关问题提出对策方案，或是对相关政策进行理论论证，所以该种模式的内容专业性较强。

该种模式之所以能成为最主要的决策咨询模式，是因为其能够满足政府和科技社团双方的需求，最大限度地实现二者间的"利益契合"：政府可以通过项目外包的方式，委托科技社团为自身的政策进行论证，提升决策的科学性和程序的合法性；科技社团则可以借助于政府提供的这一平台，获得更多的资源，从而更进一步地实现自身的发展。这一模式的特性决定其将在未来相当长的一段时间内依旧占据主导地位。

（四）政治参与式

政治参与式的咨询模式主要呈现出组织主导性低、内容专业性弱的特征。这一模式的主要表现形式为：科技社团利用政治协商会议这一平台参政议政。政协中设置了"科协界"这一界别，中国科协及其所属的科技社团可以推荐自己的代表作为科协界政协委员，通过提案和会议讨论等形式参与决策咨询。但是，由于科技社团是借助于政协的平台，因此自主性较低；同时，由于科协界政协委员的提案往往并不局限于科学技术领域，涉及范围较广，因而其内容专业性较弱。

科协界的政协委员所提出的提案和讨论的问题并非仅仅局限于科学技术领域，而是涵盖国计民生的各方面，跨越多个专业领域，产生了一定的政策影响。

四、结语

各级科协组织和各类科技社团是科技工作者的群众组织，最大的资源是人才荟萃、智力密集，最大的特点是网络健全、地位超脱。因此，应当充分地发挥科技社团的这项优势，满足不同层次、不同方面的决策咨询需求，促进科学决策，引领社会思潮，更好地为经济社会发展服务，发挥科技社团在提供决策咨询方面的重要作用，推动创新性国家建设进程。

老科协高端智库建设的现状及发展建议

中国科协创新战略研究院　张艳欣

摘要：打造老科协高端智库，是党赋予老科协的重要任务，也是老科协更好地坚持"四服务"工作定位的内在要求，更是发挥老科协丰富的人力资源作用的有益方式。中国老科协成立30年来，将开展建言献策、决策咨询活动作为一项重点工作，取得了丰硕的成果，推动了国家若干重要问题的科学决策，建设了专家智库加强队伍。但在老科协高端智库建设中还存在决策咨询组织分类不够细化、组织的覆盖不够广、决策咨询的方式单一等问题。本文在梳理老科协高端智库建设现状的同时，针对存在的问题，提出了发展建议，以期为老科协高端智库工作推向更高层次、更大范围提供参考。

关键词：老科协；智库；现状；建议

一、老科协高端智库建设的背景与意义

（一）打造老科协高端智库，是党赋予老科协的重要任务

2019年是中华人民共和国成立70周年，也是中国老科技工作者协会（简称"老科协"）成立30周年。中国老科协是退离休的老科技工作者和老科技工作者团体自愿结成的全国性、学术性、非营利性的社会组织，是中国老科技工作者的群众组织，是党和政府联系老科技工作者的桥梁和纽

带，是中国科学技术协会的组成部分。

对于中国科协和中国老科协开展决策咨询工作，多位党和国家领导人都曾经有过指示。2019 年 9 月，习近平总书记指示中国老科协要在决策咨询、科技创新、科学普及、科技为民服务、弘扬科学家精神等方面继续发光发热。在 2019 年 11 月 19 日召开的"纪念中国老科学技术工作者协会成立 30 周年座谈会"上，孙春兰副总理指出，希望广大老科技工作者继续发挥专长优势，围绕推动高质量发展、保障和改善民生、应对老龄化等问题继续积极建言献策。早在 1990 年 2 月，江泽民总书记也为中国老科协（时称中国退科联）题词："团结广大退离休科技工作者为科技进步，经济繁荣，社会发展和民族振兴再做贡献"。中央领导同志的重要指示是对广大老科技工作者及老科协工作的极大支持、关怀、鼓励和鞭策，对老科协开展决策咨询工作，打造老科协高端智库具有重要和深远的现实意义。

（二）打造老科协高端智库，是老科协更好坚持"四服务"工作定位的内在要求

老科协自身固有的政治属性（人民团体、人民政协组成单位）要更好地代表老科技工作者发出声音，更好地维护老科技工作者的合法权益，就必须加强决策咨询，建设高端科技智库，积极建言献策。老科协的服务宗旨是坚持为老科技工作者搭建平台，充分发挥老科技工作者的积极性，利用他们在长期实践中形成的宝贵经验，为国家创新发展提供智力支持。老科协的工作原则是"围绕中心、服务大局，积极作为、量力而行，发挥优势、务求实效"，职责定位是坚持"为老科技工作者服务、为党和政府科学决策服务、为提高公民科学素质服务、为创新驱动发展服务"。2016 年以来，中国老科协着力打造"老科协智库""老科协日""老科协奖""老科协报告团""老科协大学堂"等"五老"工作品牌。这说明，开展决策

咨询、积极建言献策，为党和人民的事业发挥好思想库作用，是老科协组织的一项重要任务和工作职能，也是老科协组织为老科技工作者服务的内在要求。

（三）打造老科协高端智库，是发挥老科协丰富人力资源的有效方式

从经济社会发展角度看，老科技工作者是人才资源中具有知识、能力、经验、智慧和人脉资源等优势的特殊群体，是人才资源价值链中不可或缺的重要组成部分，是人才资源再开发的主体，是建设创新型国家的重要驱动力量。许多老科技工作者在科学技术领域具有较高的权威性和影响力，对科学技术工作的规律具有深刻的认知和准确的把握，是宝贵的智囊群体，是有关部门和组织制定科技政策、推进工作决策的重要征询对象。例如，有些老专家、老教授被选举或推荐为各级人大代表或政协委员，他们可代表老科技工作者提出科技工作的相关建议或议案；一些知名专家教授作为评审评价专家，参加科研课题评审、技术成果鉴定、技术标准制定等活动，同样体现了其决策咨询价值。老科协丰富的人力资源也为打造老科协高端智库提供了人力和智力保障。

二、基本概念

（一）决策咨询

决策是指个人或集体为达到某个特定目标而进行的有意识的、有选择的行动。咨询就是询问、谋划和商量，是指提出问题和接受询问并提出适宜建议和解决方法的过程。[1]决策咨询是指为制定政策和做出决策的政府部门、企业或单位社团，对涉及全局性、战略性、政策性的重大问题进

行研究论证，提供建议和可供选择的方案。基于已有文献来看，决策咨询的含义包括 3 个层次：广义层次——为人类决策提供的咨询服务；[2] 次义层次——为社会组织及领导人的重大决策提供的咨询服务；狭义层次——为政府及政治领导人的重大决策提供的咨询服务。[3] 老科协的决策咨询主要是老科技工作者通过科学研究和客观、独立的分析，运用其所具有的专门知识、信息、技能和经验等智力资源，协助政府及政治领导人解决他们所面临的科技领域战略性、全局性、综合性公共决策问题的咨询服务活动。

（二）老科协智库

老科协智库是指为了使党政机关的决策更加科学化和民主化，根据老科协自身特点，选用若干工作体系要素加以组合，从确立决策咨询问题与项目、执行项目、项目监管与审核、到成果推广全过程的工作与管理活动，并予以制度化，成为老科协内部决策咨询工作体系。在组织形式上，中国老科协、各地各类老科协都是党委政府的智库，从下到上共同构成一个科技特点突出、老科协特色鲜明、资源共建共享的金字塔形思想库系统。这个系统边界是柔性的，内部结构是多层次的，是一个包括地方老科协和企事业单位老科协在内的开放系统。

三、老科协服务党和政府科学决策的成效与做法

老科协十分注重充分发挥老科技工作者的优势，将开展建言献策、决策咨询活动作为老科协的一项重点工作。

（一）建言献策硕果累累

30 年来，中国老科协围绕国家经济社会发展的中心任务和热点难点

问题，开展调查研究，积极建言献策。据不完全统计，各省、自治区、直辖市老科协和部分分会、直属团体 30 年来所提建议有 20 余万项。近 10 年来，得到省部级领导批示的有 2000 余份，得到国家领导人批示的有近百份。

（二）推动若干重要问题的科学决策

2008 年中国老科协上报了《关于加快农村沼气服务体系建设的建议》，温家宝总理、回良玉副总理作了重要批示后，各地和有关部门加大了农村沼气建设的投资。2009 年国家新增农村沼气建设投资 50 亿元，比 2007 年增加一倍，极大地改善了农村的能源建设，提高了农民的生活质量。四川省老科协先后于 2006 年和 2015 年出版上下两册《南水北调西线工程备忘录》，分析了西线工程原方案的重大风险，建议慎重决策，为国务院决定暂时停止西线工程前期工作提供了决策参考。四川省老科协于 2009 年上报的《科学开发利用攀西红格多元素共生矿的建议》，为国务院有关部门将红格矿产资源开发试验区建设纳入国家"十二五"规划提供了决策参考。上海市退（离）休高级专家协会 2017 年上报的《关于在长江中下游冬麦区加快推广小麦新品种"罗麦 10 号"种植的建议》为农业部推广"罗麦 10 号"种子种植提供了决策参考。浙江省老科协 2009 年提交的《浙江省台风特征及对策》，当年采纳当年见效，为减轻风灾造成的重大损失作出了积极贡献。

2016 年、2017 年和 2018 年，中国老科协在深入调研的基础上，分别上报了《关于对既有多层住宅加装电梯的建议报告》《关于将既有多层住宅加装电梯纳入重要民生工程的建议报告》和《关于继续推动既有住宅加装电梯的建议》。李克强总理、张高丽副总理、韩正副总理和孙春兰副总理分别先后对《报告》和《建议》作了重要批示。2018 年和 2019 年，李克强总理在《政府工作报告》中先后提出在老旧小区改造中"鼓励有条件的加装电梯""支持加装电梯"。这一重大民生举措受到全国各地群众的高度赞赏和广泛欢迎。

（三）加强专家智库队伍建设

2016年，中国老科协建立了老科协智库，并在中国科协创新战略研究院设立了"中国老科协创新发展研究中心"，为建言献策提供支撑和服务。2016年起，中国老科协先后聘请22名领导和专家为研究院及中心的特邀研究员和特邀高级顾问，加强了咨询队伍建设。近年来，由特邀研究员主持完成了数十项课题研究。各地各类老科协也纷纷建立决策咨询专门委员会，开展建言献策工作。

四、存在的问题

（一）决策咨询组织分类不够细化

老科技工作者为党和政府建言献策，涉及促进经济社会发展、推动科技人才培养、保障和改善民生、应对老龄化等推动国家高质量发展的方方面面。目前老科协组织设有决策咨询专门委员会、科普与教育专门委员会、奖励表彰与宣传委员会、"三农"与扶贫专门委员会、企业技术创新专门委员会、组织建设与服务专门委员会，但决策咨询专门委员会的组织形式并没有进行更专业的划分。这样不利于将教育、医学、科技、农业等领域的老科技工作者分别汇集到一起，导致大多数老科技工作者在建言献策的时候，更多是在表达个人或者几个人组成的小团队的建议。

（二）决策咨询组织的覆盖广度不够

根据老科协的特色，科协系统开展决策咨询工作主要采取"小核心大外围"的形式。"小核心"主要是中国老科协和各省老科协决策咨询专门委员会成员，人数在几十人之内，"大外围"中则相对缺乏企业和企业家团体。决策咨询工作很大一部分是做战略性研究，战略性研究不同于科学研究，是对经济、社会效益的长期研究，不仅需要科学维度和标准，还需要经济和社会的综合考虑，是需要科学界、企业界和政府共同来制定的。目前科协决策咨询主要是依托科技工作者（很多是科研工作者），缺乏与企业家的协同合作。对于创新战略性的问题，只有科研工作者参与，是远远不够的。

（三）决策咨询的方式单一

老科协决策咨询工作方式主要是通过向各级党委和政府呈送各种内部刊物实现建言献策。如果把这种方式看成是直接方式，那间接方式就是通过影响同行、影响媒体来间接实现对政策制定者的影响。但是目前来看，这种间接的方式使用远远不够，决策咨询成果呈现形式也需要进一步拓展。

五、对策建议

中共十八届三中全会通过的《中共中央关于全面深化改革若干重大问题的决定》明确提出，加强中国特色新型智库建设，建立健全决策咨询制度，这是在中共中央文件中首次提出"智库"概念。2015 年 1 月 20 日，中共中央办公厅、国务院办公厅印发了《关于加强中国特色新型智库建设的意见》，明确把中国科协列入国家高端智库建设规划之中，为中国科协的决策咨询工作提出了更高的要求，同时也提供了新的机遇。老科协应当落实党中央对中国科协智库建设的指示，沿着党中央指引的方向开展高端智库建设工作，有以下 3 点建议：

（一）细化组织体系，为同领域老科技工作者共同建言献策搭建平台

注重加强专家智库建设，根据我国经济社会发展实际需要吸收国内外高层次科技人才加入智库；同时根据会员专长，进一步把决策咨询专门委员会进行分组，设立教育、医疗、农业、科技、创新创业等方向组。

（二）处理好几个"小核心大外围"的关系，充分调动各方发挥积极作用

一是要加强与地方老科协的联系。中国老科协从政策、做法和经费上对地方老科协决策咨询工作进行自上而下的支持，地方老科协通过调查站点等途径反映科技工作者的呼声建议，形成自上而下和自下而上相结合的途径。二是要加强与各类老科协的联系。重点做好在老科技工作者集中的部门、行业、单位建立老科协组织的工作，探索采用单企独建、园区联建、行业统建等多种方式，积极发展企事业单位的老科协组织。针对中心城市老科技工作者相对集中、大量企业单位老科技工作者退休后转入城市社区的实际状况，在资金、场所、人员、设施等"四有"条件具备的社区，建立社区老科协组织，充分发挥社区老科协在促进老科技工作者建言献策方面的基础支撑作用。

（三）以对党委政府提供直接的决策咨询服务为主，兼顾对同行和公众的成果宣传

既要拓展现有服务党委政府决策咨询的直接渠道，也要争取获得同行和公众的认可和支持。可通过举办学术论坛、发表研究论文等形式与同行进行交流；利用公共传媒进行成果宣传，引领社会思潮，可考虑组建类似于《人民日报》《光明日报》等评论部，对中国与世界的科技界重大问

题发表观点，作出及时评论、深度分析、准确判断。还要有专门研究有关刊物发表的文章，力争在重要的报刊理论杂志上发表长短不一、形式各样的评论和文章，加强老科协决策咨询的政策影响力、社会影响力和学术影响力。

参考文献

［1］余明阳，杨芳平，张明新，等．咨询学［M］.上海：复旦大学出版社，2005.

［2］杨文志．决策咨询：科技社团的重要职责［J］.科技论坛，2006（7）：12.

［3］杨成虎.发达国家决策咨询制度［M］.北京：时事出版社，2001.

关于对中国高端智库发展的思考

重庆市渝中区税务局　沈东亚

摘要：随着中国国际地位的不断提高，打造国际高端智库、提升国际传播力和影响力、增强国际话语权，越来越成为当前智库发展的首要任务。目前，我们大多数智库面临独立性不强、研究水平不高、影响力不大等问题，影响了智库国际化高端化发展。因此，在打造国际高端智库的过程中，要增强智库的独立性，提高智库研究水平，扩大智库影响力，不断增强中国的软实力和话语权。

关键词：智库；独立性；国际化；影响力

近年来，中国智库快速发展，在出思想、出成果、出人才等方面取得了明显成绩，但是距离国际高端智库还比较远。中共十八大以来，习近平总书记对我国智库发展和建设提出一系列重要论述，强调智库是国家软实力的重要组成部分，要求积极探索中国特色新型智库的组织形式和管理方式，建设高质量的智库。中共十八届三中全会决定，要加强中国特色新型智库建设，建立健全决策咨询制度。中共中央办公厅、国务院办公厅印发了《关于加强中国特色新型智库建设的意见》。因此，打造国际高端智库成为当前我国智库建设的重要目标。

一、智库概述

（一）智库的概念

智库（Think Tank），即智囊机构，也称"思想库"。与一般学术研究机构、咨询公司不同，智库是对制定公共政策有影响力的专业组织。美国兰德公司创始人弗兰克·科尔伯姆认为，智库是"思想工厂"、没有学生的大学，有着明确目标和坚定追求，同时又是无拘无束、异想天开的"头脑风暴中心"，敢于超越一切现有智慧、敢于挑战和蔑视现有权威的"战略思想中心"。

智库以影响决策为目标，通过公开发表研究成果或其他能与决策层有效沟通的方式来影响和改善决策。总体上看，智库是为决策服务的，其立场是公正客观的，从事的研究是充分自由的，研究成果是理论与实践结合的，对社会的影响是广泛而深远的。

（二）国际高端智库的特征

国际高端智库没有非常明确的定义，但是我们可以通过智库排行的测评标准来了解。2007 年宾夕法尼亚大学开始开展"智库与公民社会"项目，该项目重在考察公共政策研究机构的特性及其角色的演进，尤其是把握智库面临的各种挑战，并由此为全球范围内的智库制定发展规划，提高它们应对挑战的能力。自 2007 年起，该项目已连续 11 年发布《全球智库报告》，是目前唯一对全球范围内的智库进行连续性、综合性和权威性研究和排名的报告。在这份报告中，收录和考量智库的标准主要凭借以下指标体系，归纳起来主要是资源指标、利用指标、产出指标和影响力指标 4个方面。

其中，资源指标有 6 项，分别为：招募和留住顶尖学者及分析师的能力，资金支持的等级、质量、来源与稳定度，与决策者及其他政策精英的接近程度，成员进行缜密研究、精辟分析以及及时产出研究成果的能力，智库在政界、学界和媒体的关系网络的质量及其可靠性，在政策学术界与媒体界的关键联系人。利用指标有 5 项，分别为：是否被所在国媒体和政界精英视为有问必询的机构，网站访问量、立法和行政机关听证会参与情况，与政府官员面对面沟通、被政府机构和官员垂询的情况，图书销售和研究报告发行的情况，在学术和大众出版物以及学术研讨会中被引用的情况。产出指标有 5 项，分别为：政策建议和方案的数量和质量，书记、期刊文章、政策简报出版和发表的情况，新闻采访的数量与质量，组织发布会、研讨会情况，员工被提名为担任顾问与政府职位的人数与级别。影响力指标有 6 项，分别为：政策建议被决策者和社团考虑和采用的情况，是否处于某些领域的社交网络中心，担任政党候选人和过渡小组顾问的情况，在学术期刊和媒体上发表或者引用的研究成果对于政策讨论和决策过程的影响情况，网站影响力，成功挑战官员的思维定式和日常行事规则的情况。应该说，这些指标是成为国际高端智库的必要条件。

二、当前我国智库发展存在的问题

2018 年 1 月 30 日，美国宾夕法尼亚大学"智库研究项目"（TTCSP）研究编写的《全球智库报告 2017》在全球 100 多个城市的 170 多个组织发布。报告显示，2017 年全球共有智库 7815 家，从国别来看，美国依然是世界上拥有智库最多的国家，共有 1872 家，中国共有 512 家，位居世界第二。这在一定程度上表现出，中国智库发展迅疾，在出思想、出成果、出人才等方面取得了明显成绩。但是，智库建设中仍然存在一些亟待解决的问题。

（一）独立性不强

独立性可以说是智库的根本。这里所说的独立性不是指绝对的政治独立。因为一个国家的智库开展调查、论证和研究，都是为本国及本国公民的利益服务的，由此注定每个智库都有自己的政治立场，不存在绝对的政治独立，只能在研究、组织人事等上拥有相对的独立。中国智库发展的独立性不强，主要指人事管理、收入来源和科学研究方面缺乏相对的独立性，而不是指政治上缺乏独立性。第一，中国智库在用人机制上缺乏独立性。我国智库大多隶属于党政机关、军队、高校和其他科研院所等部门，这些单位性质均为国家行政、企事业单位，因此，就单位性质而言，可以说大多数中国智库都属于国家行政及国有企事业单位，智库的人事管理权归属其主管单位的人事部门。单位性质决定人员的身份，所以中国智库工作人员身份也是以公务员和企事业单位工作人员居多，他们都由主管单位人事部门审核调配，智库没有独立人事权，导致智库想要的人难进来，不想要的人又赶不走，人员进出都不容易，久而久之，容易造成人事上出现一潭死水，活力不足，导致智库工作人员缺乏开展理论研究论证工作的积极性。第二，智库在经费来源上过于单一。中国大多数智库工作经费来源于财政拨款，财政拨款多是重"库"而不重"智"，对器材购买、办公装修、图书资料的投入往往重于人员工资、工作绩效、智力激励。相比于科技领域知识产权的保护，一个重大社会政策、改革方案的构思，智库初倡者并没有得到应有的尊重，导致智库工作人员积极性不高，研究质量不高。第三，智库在研究上缺乏一种自主性。我国智库目前所做的工作主要还是为政府决策作些合理性的解释，应该算是弥补性的理论论证工作，真正以专业、客观、理性和独立的学术视野，先于国家决策而开展超前调查、研究和论证工作方面做得还不够深、不够细。

（二）专业化水平不高

目前，中国智库研究力量主要分布于党政、军队、社科类科研院所、高校以及少量民间智库。各类智库虽说研究方向各有侧重，但是研究内容有较多重合，再加上各类智库在开展研究的过程中大多是各自为战，研究力量缺乏有效整合和统筹，相互沟通和交流的渠道不畅，缺乏相互开展科研竞争、合作和交流的平台和机制，一味热衷于对社会热点问题的研究，导致中国智库在一些热点问题的调查、研究、论证中容易出现蜂拥而上的局面，最后汇总各类智库的科研成果时就发现研究的交叉重合度高，重复性研究工作多，影响了智库的科研效率，制约了各类智库的专业性和创新性研究。许多智库的研究报告除部分讴歌赞美文体外，还出现了"新八股化"的内参，看似洋洋洒洒、针砭时弊，实则假大虚空、操作性差。一些著名智库机构"挂名理事、委员"过多，智库机构负责人大量精力花在了各类迎来送往的行政沟通上，真正执笔干活的往往是经验不足的年轻人。这些举措无疑会进一步阻碍中国智库的健康发展。

（三）影响力不强

社会影响力是评价一流智库的关键性指标，当前，社会影响力有限仍然是中国智库发展的最大问题。大多数智库的研究报告表现为"三多三少"：观点性文章多，基于事实和数据的分析性文章少；短快文章多，扎实的长文章少；报刊文章多，专著数量少。"学为政本"，在话语体系薄弱、知识储备缺乏的情况下，中国特色新型智库建设基础不牢，专业化和职业化发育程度自然不高，很多时候中国智库的声音只能在学术研究机构之间自说自话，或相互传唱，智库的思想成果对政府和民间社团决策的影响力极为有限，研究成果实践转化率不高，进而出现理论研究和实践应用相脱节的现象。由于研究成果质量不高和对重大国际和国内问题缺乏前瞻性研究等诸多方面的原因，中国智库在全球话语体系中话语权较轻，国际影响力甚微，这和中国世界第二大经济体的地位极不相称，直接制约中国软实力的提升。

三、打造国际高端智库的路径思考

中国特色新型智库建设不能一味地只追求量，需要认真思考当前智库存在的问题，借鉴国际一流智库的先进理念和制度，打造具有中国特色的国际高端智库。

（一）提高智库的独立性

智库独立性在最基本的层面意味着其专家能够真正感到可以自由发表观点，因此受众能尽可能地接近其最本原的想法。这也意味着，其所说乃是其所信的。而且，独立也是一种角色定位。它需要独立于政府之外，才能充分拥有提出政府或有关决策者在国际事务方面哪些应当做哪些不应当做的自由。

1.精准定位智库与政府的关系

中国特色智库离不开中国特殊环境，智库的发展不可能也不会离开政府的帮助。因此，中国智库必须建立适应自身发展模式的智库理论体系，处理好政府与智库之间的关系，充分发挥智库本身在公共政策不同领域的深厚积累及其立场中立的特点，为政府公共决策提供帮助。

2.建立健全智库体制机制

完善智库资金来源机制，建立多元经费保障机制，并对资金来源进行公开，避免智库成为利益集团的代言人。完善组织人事制度，健全职称评价机制，进一步放权给智库，扩大智库的人事自主权，尽量减少主管部门在人事方面对智库独立性的影响，从而不断提高研究人员的积极性。

3. 建立平等对话平台

进一步减少公共政策研究的禁区，允许对有争议或政府已经有意向的重大公共政策问题开展深入客观的研究，鼓励不同观点的争鸣，并对不同立场和观点持包容和尊重态度，在观点充分"碰撞"的基础上达成共识、形成报告。

（二）提高智库研究水平

高质量的成果产出是衡量一个智库是否一流的重要标准，而高质量的成果产出依赖高水平的研究队伍、高效的研究方法和严格成果产出评估标准。

1. 打造高水平的研究队伍

智库的核心资产是研究人员。建立优秀人才引进机制，积极吸收外籍专业人才，可采取各种灵活的方式，专职、兼职并行，扩大人才的来源范围。健全考核机制，将绩效、科研成果纳入智库内部人员职称评审体系，强化"多劳多益"，推动智库的良性发展。加强人才交流，强化与欧美国家智库的合作交流，定期与海外智库专家合作交流，适度聘请国外的专家学者来中国智库交流、访学，甚至是进行常驻性的研究，为国内的智库人员创造多元的、国际化的工作环境。

2. 创新研究方法

研究方法创新不仅是智库生存发展的需要，更是智库顺利开展高质量规范性战略与政策研究的有力方法和工具，同时也是高水平智库的重要研究成果产出的保证。积极借鉴国际高端智库的研究方法，加强面向未来的方法研究与创新，主要是基于大数据与数据挖掘方法的创新及应用；加强专业问题领域的数据库、案例库的建设和积累；加强针对特定政策问题的独特新研究方法的发展、积累和改进。

3. 建立健全严格的成果内外部评审机制

高品质成果是智库高影响力的根基。智库要形成高水平的战略研究成果，就必须在战略研究的工作组织机制和质量标准规范等方面有所突破，要制定高质量分析与研究标准，以此衡量完成的职务性研究成果，并按照质量管理制度规定的要求进行评审。要进一步加强外部评审要求，坚持独立性原则，必须采取由质量管理部门提名评审专家、由评审委员会审定评审专家的方式，避免由成果完成人自行寻找评审专家进行评审。

（三）扩大智库影响力

1. 拓展国际视野

树立国际布局意识，可考虑在某些国家、某些地区设立智库驻外机构。同时，加强国际营销意识以及品牌意识。在智库产品的设计过程中，可以有针对性地设计一些有助于扩大国际话语权的项目。高端智库应拥有可进入西方主流话语权的旗舰刊物，如美国战略与国际问题研究中心的《华盛顿季刊》、外交关系委员会的《外交》等，提升自身影响力。

2. 加强交流与合作

国际高端智库建设要注重横向联合，发挥官方智库贴近实践的优势和高校科研机构的理论优势，加强协同创新。要加强不同区域、类别、层级智库在数据、信息、研究课题、研究成果和人才队伍的交流合作，增强智库研究的集成性、针对性和创新性。坚持走出去与请进来相结合，加强与国内一流智库和国外智库的交流与合作，加大智库海外分支机构的建设，鼓励我国智库自建，更鼓励我国智库与外国机构合建海外分支机构，充分发挥我国智库的国际传播作用。充分利用海外分支机构，定期举办国际研讨会，增进彼此了解，逐步提升共识。

3. 加强智库新媒体的传播能力

在当前信息爆炸的互联网时代，智库发展的外部竞争日益激烈，通过媒体塑造公众对公共政策的理解，有助于使决策者对智库研究项目更加重视，因此追求媒体影响力也是间接影响决策的重要途径之一。智库要重视建设自己的机构网站，运用互联网思维、树立全球视野，把智库网站打造成具有全球影响力的重要媒介。另外，要紧跟信息技术的发展步伐，结合受众需求，不断调整传播媒介和传播方式，将提升新媒体影响力作为提升中国智库国际影响力的突破口。

参考文献

[1] 汤珊红，秦利，王朝飞，等. 兰德做法对发展为一流智库的启示 [J]. 情报理论与实践，2014（9）：30-34.

[2] 张志强，苏娜. 国际智库发展趋势特点与我国新型智库建设 [J]. 智库理论与实践，2016，1（1）：9-23.

[3] 李刚. 外延扩张与内涵发展：新型智库的路径选择 [J]. 智库理论与实践，2016，1（4）：5-9.

[4] 文庭孝，姜坷圻，赵阳. 国际智库发展趋势特点与我国新型智库建设 [J]. 高教发展与评估，2016（5）：30-41.

科技助力脱贫攻坚的对策思考

重庆市垫江县科学技术协会　况成林

摘要： 坚决打赢脱贫攻坚战，确保到 2020 年所有贫困地区和贫困人口一道迈入全面小康社会，这是以习近平同志为核心的党中央对全国人民的庄严承诺。让贫困人口脱贫，体现了党的理想信念宗旨和路线方针政策，是习近平总书记情之所系、心之所牵，让贫困群众"两不愁三保障"是最基本的工作目标。科技助力脱贫攻坚也是科技扶贫。科技扶贫是国家科学技术委员会于 1986 年提出并组织实施的一项在农村进行的重要的反贫困战略举措。其宗旨是应用先进适用的科学技术改变贫困地区封闭的小农经济模式，提高农民的科学文化素质，提高其资源开发水平和劳动生产率，促进地方经济发展，加快农民脱贫致富的步伐。当今社会，科技飞速发展，农村经济要发展，贫困群众要脱贫致富，离开科技是万万不行的。科技助力脱贫攻坚，是一项科技普及工程，需要广大科技工作者坚守初心，更需要广大科技工作者默默奉献。本文通过对重庆市垫江县农村科技扶贫的研究，提出了农村科技助力脱贫攻坚的基本对策。

关键词： 科技；脱贫攻坚；对策

2019 年以来，垫江县科协根据各乡镇、街道脱贫攻坚工作推进的需要，围绕"科技活动周、科普活动日、科技三下乡和 10·17 扶贫日"等活动主题，以科技扶贫为抓手，通过印制扶贫宣传资料，下基层进村入户开展形式多样的科技扶贫宣传活动，取得了一定的成绩。在"不忘初心、牢记使命"主题教育活动中，笔者对垫江县科技助力脱贫攻坚的现状、存在问题以及对策举措进行了深刻思考和研究。

一、农村科技扶贫的现状

（一）科技指导助力贫困群众科技致富能力提升

根据县情，按照垫江县贫困村产业发展的需要，垫江县科协积极向26个乡镇（街道）征求年度培训需求，并组织县科普传播专家，市、县级科技特派员，"土专家""田秀才"等相关专家30余人深入乡村，开展了特色产业花椒种植、葡萄种植以及蛋鸡养殖等系列农业实用技术培训，培训群众3000多人次。组织县科技特派员与贫困村签订帮扶协议，并深入贫困村进行技术指导30余批，有效地提高了广大贫困群众依靠科技实现脱贫致富的能力。

（二）科技扶贫项目引领贫困村示范推广

为充分发挥科技扶贫项目辐射带动贫困村、贫困户的作用，县科协、县科技局立足地方产业发展的现状，根据不同乡镇的特点，组织协调申报基层科普行动计划项目、县级科技计划项目。2017、2018两个年度资助农村扶贫科技项目31个，资金193万元，帮扶了100余名贫困群众脱贫。

（三）农村科普组织示范带动贫困村科学发展

为加快科技成果在农村的转化应用，提高农村科普组织示范水平，促进农业增产、农民增收，县科协联合县科技局、县农委、县工商局等部门，先后在26个乡镇（街道）建立农村科普示范基地34个，农村专业技术协会11个，家庭农场73个，专业合作社117个，专家大院5个，星创天地 2 个，有效地推进了科技成果与农业生产应用零距离对接，带动成千上万的群众实现科学种植、科技养殖、科学加工等产业发展。

二、农村科技扶贫面临的问题

（一）农村科普组织发展不均衡

全县农村科普组织的分布处于严重不均衡状态，越是贫困的地区，科普组织越是薄弱。一是农村科普示范基地创建不均衡。新民镇拥有科普组织 6 个，占 18%，是典型的科普特色小镇。三溪、坪山、白家、鹤游等乡镇一个科普组织也没有。二是农村专业技术协会发展不均衡。目前只有花椒、葡萄、蛋鸡养殖等 11 个种养殖协会，李子、猕猴桃、柚子、榨菜、山羊、鹅等特色种养殖业尚没有成立协会。三是农村专业合作社发展不平衡。目前，仅砚台镇有榨菜、花椒、蔬菜、李子等专业合作社，涵盖该镇特色产业，发展较好。四是专家大院太少。全县目前只建有 5 个沙坪油菜专家大院。

（二）科技专家人力不足，服务不及时不到位

目前，全县有县级科技特派员 62 人，其中农业特派员 25 人，市级科技特派员 15 人，"土专家""田秀才" 10 人，县科普专家 10 人。他们全是兼职，都有各自的岗位和相应的产业，导致科技扶贫下基层时间少、技术服务单一且不全面、不深入。

（三）科普经费投入杯水车薪

垫江县是农业大县，农村人口占了绝大多数，新民、沙坪、太平、沙河、大石、裴兴、三溪、普顺等乡镇地处明月山、宝鼎山、大梁山等山

地，资源相对匮乏，贫困人口较多，每年20万元左右的农村科普资金投入根本不能解决实际问题。

（四）科学技术普及力度不够

仅依靠目前的"科技活动周、科普活动日、科技三下乡、科普进乡镇"等科技宣传活动，发放一些资料，向广大群众普及科学技术知识和技术，是远远不够的。

（五）贫困群众科技意识淡薄

据了解，贫困群众过于自卑，有些贫困户还盲目迷信，抱怨命不好，忽视科学技术，听天由命。

（六）农村科技氛围不浓

在垫江县农村，越是偏远地区，科技氛围越是淡薄，群众仍然用传统的方法发展种植业和养殖业，产量低，品质差，效益不好。在贫困村、贫困湾很少能看到科普宣传栏、科技画廊、科技标语等。

三、农村科技扶贫的对策和举措

（一）坚守初心，用"长征精神"诠释科技扶贫情怀

"长征精神"告诉我们什么是坚守初心。红军长征本着干革命到底的初心，从江西瑞金出发，历经一路坎坷到达陕北。

科技扶贫也一样，用科技手段帮助贫困群众脱贫致富就是我们科技人的初心。无论这条路有多艰险，我们都要坚守初心，把坚定信念、勇于担当、为民奉献作为科技扶贫的初心体现。冰冻三尺，非一日之寒，科学技术的普及和提升，要的是苦苦坚守。

（二）默默奉献，用"王继才精神"彰显科技扶贫情怀

"王继才精神"是一种什么精神？1986 年，王继才接受江苏省灌云县开山岛守岛任务，与妻子以海岛为家，与孤岛相伴，在没水没电、植物都难以生存的孤岛上默默坚守 32 年。2014 年，王继才被评为"时代楷模"。他的精神就是默默奉献。科技扶贫是做群众工作，需要的就是默默奉献。只有默默奉献、耐心帮扶，才能让一个又一个贫困群众掌握科学技术，走上科技致富之路。

1. 奉献真诚

对一些不接受科学技术的贫困群众，要多接触，多关心，多尊重，多信任，多鼓励，用真诚疏导去弱化他们的排斥心理。科技人员要以走访帮教为抓手，通过交朋友、拉家常、促膝谈心等形式，及时沟通思想，帮助他们认识问题；针对心理困惑，进行心理矫治，引导他们认识科学、相信科学，走上科技致富道路。

2. 奉献关爱

坚持生活脱困和精神脱贫相结合，为长期不能脱贫的人员解决一些实际困难，让他们真正感受到党和政府的温暖，从而激发他们立志脱贫的信心和决心。一是用好当前精准扶贫及惠民的相关政策，帮助他们落实扶贫待遇及扶贫帮困。白家镇建卡贫困户蒲某，县科技专家团上门帮助其规划发展蜜本南瓜、花椒等产业，联系相关企业送种苗、送技术，并包产品回收。蒲某非常感激，并亲口表示要振作起来发展生产，早日脱贫。二是帮助他们解决实际困难，引导其相信科学。坪山镇贫困人员邬某，总认为自己不能脱贫是命不好，不但不相信科学，反而去信邪教。县反邪教工作人员得知这一情况后，3 天之内为她联系残联及相关部门，解决了她孩子的残疾鉴定和评残问题。邬某从此态度大变，主动与政府汇报脱贫打算。三是关注他们的内心世界，当好倾听者。其实，贫困人员的内心是孤独的、

自卑的，他们需要倾诉，需要呐喊，当他们说了，也许心结就解了，科学认识就到位了。

3. 奉献耐心

对于贫困群众，我们要不厌其烦地给他们宣讲扶贫政策、宣讲科学思想、宣讲科技致富的典型事迹。通过耐心的宣帮教，让他们树立科技致富思想，自觉接受科学技术，并用科学技术发展生产。

（三）静待花开，用"人性温暖"书写科技扶贫担当

静待花开就是一种人性温暖。每个贫困人员好比一粒种子，每粒种子的花期不同，有的一开始就绚丽绽放，而有的却需要漫长的等待。

科技扶贫，就是一个静待花开的事业。每个贫困群众的文化、思想、认识、致贫原因都不一样。我们必须坚持以人为本，落实人文关怀，引导他们树立科技脱贫意识、信心和决心，帮助他们科学发展脱贫产业，书写科技人的扶贫担当。

1. 人才带动，把科技传播到贫困群众心中

建立科技人才服务体系，注重引进外地专业人才为我所用，充分发挥科技人员在扶贫开发中的重要作用。利用各种手段充分发挥全县科普专家、科技特派员、"土专家""田秀才"、科普志愿者、科技达人、科技示范户、种植养殖大户等的技术优势，通过科技进村社、进农户、进田间、上山坡，把脉问诊，把科学种养意识和技术传播到贫困群众的手板上、心坎里。

2. 平台推动，普及和提高贫困群众的科学生产水平

在科技下乡过程中，要按照市、县扶贫工作的整体部署，把"富民强县"作为科技下乡活动的指导思想，充分发挥科技人员的积极性，结合单位扶贫包村工作，针对农村实用的种养技术、健康生活等与百姓生产生活密切相关的知识，开展科普知识宣传、科学技术普及。

一是加强和完善农村科普阵地建设，营造农村科学发展氛围，提升贫

困群众的科学意识。比如,在贫困村、贫困社、贫困湾等地方,设置科普宣传栏、科技画廊等,潜移默化地培养他们的科技意识。二是建立科技信息推送平台。充分发挥农村"小喇叭"、微信群、手机短信等的作用,为贫困群众推送高产、易种养科技信息。三是建立科技下乡宣传机制。结合精准扶贫,进村入户开展科技宣传工作,定期把科学种植、养殖等技术传播到农村去。四是充分发挥农村科普组织的示范作用。依托科技型企业、科普示范基地、家庭农场、专业合作社、农村专业技术协会等科普组织,对贫困群众进行实用技术示范,激发贫困农民的脱贫致富热情,帮助他们树立脱贫致富的信心和决心。

3. 项目撬动,把贫困群众吸引到就业增收和发展产业的致富道路上来

积极争取科技扶贫项目和扶贫资金,深入开展基层科普行动计划及科技计划项目,要求每个项目承担单位在提升自己科技创新能力的同时,以多种有效的形式和方法带动和帮助不少于 5 户贫困农户脱贫,并以合同的形式固定责任。通过贫困群众到项目实施单位就业实现增收,同时项目实施单位根据贫困群众实际情况,通过送种苗、送肥料、送农药、送技术、包销售等方式带领贫困群众发展相同产业,增强贫困群众自身的"造血功能",达到长期增收,脱贫不返贫。

一是基层科普行动计划向科技扶贫领域倾斜。根据实际情况,针对科技扶贫,引导、鼓励对扶贫攻坚有帮助的企业,创建一批农村科普示范基地;奖励对扶贫攻坚有示范作用的企业负责人,树立一批科普示范带头人,激励他们持续开展科技示范和产业辐射。二是科技扶贫项目立项向科技扶贫领域倾斜。县级科技计划项目立项要多关注农村扶贫项目,科技人员要积极引导相关业主挖掘、提炼产业科技创新点,提升项目的科技含量,积极申报科技计划项目。三是科技资金向科技扶贫项目倾斜。科技项目部门对科技扶贫项目要加大资金投入,提高单个项目资金量,加强资金监管和使用指导,真正发挥科技资金撬动科技扶贫的作用。